Teil 1
Kleines Lehrbuch
Allgemeine Chemie

Gottfried Zimmermann u. a.

TEIL 1
KLEINES LEHRBUCH

ALLGEMEINE CHEMIE

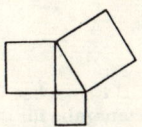

Verlag Harri Deutsch · Thun · Frankfurt/M.

Autorenkollektiv:

Dr. Günther Jacob	Abschn. 4, 7, 10.6, 11
Dr. Karl-Heinz Lautenschläger	Abschn. 3, 8
Günter Richter	Abschn. 1, 2, 5
Joachim Teschner	Abschn. 9, 12
Dr. Gottfried Zimmermann	Abschn. 6, 10.1 bis 10.5
(Federführung)	

CIP - Kurztitelaufnahme der Deutschen Bibliothek
Allgemeine Chemie / G. Zimmermann u. a. — Thun ;
Frankfurt am Main : Deutsch
NE: Zimmermann, Gottfried [Hrsg.]
Teil 1. Kleines Lehrbuch / [Autoren: Günther Jacob ...
Federführung: Gottfried Zimmermann]. — 1987
ISBN 3-87144-950-4
NE: Jacob, Günther [Mitverf.]

© VEB Deutscher Verlag für Grundstoffindustrie, Leipzig, 1987
Lizenzausgabe für den Verlag Harri Deutsch, Thun 1987,
auf der Basis der 8., durchgesehenen Auflage des Originalverlages
Printed in the German Democratic Republic
Fotomechanischer Nachdruck: Druckhaus Freiheit Halle

Vorwort zur 8. Auflage

Das vorliegende Lehrbuch hat sich über mehrere Auflagen in der Ausbildung gut bewährt. Unter Auswertung der gesammelten Erfahrungen und der von Fachkollegen gegebenen Anregungen wurde die 6. Auflage stark überarbeitet.
Ziel der Überarbeitung war es, die Darstellung der chemischen Sachverhalte weiter zu verbessern und somit die allseitige fachliche Bildung der Studenten zu gewährleisten.
Dabei wurden insbesondere die Abschnitte »Das chemische Gleichgewicht« und »Kolloiddisperse Systeme« neu abgefaßt, ein Abschnitt »Komplexreaktionen« wieder eingefügt und der Abschnitt »Chemische Bindung« erweitert.
Die 7. Auflage wurde durchgesehen und verbessert, in der 8. Auflage wurde der Abschnitt 1. neu verfaßt.

Die Autoren

Inhaltsverzeichnis

1.	Chemie — Naturwissenschaft und bedeutender wirtschaftlicher Wachstumsfaktor	13
2.	**Atombau und Periodensystem**	
2.1.	Theorien des Atombaus	17
2.2.	Atomkern	19
2.2.1.	Kernladungszahl, Massenzahl und Isotope	19
2.2.2.	Größe	21
2.3.	Elektronen	22
2.3.1.	Das Elektron als Teilchen und Welle	22
2.3.2.	Modellvorstellungen und objektive Realität	23
2.3.3.	Energie der Elektronen	23
2.3.4.	Quantenzahlen und Energieniveaus	25
2.4.	Das wellenmechanische Atommodell	26
2.4.1.	Atomorbitale	26
2.4.2.	Valenzelektronen	34
2.4.3.	Ionisierung	34
2.5.	Das Periodensystem der Elemente (PSE)	36
2.5.1.	Entstehung	36
2.5.2.	Aufbauprinzip	36
2.5.3.	PSE und Elektronenstruktur der Atome	37
2.5.4.	PSE und chemische Eigenschaften	41
2.6.	Weitere Übungsaufgaben	43
3.	**Chemische Bindung**	
3.1.	Allgemeines	44
3.2.	Atombindung	45
3.2.1.	Überlappung von Atomorbitalen — Bildung von Molekülorbitalen	45
3.2.2.	Bindungsenergie	47
3.2.3.	σ-Bindungen	48
3.2.4.	Hybridisierung von Atomorbitalen	50
3.2.5.	Atombindigkeit	54
3.2.6.	π-Bindungen	55
3.2.7.	Aromatischer Bindungszustand	58

3.2.8.	Polarisierte Atombindung	59
3.2.9.	Bindungen an freien Elektronenpaaren.	64
3.2.10.	Komplexbildung an Nichtmetall-Ionen	65
3.2.11.	Komplexbildung an Metall-Ionen	67
3.3.	Ionenbindung	70
3.4.	Metallbindung	71
3.5.	Zwischenmolekulare Bindungen	74
3.5.1.	VAN DER WAALSsche Kräfte	74
3.5.2.	Zwischenmolekulare Wasserstoffbrückenbindungen	75
3.6.	Chemische Bindung und Eigenschaften	76
3.6.1.	Stoffe mit Atombindung	77
3.6.2.	Stoffe mit Ionenbindung	79
3.6.3.	Stoffe mit Metallbindung.	80
3.7.	Weitere Übungsaufgaben	81
4.	**Energieumsetzung bei chemischen Reaktionen**	
4.1.	Innere Energie	82
4.2.	Enthalpie	83
4.2.1.	Molare Verbrennungsenthalpie	85
4.2.2.	Molare Bildungsenthalpie	87
4.2.3.	Reaktionsenthalpie	89
4.3.	Weitere Übungsaufgaben	90
5.	**Chemisches Gleichgewicht**	
5.1.	Der Gleichgewichtszustand.	92
5.1.1.	Umkehrbarkeit chemischer Reaktionen	92
5.1.2.	Reaktionsgeschwindigkeit, Hin- und Rückreaktion	93
5.1.3.	Beeinflussung der Reaktionsgeschwindigkeit	95
5.1.4.	Beeinflussung der Gleichgewichtslage	99
5.2.	Das Massenwirkungsgesetz	102
5.2.1.	Reaktionskinetische Ableitung	102
5.2.2.	Anwendung des MWG auf homogene Reaktionen	103
5.3.	Heterogene Reaktionen, offene Systeme	105
6.	**Abbau und Aufbau von Ionengittern**	
6.1.	Qualitative Betrachtung	109
6.1.1.	Abbau von Ionengittern	109
6.1.2.	Aufbau von Ionengittern.	111
6.2.	Quantitative Betrachtung	112

6.2.1.	Löslichkeit	112
6.2.2.	Löslichkeitskonstante	115
6.2.3.	Fällungsreaktionen	117
6.3.	Energetische Betrachtung	119
6.4.	Weitere Übungsaufgaben	120

7. Komplexreaktionen

7.1.	Nomenklatur von Komplexverbindungen	121
7.2.	Bildung und Stabilität von Komplexverbindungen	122
7.3.	Abbau von Ionengittern unter Bildung löslicher Komplex-Ionen	122
7.4.	Fällungsreaktionen aus löslichen Komplexverbindungen	124
7.5.	Gekoppelte Komplexreaktionen	124
7.6.	Weitere Übungsaufgaben	125

8. Säure-Base-Reaktionen

8.1.	BRÖNSTEDsche Säure-Base-Definition	126
8.2.	Protolytische Reaktionen (Protolysen)	128
8.3.	Autoprotolyse des Wassers	130
8.4.	pH-Wert	132
8.5.	Stärke der Protolyte	134
8.6.	pK_S-Wert und pK_B-Wert	137
8.7.	Weitere protolytische Reaktionen	140
8.7.1.	Reaktionen zwischen Säuren und Basen	140
8.7.2.	Saure und basische Reaktionen wäßriger Salzlösungen	141
8.8.	Weitere Übungsaufgaben	143

9. Redoxreaktionen

9.1.	Begriffe	144
9.2.	Korrespondierende Redoxpaare	145
9.3.	Oxydationszahl	147
9.4.	Formulierung von Redoxreaktionen	149
9.5.	Redoxpotential	151

9.6.	Aktivitätsabhängigkeit des Redoxpotentials	154
9.7.	Gekoppelte Protolyse- und Redoxreaktionen	156
9.8.	Weitere Übungsaufgaben	158

10. Elektrochemie

10.1.	Gegenstand und Bedeutung	159
10.2.	Galvanische Elemente	160
10.2.1.	Qualitative Betrachtung	160
10.2.2.	Quantitative Betrachtung	161
10.2.3.	Technische Ausführungsformen	161
10.3.	Schmelzflußelektrolysen	165
10.4.	Elektrolysen in wäßriger Lösung	166
10.4.1.	Abscheidungspotential	166
10.4.2.	Überspannung	167
10.4.3.	Zersetzungsspannung	169
10.4.4.	Elektrolysespannung	170
10.4.5.	Sekundärvorgänge	170
10.4.6.	Einfluß des Elektrodenmaterials	171
10.5.	Elektrochemische Korrosion	172
10.5.1.	Korrosionselemente	172
10.5.2.	Korrosionsschutz	175
10.6.	FARADAYsche Gesetze	177
10.6.1.	Einführung	177
10.6.2.	Elektrochemisches Äquivalent	179
10.6.3.	Stromausbeute	180
10.6.4.	Weitere Übungsaufgaben	180

11. Kolloiddisperse Systeme

11.1.	Arten und allgemeine Merkmale disperser Systeme	182
11.2.	Einteilung kolloiddisperser Systeme	184
11.3.	Aufbau und Eigenschaften kolloiddisperser Systeme	186
11.3.1.	Hydrophobe und hydrophile Kolloide	186
11.3.2.	Elektrisches Verhalten kolloiddisperser Systeme	189
11.3.3.	Optische Eigenschaften kolloiddisperser Systeme	190
11.3.4.	Sedimentation	190
11.3.5.	Filtration und Diffusion	191
11.4.	Weitere Übungsaufgaben	192

12. Reaktionen organischer Verbindungen

12.1.	Grundlagen organisch-chemischer Reaktionen	193
12.1.1.	Besonderheiten der organischen Chemie	193
12.1.2.	Einteilung und Benennung organischer Verbindungen	196
12.2.	Arten der chemischen Reaktionen organischer Stoffe	202
12.2.1.	Substrat und Reagens	202
12.2.2.	Einteilung organisch-chemischer Reaktionen	203
12.3.	Ausgewählte Additionsreaktionen	204
12.3.1.	Begriffe und Grundlagen	204
12.3.2.	Reaktionsablauf ausgewählter Additionen	204
12.4.	Ausgewählte Eliminierungsreaktionen	207
12.5.	Ausgewählte Substitutionsreaktionen	209
12.5.1.	Begriffe und Grundlagen	209
12.5.2.	Reaktionsablauf der Substitution am Carbonyl-Kohlenstoffatom	211
12.6.	Unerwünschte Oxydationsreaktionen	213
12.7.	Bildung der Makromoleküle	215
12.7.1.	Begriffe, Einteilung	215
12.7.2.	Polymerisation	216
12.7.3.	Polykondensation	219
12.7.4.	Polyaddition	222
12.8.	Weitere Übungsaufgaben	223

Lösungen zu den Aufgaben 224

Literaturverzeichnis 235

Sachwörterverzeichnis 237

Verzeichnis der Formelzeichen

A	Massenzahl	U_{El}	Elektrolysespannung
$Ä$	Grammäquivalent	U_{Kl}	Klemmenspannung
$Ä_e$	elektrochemisches Äquivalent	U_0	Urspannung, Zellspannung
		U_Z	Zersetzungsspannung
E_D	molare Bindungsenergie	W	Arbeit, Energie
EN	Elektronegativität	Z	Kernladungszahl
F	Kraft	a	Aktivität
F	Schmelztemperatur	c	Lichtgeschwindigkeit
F	FARADAY-Konstante	c	Konzentration
H	Enthalpie	c_m	molare Konzentration
ΔH_B	molare Bildungsenthalpie	f	Frequenz
ΔH_G	molare Gitterenthalpie	f_a	Aktivitätskoeffizient
ΔH_{Hydr}	molare Hydratationsenthalpie	h	PLANCKsches Wirkungsquantum
ΔH_L	molare Lösungsenthalpie	j	Stromdichte
ΔH_R	Reaktionsenthalpie für einfachen Formelumsatz	k	Geschwindigkeitskonstante
		l	Nebenquantenzahl
ΔH_V	molare Verbrennungsenthalpie	m	Masse
		m	Magnetquantenzahl
I	Stromstärke	m_e	Elektronenmasse
K	Gleichgewichtskonstante	n	Stoffmenge in mol
K_a	Gleichgewichtskonstante bei Verwendung von Aktivitäten	n	Hauptquantenzahl
		$\bar{n}$	mittlerer Polymerisationsgrad
K_B	Basekonstante		
K_B	Komplexbildungskonstante	p	Druck
K_c	Gleichgewichtskonstante bei Verwendung von Konzentrationen	r	Radius, Abstand
		s	Spinquantenzahl
		t	Zeit
K_L	Löslichkeitskonstante	v	Reaktionsgeschwindigkeit
Kp	Siedetemperatur	v_{hin}	Geschwindigkeit der Hinreaktion
K_S	Säurekonstante		
K_W	Protolysekonstante des Wassers	$v_{rück}$	Geschwindigkeit der Rückreaktion
M	molare Masse	δ^+	positive Partialladung
N	Neutronenzahl	δ^-	negative Partialladung
N_A	AVOGADRO-Konstante	ε	Dielektrizitätskonstante
Q	Ladung, Elektrizitätsmenge	η	Stromausbeute
R	Gaskonstante	η	Überspannung
R	Widerstand	λ	Wellenlänge
R_{Bad}	Badwiderstand	φ	Potential, Realpotential
R_i	innerer Widerstand	φ°	Standardpotential
T	Temperatur in K	$\Delta\varphi$	Potentialdifferenz
U	innere Energie	φ_A	Abscheidungspotential
ΔU	Spannungsabfall	ϱ	Dichte

1. Chemie — Naturwissenschaft und bedeutender wirtschaftlicher Wachstumsfaktor

Die Wissenschaft Chemie beeinflußt schon seit über einem Jahrhundert, besonders durch die Produktivkraft der chemischen Industrie, unmittelbar die Entwicklung der menschlichen Gesellschaft. Nahezu alle chemischen Produkte dienen einem der vier wichtigsten Bedarfsbereiche des Menschen: Ernährung, Bekleidung, Werkstoffe, Gesundheit und Hygiene. Die Menge und die Palette der Chemieerzeugnisse werden in allen Industriestaaten der Welt ständig größer. Ein hoher Entwicklungsstand der Wissenschaft Chemie und das rasche Wachstum der chemischen Industrie gehören zu den Charakteristika der wissenschaftlich-technischen Revolution.

Die *Chemisierung der Volkswirtschaft* ist ein Wesensmerkmal des wissenschaftlich-technischen Fortschritts. Darunter ist neben dem Wachstum der Chemieproduktion vor allem der immer vielfältigere Einsatz von Chemieerzeugnissen, die Verdrängung traditioneller Werkstoffe durch Chemiewerkstoffe und die immer umfassendere Anwendung chemischer Verfahren in allen Volkswirtschaftszweigen zu verstehen. Die Chemisierung bewirkt auf diese Weise progressive Veränderungen in allen Bereichen des gesellschaftlichen Lebens, von neuen Verbrauchergewohnheiten über den Einsatz und die Anwendung neuer Produkte und Technologien bis hin zu tiefgreifenden Veränderungen der Struktur ganzer Wirtschaftszweige. Die umfassende Nutzung dieser Potenzen für Veränderungen der Produkte und Technologien, für die Intensivierung und Rationalisierung der Produktion, ist eine wichtige Aufgabe der Techniker und Wirtschaftler.

Die Entwicklung der deutschen chemischen Industrie begann in den sechziger Jahren des vorigen Jahrhunderts mit der Produktion von Farbstoffen aus Steinkohlenteer. Die Kohle blieb in Deutschland bis Mitte unseres Jahrhunderts die entscheidende Rohstoffbasis für die Erzeugung von Primärchemikalien, wie Kohlenmonoxid, Methan, Ethen (Ethylen), Ethin (Acetylen), Butadien usw. In den letzten 30 Jahren vollzog sich eine revolutionierende Umstellung von der Kohle auf das Erdöl. Die Entstehung der *Petrolchemie* hatte Veränderungen in der Produktionsstruktur der Chemie zur Folge, und viele früher unbekannte Stoffe wurden in erstaunlich kurzer Zeit zu Massenprodukten, wie beispielsweise Polyethylen, Polyurethanschaumstoffe, spezielle Elaste, Metallklebestoffe, eine Reihe von Chemiefaserstoffen, Pflanzenschutzmitteln und Waschrohstoffen. Ihre billige Erzeugung in großen Mengen ist allein auf petrolchemischer Rohstoffbasis möglich. Die Verknappung von Rohstoffen und das wachsende Bewußtsein von der Begrenztheit unserer natürlichen Ressourcen, insbesondere bei Erdöl, haben bewirkt, daß in den letzten Jahren die Wertigkeit der Kohle als Chemierohstoff und als Energieträger wieder gewachsen ist. Die Kohlechemie gewinnt auf der Basis verbesserter »klassischer« Verfahren der Kohleveredelung wieder an Bedeutung.

Hinsichtlich des Einsatzes von Chemieprodukten und der Entwicklung der

Chemieindustrie sind folgende Tendenzen erkennbar: Bei den *Chemiewerkstoffen* (Kunststoffe, Elaste, Chemiefasern usw.) versucht man einerseits durch Modifizieren der Eigenschaften zielgerichtet eine immer bessere Anpassung an spezifische Verwendungszwecke zu erreichen — Stoffe nach Maß. Andererseits ist die steigende Kunststoffanwendung durch relativ wenige Massenprodukte charakterisiert (Polyethylen, Polypropylen, Polyvinylchlorid), die in Großanlagen mit Kapazitäten von mehreren zehntausend Tonnen jährlich produziert werden. Die Massenanwendung bewirkt und erfordert ein Umdenken: die Anpassung der Gestaltung und Bemessung der Teile an den Kunststoff. Es werden große Anstrengungen unternommen, um durch Erarbeitung von Gestaltungsregeln und Werkstoffblättern für Kunststoffe die werkstoffgerechte Konstruktion der Teile und eine immer umfassendere Anwendung von Kunststoffen zu erleichtern. Dabei geht es vor allem um besseres Beherrschen des Verhaltens der Werkstoffe bei unterschiedlichen Beanspruchungsarten und um das Verständnis von Struktur-Eigenschafts-Zusammenhängen, wie das z. B. bei den traditionellen Eisenwerkstoffen die Forschungen und Erfahrungen vieler Jahrzehnte ermöglichen. Weltweit gibt es weiterhin ein Wachstum des Verbrauches an Chemiewerkstoffen und Chemieprodukten.

Chemieprodukte haben sich nicht nur bei der Substituierung von Metallen viele Anwendungsgebiete erobert, sondern sie ermöglichen auch völlig neue technische und technologische Lösungen. Dafür im folgenden einige bereits überschaubare Beispiele: Kunststoffe mit besonderen, gewünschten Eigenschaften werden häufig durch Copolymerisation verschiedener Monomere erzeugt. Acrylnitril-Butadien-Styrol-Copolymerisat (ABS) ist ein solcher Kunststoff mit gezielt einstellbaren Eigenschaften. Auch komplizierte Teile lassen sich z. B. durch Spritzgießen daraus ökonomisch günstig herstellen. Das reicht von einer Vielzahl von Einzelteilen und Gehäusen technischer Geräte bis hin zum Kühlergrill für Kraftfahrzeuge. Teile aus ABS sind schlagzäh, formstabil und können sogar durch Galvanisieren mit dekorativen Metalloberflächen versehen werden. Ein weiteres Beispiel: In der Elektrotechnik/Elektronik ermöglichen Chemiewerkstoffe neuartige technisch-technologische Lösungen: Gießharze zur Einbettung stromführender Teile sind Isolator und gleichzeitig mechanisches Bauteil, beste dielektrische Eigenschaften von Isolierfolien ermöglichen erst höchste Leistungsparameter, und in der Mikroelektronik haben Chemie, Physik und Werkstoffwissenschaften — Halbleitersilicium, spezialreine Chemikalien, photolithographische Verfahren — die Voraussetzungen für einen ganz neuen Industriezweig geschaffen.

Im Rohrleitungsbau sind polyethylenbeschichtete Gasrohre wesentlich korrosionsbeständiger als in herkömmlicher Weise mit Bitumen isolierte Rohre, sie haben bei kleineren Nennweiten die Bitumenrohre vollständig verdrängt. Ähnliches gilt für erdverlegte Wasserleitungsrohre kleiner Durchmesser. Hier wird beinahe nur noch das vom Gebinde in großen Längen abrollbare Polyethylenrohr verwendet.

Das Vorhandensein preisgünstiger Folien aus verschiedenartigen Chemiewerkstoffen ermöglicht ebenfalls neue Anwendungen und technische Lösungen: Schrumpffolie für Verpackungszwecke, mit Folie abgedeckte riesige Gewächshausflächen in der Landwirtschaft, auseinanderfaltbare Solarzellenflächen bei Raumschiffen, große Ballons ganz geringer Eigenmasse und vieles andere mehr.

Ein verblüffend vielseitig modifizierbarer Chemiewerkstoff ist Polyurethan (PUR). Im Kunststoffsessel bildet PUR-Hartschaum die tragende Schale, PUR-Lack die sehr strapazierfähige Oberfläche und PUR-Weichschaum die Polsterung. Wir können PUR aber auch als Schuhsohle, als Zwischenschicht der Sandwich-Wände von Fertighäusern, als Kunststoffenster und — neben der Polsterung im Innern von Kraftfahrzeugen — möglicherweise sogar als Autostoßstange antreffen. Schaumstoffe bieten noch andere überraschende Möglichkeiten. So kann unfruchtbarer »toter« Boden durch Besprühen mit einem Kunststoffschaum in Kombination mit Düngemitteln und Grassamen in der kurzen Zeit von nur 3 bis 4 Wochen begrünt werden, und die einmalige Behandlung genügt dann, um die Gräser weiter wachsen zu lassen.

Für die Landwirtschaft sind neben verbesserten Düngemitteln vor allem wachstumsregulierende Stoffe perspektivisch von größter Bedeutung. Man kann das Längenwachstum der Zellen von Getreidehalmen hemmen, wodurch die Halme stämmiger, weniger empfindlich gegen das »Lagern« und besser geeignet für die Mähdrescherernte werden. Für Gras gibt es eine »chemische Sense«, die das Längenwachstum monatelang hemmt, ohne die Grasnarbe zu schädigen. Andererseits läßt sich Riesenwachstum erzeugen. Kohlpflanzen erreichten z. B. in Versuchsstationen Höhen von 3,6 Metern, Zitrusbäume die sechsfache Höhe.

Noch immer geht mehr als ein Drittel der Welternte durch Schädlinge, Pflanzenkrankheiten und Unkräuter verloren. Die chemische Industrie stellt heute Mittel zur Verfügung, um die meisten dieser Schäden zu verhüten. In der industriemäßigen Pflanzenproduktion ist Unkrautbekämpfung ohne Anwendung von Herbiziden nicht mehr denkbar. Mit neuartigen, selektiv wirkenden Mitteln gegen Unkräuter werden in Europa bereits etwa 50% der Getreideflächen behandelt. Allein dadurch konnte der Ertrag um etwa 13% gesteigert werden. Schadinsekten wird man künftig auf biologischem Wege durch freßverhindernde Substanzen, Lockstoffe oder sterilisierende Mittel bekämpfen.

Experten der Welternährungsorganisation errechneten, daß mehr als 1,5 Milliarden Menschen an chronischem Eiweißmangel leiden. Eiweiß läßt sich aber neben den herkömmlichen Methoden der Nahrungsgüterproduktion auch mikrobiologisch aus Erdöl herstellen. Bestimmte Hefearten ernähren sich von im Erdöl enthaltenen n-Alkanen und können unter optimalen Bedingungen ihre Substanz etwa alle 4 Stunden verdoppeln. Die entstehenden Hefezellen sind hochwertige Eiweißträger. Das Endprodukt des Prozesses ist ein weißes, geruch- und geschmackfreies Pulver, das 70% Eiweiß und einen hohen Anteil B-Vitamine enthält. Zunächst ist nur an die Verfütterung des Erdöleiweißes gedacht; Fernziel ist die direkte Verwendung in der menschlichen Ernährung.

Die vorstehenden Beispiele zeigen die sehr breite Palette der Anwendung von Chemieprodukten und gleichzeitig eine Besonderheit der chemischen Industrie: Es gibt äußerst verschiedenartige Produktionszweige und Technologien. So ist beispielsweise kaum ein größerer Unterschied denkbar als zwischen der Herstellung von Calciumcarbid und der Produktion von Pharmazeutika. Beide stoffumwandelnden Produktionszweige gehören aber zur chemischen Industrie.

Die verschiedenen Zweige der Chemieindustrie sind verständlicherweise unterschiedlich forschungsintensiv. Zu den forschungsintensivsten Produkten gehören Pharmazeutika, organische Farbstoffe und Pflanzenschutzmittel. Während noch vor wenigen Jahren z. B. unter etwa 1 000 untersuchten neuen chemischen Verbindungen eine therapeutisch brauchbare und wertvolle Substanz zu finden war, ist das Verhältnis heute etwa 4000 : 1, bei Antibiotika etwa 17000 : 1 und bei Pflanzenschutzmitteln etwa 10000 : 1. Fünf bis zehn Jahre Arbeitszeit und ein Forschungs- und Entwicklungsaufwand in der Größenordnung von 20 Millionen DM sind in diesen Zweigen die Regel, bevor ein neues Produkt auf den Markt gebracht werden kann. So verlangt die Chemieindustrie zwar große Investititonen, aber die aufgewandten Mittel amortisieren sich sehr schnell. Auch der hohe Automatisierungsgrad und die vielseitige Rohstoffausnutzung durch Kopplung verschiedener Produktionsprozesse sind ökonomisch vorteilhaft.

Aus dem Dargelegten ergibt sich die Schlüsselstellung der chemischen Industrie und darüber hinaus der gesamten Stoffwirtschaft in der Volkswirtschaft: Chemische Forschung und Produktion wirken über ihre Anforderungen (z. B. an den Chemieanlagenbau, die Elektronik, das Transportwesen, das Bildungssystem usw.) und über ihre Erzeugnisse und Produkte (Chemisierung der Volkswirtschaft) als ein Motor der gesamten wirtschaftlichen Entwicklung.

2. Atombau und Periodensystem

2.1. Theorien des Atombaus

Mit dem raschen Wachstum der Produktivkräfte zu Beginn des 19. Jahrhunderts setzte auch eine stürmische Entwicklung der Naturwissenschaften ein. Es entstanden die ersten wissenschaftlichen Theorien über chemische Vorgänge, und eine zunehmende Anzahl von Elementen, chemischen Reaktionen und Gesetzmäßigkeiten wurden entdeckt.

Um 1800 stellte der englische Naturforscher DALTON eine Hypothese auf, derzufolge die Elemente aus kleinsten, nicht mehr zerlegbaren Teilchen, den *Atomen*[1], bestehen. Er begründete damit die Deutung chemischer Vorgänge vom Atom her, die atomistische Denkweise. Die chemische Formelsprache und Symbolik haben in der Atomhypothese ebenso ihren Ausgangspunkt wie die Forschungen, die schließlich zum Auffinden und zum Nachweis der Atome führten. Wie das möglich war, wird im folgenden kurz dargestellt.

A 2.1. Welcher Unterschied besteht zwischen einem Atom und einem Molekül, einem chemischen Element und einer Verbindung?

Nachdem die Atome länger als ein halbes Jahrhundert als unteilbar gegolten hatten, entdeckte man in der zweiten Hälfte des 19. Jahrhunderts bei der Untersuchung von Gasentladungen in hochevakuierten Röhren als ersten der Atombausteine das *Elektron*.

Zu Beginn unseres Jahrhunderts, 1911, führte der englische Physiker RUTHERFORD einen Versuch durch, dessen Ergebnisse das Vorhandensein eines Atomkerns vermuten ließen.

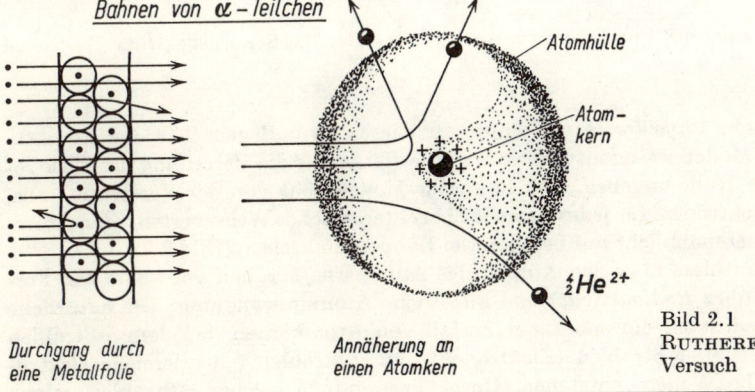

Bild 2.1 RUTHERFORD-Versuch

---

[1] atomos (griech.) = unteilbar

Eine sehr dünne Goldfolie wurde mit α-Teilchen aus einem radioaktiven Präparat beschossen (Bild 2.1). Aus der Tatsache, daß nur ganz wenige α-Teilchen (positiv geladene Heliumkerne) abgelenkt oder reflektiert wurden, folgerte RUTHERFORD, daß die Atome ein sehr kleines, positives Zentrum besitzen. Andernfalls müßten infolge der gegenseitigen Abstoßung sehr viele α-Teilchen reflektiert werden. Aus der Anziehung zwischen negativen Elektronen und positivem Kern folgt die Annahme, daß die Elektronen den Kern sehr schnell umkreisen. Durch die dabei entstehende Zentrifugalkraft wird die Anziehung kompensiert, und die Elektronen stürzen nicht in den Kern.

Über die *Elektronenhülle* gewann man ein genaueres Bild mit Hilfe der *Spektralanalyse*, der Untersuchung der Zusammensetzung des von Atomen ausgesandten Lichtes. Durch Energiezufuhr angeregte Atome senden elektromagnetische Strahlung charakteristischer Wellenlängen aus, es entstehen die *Atomspektren* (Bild 2.2). Beispielsweise sendet Natrium gelbes Licht aus, Strontium sehr viel Rot usw. Zwischen dem Atomspektrum und dem Bau der Elektronenhülle eines Elementes besteht ein gesetzmäßiger Zusammenhang. Deshalb ist es möglich, durch Analyse solcher Spektren Einsichten in den Bau der Elektronenhülle zu erlangen.

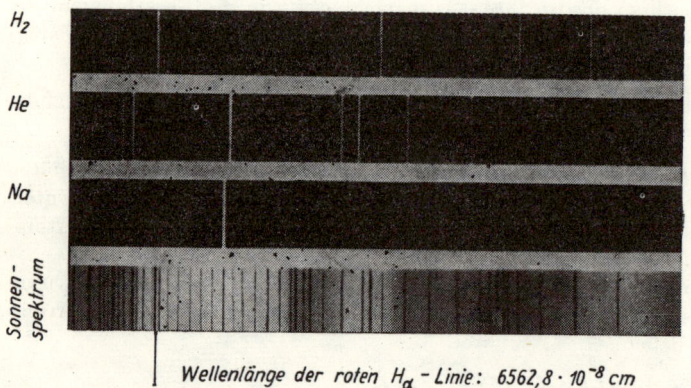

Wellenlänge der roten H_α-Linie: $6562{,}8 \cdot 10^{-8}$ cm

Bild 2.2. Linienspektren (Atomspektren) von H_2, He, Na, Sonnenspektrum

Der dänische Physiker BOHR konnte auf diesen Grundlagen 1913 das RUTHERFORDsche Modell weiterentwickeln und für die Atome die Verteilung der Elektronen in der Hülle angeben. Das BOHRsche Modell geht von der Vorstellung aus, daß die Elektronen, für jedes Atom in charakteristischer Weise verteilt, den Atomkern »planetenähnlich« auf bestimmten Bahnen umkreisen (Bild 2.3).

Die Erkenntnisse über den Aufbau des Atomkerns beruhen vor allem auf Forschungen über *Radioaktivität* und künstliche Atomumwandlung: Die natürliche Radioaktivität ist ein spontaner Zerfall von Atomkernen, bei dem α-Strahlen (Heliumkerne), β-Strahlen (Elektronen) und γ-Strahlen (energiereiche elektromagnetische Wellen) entstehen. Unter Verwendung solcher α-Strahlen gelang 1919 RUTHERFORD die erste künstliche Atomumwandlung und gleichzeitig der

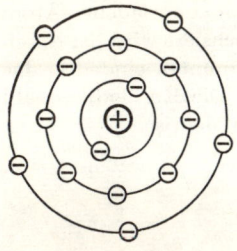

Bild 2.3. BOHRsches Atommodell eines Phosphoratoms

Nachweis des *Protons* als Kernbaustein. 1930 wurde auch das *Neutron* als weiterer Kernbaustein gefunden. Die Ergebnisse der Atomphysik haben inzwischen völlig sichergestellt, daß die Atomkerne aus Protonen und Neutronen bestehen. Bei der Untersuchung von Kernumwandlungen in Teilchenbeschleunigern wurde in den letzten Jahrzehnten eine große Anzahl weiterer Elementarteilchen entdeckt (Positron, Neutrino, Myon usw.), die aber hier nicht interessieren.

Der Tabelle 2.1 können Einzelheiten über wichtige Atombausteine entnommen werden. Elektron und Proton tragen je eine Elementarladung von entgegengesetztem Vorzeichen. Proton und Neutron haben eine etwa 1840mal so große Masse wie das Elektron.

Tabelle 2.1. Atombausteine

Name	Symbol	Ladung[1])	Masse[2])
Proton	p (p$^+$)	+1	1836
Neutron	n	0	1839
Elektron	e$^-$ ⊖	−1	1

[1]) Ladungen treten nur als ganzzahliges Vielfaches einer Elementarladung auf. Die Elementarladung $e = 1{,}60 \cdot 10^{-19}$ As dient als Ladungseinheit

[2]) Masseneinheit: Ruhmasse des Elektrons $m_e = 9{,}108 \cdot 10^{-28}$ g

2.2. Atomkern

Der Atomkern bildet das im Verhältnis zum Gesamtatom außerordentlich kleine, positiv geladene Massezentrum des Atoms. Seine Bausteine, die *Nucleonen*[1]) (Protonen und Neutronen), unterscheiden sich im wesentlichen nur durch ihre Ladung. Der Zusammenhalt beruht auf der Wirkung von Kernkräften.

2.2.1. Kernladungszahl, Massenzahl und Isotope

Die Anzahl der Protonen eines Atomkerns heißt Kernladungszahl Z.

[1]) nucleus (lat.) = Kern

Da jedes Proton eine positive Elementarladung besitzt, die im ungeladenen Atom durch die negative Elementarladung eines Elektrons kompensiert wird, ist durch Z auch die Anzahl der Elektronen festgelegt. Damit bestimmt Z eindeutig das Element, dem ein bestimmter Atomkern zuzuordnen ist: Die Kernladungszahl ist mit der Ordnungszahl der Elemente im Periodensystem identisch.

Kernladungszahl Z = Anzahl der Protonen
= Ordnungszahl im Periodensystem

Die Anzahl der Nucleonen eines Kernes, die Massenzahl A, ist außer von der Kernladungszahl Z noch von der Neutronenzahl N abhängig. Z und N bestimmen zusammen die Massenzahl.

Massenzahl A = Anzahl der Nucleonen (Protonen und Neutronen)
A = Z + N

Zur Kennzeichnung des Kernaufbaus benutzt man folgende Schreibweise:

$$\text{Massenzahl} \atop \text{Kernladungszahl}} \text{Chem. Symbol}$$

Beispiele:

Massenzahl $\quad$ A = 1 (ein Nucleon)
$^{1}_{1}\text{H} \quad$ ist ein Wasserstoffkern (Proton)
Kernladungszahl Z = 1

Massenzahl $\quad$ A = 16 (16 Nucleonen)
$^{16}_{8}\text{O} \quad$ ist ein Sauerstoffkern
Kernladungszahl Z = 8

Im Sauerstoffkern sind 8 Neutronen (N = A − Z) vorhanden.

Kerne der Atome eines Elementes haben die gleiche Kernladung, also gleich viele Protonen. Die Neutronenzahl kann aber bei gleicher Protonenzahl verschieden groß sein. Dadurch entstehen Atome mit gleicher Kernladung, aber unterschiedlicher Masse.

Atome gleicher Kernladung, aber verschiedener Masse nennt man Isotope.[1]

---

[1] isos (griech.) = gleich, topos (griech.) = Ort

Das Element Chlor (17 Protonen) z. B. kommt in der Natur als Gemisch zweier Isotope vor. Es besitzt Kerne mit 18 Neutronen (Massenzahl 35) und Kerne mit 20 Neutronen (Massenzahl 37), in kernphysikalischer Schreibweise: $^{35}_{17}\text{Cl}$, $^{37}_{17}\text{Cl}$. Vom Wasserstoff sind zwei natürliche und ein künstliches Isotop bekannt. Sie haben neben einem Proton 0, 1 und 2 Neutronen im Kern. Die beiden schweren Wasserstoffisotope heißen Deuterium (Symbol D) und Tritium (Symbol T).

A 2.2. Wie lautet die kernphysikalische Schreibweise für die Wasserstoffisotope Deuterium und Tritium?

Isotope verhalten sich chemisch völlig gleich, weil sie infolge gleicher Kernladung auch einen gleichen Aufbau der Elektronenhülle besitzen. Sie unterscheiden sich durch ihre Massen und durch physikalische und kernphysikalische Eigenschaften. Nur 22 natürlich vorkommende Elemente bestehen aus Atomen gleicher Massenzahl, sind Reinelemente (z. B. Fluor, Natrium, Aluminium, Phosphor, Cobalt). Alle übrigen sind Mischelemente (Isotopengemische). Das Mengenverhältnis der Isotope eines Mischelementes ist in allen natürlichen Vorkommen konstant. Das ist eine Ursache für die nicht ganzzahligen relativen Atommassen, die einen durch das Mengenverhältnis der Isotope bestimmten Durchschnittswert darstellen.

2.2.2. Größe

Der Kerndurchmesser verhält sich zum Atomdurchmesser etwa wie 1 : 10^4, d. h., der Durchmesser des Atomkerns beträgt etwa $\frac{1}{10\,000}$ des Atomdurchmessers.

Durchschnittsgrößen sind für den Kerndurchmesser $\approx 10^{-14}$ m, für den Atomdurchmesser 10^{-10} m. Wenn man für einen anschaulichen Größenvergleich ein Atom auf das 10^{11}fache vergrößert (10^{-10} m $\cdot 10^{11} = 10^1$ m), dann hat es 10 m Durchmesser.

Ein Stecknadelkopf von 1 mm Durchmesser würde bei gleicher Vergrößerung (10^{-3} m $\cdot 10^{11} = 10^8$ m $= 10^5$ km) auf 100 000 km Durchmesser anwachsen, das ist beinahe das Zehnfache des Erddurchmessers von 12 700 km!

A 2.3. Welchen Durchmesser (in mm) hat bei obiger Vergrößerung der Atomkern?

In Tabelle 2.1 sind die relativen Massen der Elementarteilchen angegeben. Damit kann man für beliebige Atome das Massenverhältnis Kern zu Hülle leicht berechnen.

Beispiel: Kohlenstoffatom $^{12}_{6}\text{C}$ mit 6 Protonen, 6 Neutronen, 6 Elektronen

Kern: $6 \cdot 1836 \, m_e + 6 \cdot 1839 \, m_e = 22\,050 \, m_e$

Hülle: $6 \cdot 1 \, m_e = 6 \, m_e$

Die Hülle enthält demnach nur $\frac{6 \cdot 100}{22\,050} = 0,027\%$ der Gesamtmasse. Ähnliche Verhältnisse liegen bei allen Atomen vor. Der Kern enthält stets mehr als 99,9% der Gesamtmasse des Atoms. Die absoluten Atommassen liegen in der Größenordnung von 10^{-24} bis 10^{-22} g.

Die relativen Atommassen, mit denen der Chemiker rechnet, sind Verhältniszahlen zwischen den Massen unterschiedlicher Atome. Bezugsgröße ist $\frac{1}{12}$ der Masse des Kohlenstoffisotops ^{12}C. Ein Atom mit der relativen Atommasse 22,9 (Natrium) hat demnach die 22,9fache Masse der Bezugsgröße.

> **Die relative Atommasse ist ein Durchschnittswert für die relativen Massen der Atome eines Elementes im natürlichen Mischungsverhältnis der Isotope. Die relative Atommasse eines bestimmten Isotops heißt Massenwert.**

A 2.4. a) In welchem Massenverhältnis, ausgedrückt durch die relativen Atommassen, stehen Titaniumatome zu Kohlenstoffatomen?
b) Drücken Sie dieses Verhältnis (gerundet!) durch die kleinsten ganzen Zahlen aus!
c) Die Formel TiC für Titaniumcarbid gibt das Atomverhältnis 1 : 1 in der Verbindung an. Durch welche Stoffmasse (in Gramm oder Kilogramm) läßt sich dieses Atomverhältnis verwirklichen?

2.3. Elektronen

2.3.1. Das Elektron als Teilchen und Welle

Die Physik unterscheidet Materie in Form von Teilchen und Feldformen der Materie (z. B. elektrisches Feld, Magnetfeld u. a.). Licht verhält sich z. B. — je nach der experimentellen Fragestellung — sowohl wie ein Feld elektromagnetischer Wellen als auch wie ein Teilchenstrom von Photonen. Auch die Elementarteilchen besitzen einen solchen Doppelcharakter wie das Licht und können als Teilchen oder als Felder beschrieben werden.
Beim BOHRschen Atommodell, bei dem die Elektronen planetenähnlich auf bestimmten Bahnen den Kern umkreisen, wird das Elektron als Teilchen aufgefaßt. Dieses Modell ist aber nicht widerspruchsfrei, trotz der großartigen Weiterentwicklungen, die es der Chemie ermöglichte. Wegen des Doppelcharakters (Teilchen—Welle) gibt es Eigenschaften des Elektrons, die sich nur verstehen lassen, wenn man vom Elektron als Welle ausgeht. Das Verhalten von Wellen wird durch wellenmechanische Gesetzmäßigkeiten beschrieben.
Aus wellenmechanischer Sicht ist das Elektron kein punktförmiges negativ geladenes Teilchen, das definierte Bahnen durchläuft, sondern ein in einem bestimmten Raum wirkendes Feld. Statt als Teilchen wird das Elektron als Welle aufgefaßt, es »zerfließt« gewissermaßen zu einer Ladungswolke, deren Grenzen nicht völlig scharf angebbar sind. Das auf diesen Vorstellungen basierende wellenmechanische Atommodell ist zwar weniger anschaulich als das BOHRsche Modell, es gestattet aber weitergehende Einsichten in chemische Vorgänge und vor allem in die chemische Bindung.

2.3.2. Modellvorstellungen und objektive Realität

Bei der Erforschung von Naturgesetzen — ebenso bei der Erforschung gesellschaftlicher Entwicklungsgesetze — entsteht die Frage, wie weit unsere Erkenntnisse richtig sind, mit der objektiven Realität übereinstimmen. Die marxistisch-leninistische Philosophie gibt darauf eine klare Antwort: Der Mensch ist in der Lage, seine Umwelt zu erkennen und zu verändern. An der Möglichkeit einer bewußten und planmäßigen Veränderung der Umwelt erweist sich die Richtigkeit unserer Erkenntnisse. Auch die Entwicklung des Wissens über die Elementarteilchen und das Atom zeigt, wie wir immer besser und genauer die objektive Realität erkennen. Die jeweiligen Erkenntnisse sind Abbilder der Wirklichkeit, Vorstellungen über Zusammenhänge und Erscheinungen. Diese modellhaften Vorstellungen dürfen aber niemals mit der Wirklichkeit gleichgesetzt werden. *Modelle sind Hilfsmittel im Erkenntnisprozeß und spiegeln immer nur bestimmte Seiten der Wirklichkeit wider.* Sie werden dem Erkenntnisstand entsprechend weiterentwickelt und verändert.

Prüfstein der Wahrheit ist die Praxis, in unserem Falle das bewußte Einwirken der Chemiker, der Molekularbiologen, der Atomphysiker auf die Natur und ihre gezielte Nutzbarmachung und Veränderung.

2.3.3. Energie der Elektronen

Die Elektronen sind in der Atomhülle nach ihrer Energie geordnet. Für jedes Atom gibt es einen *Grundzustand*, in dem alle Elektronen die für sie niedrigsten Energieinhalte besitzen, und energiereichere *angeregte Zustände*. Angeregte Zustände entstehen, wenn das Atom Energie aufnimmt, z. B. als Wärme-, Licht- oder Elektroenergie. Je nach dem aufgenommenen Energiebetrag entstehen verschiedene Anregungsstufen. Angeregte Zustände können chemische Reaktionen bewirken, aber auch Ursache der Lichtaussendung von Atomen und damit der Atomspektren sein. Bei Lichtaussendung wird die aufgenommene Anregungsenergie nach Bruchteilen von Sekunden vom Elektron wieder abgestrahlt.

Die Lichtstrahlung besteht aus kleinsten »Energiepaketen«, den *Lichtquanten* oder *Photonen*, sie ist gequantelt. Die Energie eines Quants beträgt

$$W = h \cdot f$$

In dieser Gleichung bedeuten:

$h = 6{,}626 \cdot 10^{-34}\,\text{Ws}^2$ eine universelle Konstante, das PLANCKsche Wirkungsquantum,

$f = \dfrac{c}{\lambda}$ die Frequenz der Strahlung.

Hat ein Elektron im Grundzustand die Energie W_1, im angeregten Zustand die größere Energie W_2, so wird beim Übergang vom angeregten Zustand in den

Grundzustand die Energie $\Delta W = W_2 - W_1$ frei und als Strahlung der Frequenz $f = \dfrac{W}{h}$ abgegeben.

Im Experiment zeigt es sich, daß das Spektrum eines Atoms aus einzelnen Linien besteht (*Linienspektrum*, Bild 2.4).
Jede Energiedifferenz ΔW zwischen zwei Energiezuständen eines Elektrons entspricht einer Spektrallinie. Da das Linienspektrum für jede Atomart charakteristisch ist, kann man mit seiner Hilfe nicht nur die Elemente identifizieren, sondern aus den Frequenzen (Lage der Linien) auch die Energieverteilung und damit die Ordnung der Elektronen in der Atomhülle bestimmen.
Die im Bild 2.4 erkennbaren 4 Wasserstofflinien entstehen durch verschiedene Anregungszustände des einen Elektrons im Wasserstoffatom.

Linienspektrum des Wasserstoffs

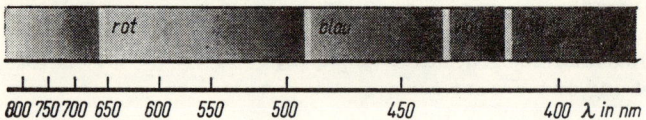

Bild 2.4. Linienspektrum des Wasserstoffs

	rot		→	violett
Bezeichnung:	H_α	H_β	H_γ	H_δ
Wellenlänge:	656,3	486,2	434,1	410,2 nm
Anregungsenergie:	≈184	≈247	≈276	≈293 kJ·mol^{-1}
	44	59	66	70 kcal·mol^{-1}

Berechnung der Anregungsenergie für H_α:

Mit $f = \dfrac{c}{\lambda}$ wird $W = h \cdot \dfrac{c}{\lambda}$

Lichtgeschwindigkeit $c = 2{,}998 \cdot 10^8 \text{ m} \cdot \text{s}^{-1} = 2{,}998 \cdot 10^{17} \text{ nm} \cdot \text{s}^{-1}$

$$W = \dfrac{6{,}626 \cdot 10^{-34} \cdot 2{,}998 \cdot 10^{17}}{6{,}563 \cdot 10^2} \dfrac{\text{Ws}^2 \cdot \text{nm} \cdot \text{s}^{-1}}{\text{nm}}$$

$\underline{W = 3{,}026 \cdot 10^{-19} \text{ Ws}}$

Mit $N_A = 6{,}023 \cdot 10^{23}$ Teilchen·mol^{-1}

und 1 Ws = 1 J wird

$W = 3{,}026 \cdot 10^{-19} \text{ Ws} \cdot 6{,}023 \cdot 10^{23} \text{ mol}^{-1}$

$W = 182{,}3 \text{ kJ} \cdot \text{mol}^{-1}$

A 2.5. a) Überlegen Sie, welches Atomspektrum linienreicher ist, das von Aluminium oder das von Quecksilber!

b) Welches Licht ist energiereicher, rotes (langwelliges) oder violettes (kurzwelliges)?
Begründen Sie Ihre Meinung!

2.3.4. Quantenzahlen und Energieniveaus

Der Zustand jedes einzelnen Elektrons im Atom wird durch 4 Quantenzahlen vollständig beschrieben.

Hauptquantenzahl n: Die Hauptquantenzahl n kennzeichnet das Hauptenergieniveau des Elektrons. Je größer n ist, um so größer ist seine Energie, um so größer ist die räumliche Ausdehnung der Ladungswolke.
Die Hauptenergieniveaus werden, vom kernnächsten beginnend, mit n = 1, 2, 3 bis 7 oder durch K, L, M bis Q bezeichnet.

Nebenquantenzahl l: Die Nebenquantenzahl l kennzeichnet Untergruppen gleicher Energie innerhalb eines Hauptniveaus und die dadurch bedingte Gestalt der Ladungswolke. Die Nebenquantenzahl wird, in Abhängigkeit von n, durch die Zahlen 0 bis n − 1 gekennzeichnet, also z. B.

n = 1, l = 0

n = 2, l = 0, 1

n = 3, l = 0, 1, 2 usw.

Statt l = 0, 1, 2, 3 werden zur Kennzeichnung der Elektronen auf den betreffenden Niveaus bevorzugt die Buchstaben s, p, d, f verwendet.
Die beiden anderen Quantenzahlen, die *Magnetquantenzahl* m, die das Verhalten eines Elektrons im Magnetfeld kennzeichnet, und die *Spinquantenzahl* s, welche die Richtung der Eigenrotation des Elektrons um seine Achse angibt (Elektronenspin), interessieren an dieser Stelle zunächst nicht.
Durch n und l ist die Energie eines Elektrons eindeutig bestimmt. Man benutzt folgende Schreibweise:

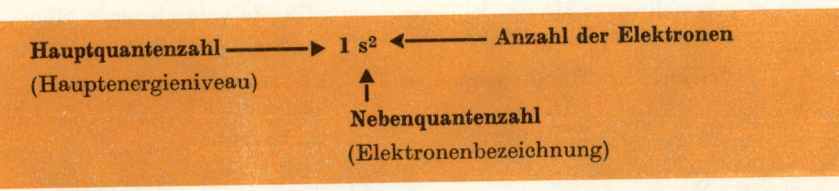

(s-Elektronen: l = 0, p-Elektronen: l = 1, d-Elektronen: l = 2) Lies: »Eins s zwei«. Bedeutung: Zwei s-Elektronen im ersten Hauptenergieniveau. 3p^5 bedeutet demnach fünf p-Elektronen im dritten Hauptenergieniveau.
Die relative Lage der Energieniveaus zueinander ist schematisch in Bild 2.5 eingezeichnet. Die Zahlen kennzeichnen das Hauptenergieniveau, die Pfeile die

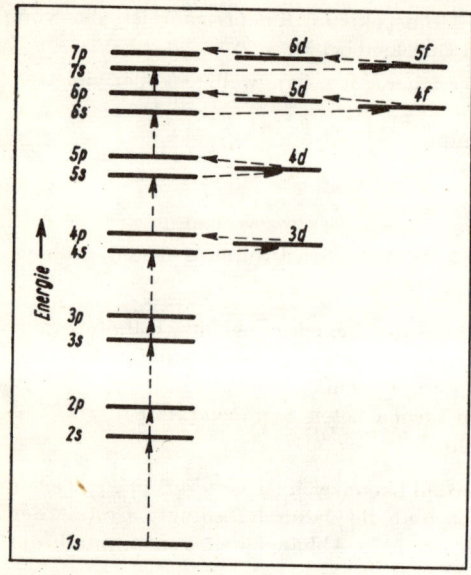

Bild 2.5. Energieniveauschema

Reihenfolge steigender Energie, also 1s, 2s, 2p, 3s, 3p, 4s, 3d, 4p. Das Energieniveauschema ist ein Schlüssel zum Verständnis des Aufbauprinzips der Elektronenhülle der Atome. Wichtig sind vor allem 3 Erkenntnisse:

- Der Energieunterschied zwischen zwei Hauptenergieniveaus wird mit zunehmendem n immer kleiner.
- Der Energieinhalt des Elektrons wächst mit zunehmendem n und im gleichen Hauptenergieniveau in der Reihenfolge s—p—d—f.
- Der Energieinhalt der d-Elektronen des 3., 4., 5. und 6. Hauptniveaus liegt zwischen dem s- und p-Niveau der folgenden Hauptquantenzahl (3d zwischen 4s und 4p, 4d zwischen 5s und 5p usw.). Die f-Elektronen des 4. und 5. Hauptniveaus liegen zwischen dem s-Niveau der übernächsten und dem d-Niveau der folgenden Hauptquantenzahl (4f zwischen 6s und 5d usw.).

A 2.6. Stellen Sie in Tabellenform zusammen, welche Elektronenbezeichnungen sich unter Berücksichtigung von l für die verschiedenen Hauptenergieniveaus ergeben!

Beispiel: Hauptenergieniveau   Elektronenbezeichnung
1 (K)   1s
2 (L) usw.   2s, 2p usw.

2.4. Das wellenmechanische Atommodell

2.4.1. Atomorbitale

Die moderne Modellvorstellung vom Atom — das wellenmechanische Modell — basiert auf zwei Grundgedanken:

- Das Elektron wird als ein räumlich um den Atomkern verteiltes Feld betrachtet (Ladungswolke), das sich in einem besonderen Schwingungszustand (stehende Welle) befindet.

Die verschiedenen Energiezustände der Elektronen spiegeln sich wider in verschiedenen Formen der Ladungswolke und ihrer unterschiedlichen Ausdehnung.

Der wellenmechanische Ausdruck für das Elektron ist seine Wellenfunktion, eine Differentialgleichung. Die räumliche Ausdehnung der Welle, oder, anders ausgedrückt, die Gestalt der »Ladungswolke Elektron« wird durch die Nebenquantenzahl l gekennzeichnet und heißt *Orbital*[1]). Die Nebenquantenzahl l wird deshalb auch Orbitalquantenzahl genannt.

Der Raumbereich, über den sich die Ladungswolke verteilt, heißt Orbital.

Orbitale in einzelnen, nicht gebundenen Atomen nennt man *Atomorbitale*, Orbitale in Molekülen *Molekülorbitale*. Da es keine scharfen Grenzen für die Ladungswolke gibt, hat man willkürlich festgelegt, daß 90% der negativen Ladung innerhalb der Hüllfläche liegen sollen, die das Orbital begrenzt. Aus der Berechnung der Wellenfunktion ergibt sich außerdem, daß die negative Ladung (des Elektrons) im Orbital unterschiedlich verteilt ist. Es gibt Bereiche größerer und geringerer *Elektronendichte* (Dichte der Ladungswolke).
Weil die Nebenquantenzahl l das Orbital bestimmt, unterscheidet man s-, p-, d-, f-Orbitale. Die s- und p-Orbitale werden im folgenden näher besprochen.

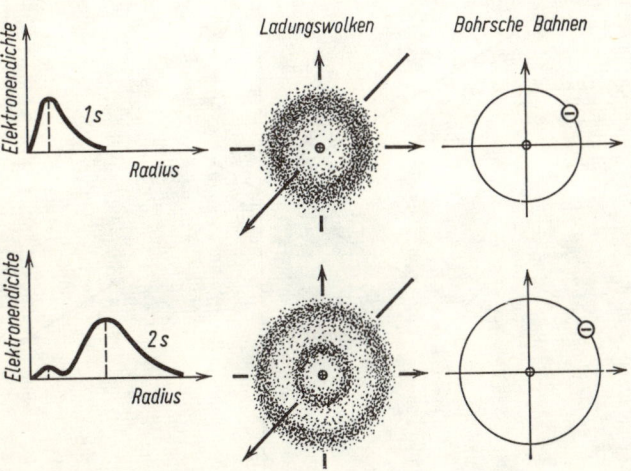

Bild 2.6. Elektronendichteverteilung und Ladungswolken von s-Orbitalen

---

[1]) orbit (engl.) = Bahn

s-Orbitale: Für alle s-Elektronen (l = 0) ergibt die Berechnung der Wellenfunktion ein kugelsymmetrisches Orbital, die begrenzende Hüllfläche ist eine Kugelfläche. Die beiden Kurven im Bild 2.6 stellen die Elektronendichte für 1s- und 2s-Elektronen in Abhängigkeit vom Kernabstand r dar. In der Mitte ist die Ladungswolke im Querschnitt gezeichnet, rechts die einhüllende Fläche. Die Maxima der Kurven kennzeichnen den Abstand größter Elektronendichte.

p-Orbitale: Die p-Elektronen haben bereits eine recht komplizierte Elektronendichteverteilung. In Bild 2.7 sind wieder Elektronendichte und Ladungswolke nebeneinandergestellt. Die Hüllfläche hat etwa Hantelform (Bild 2.8, links). Es

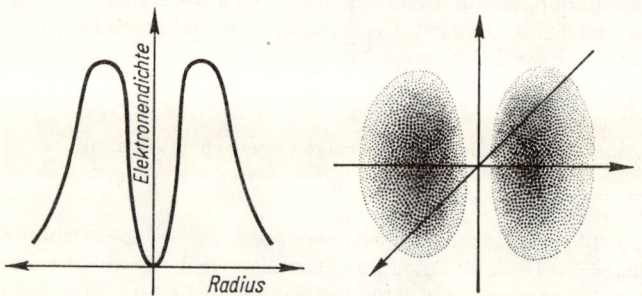

Bild 2.7. Elektronendichteverteilung und Ladungswolke eines p-Orbitals

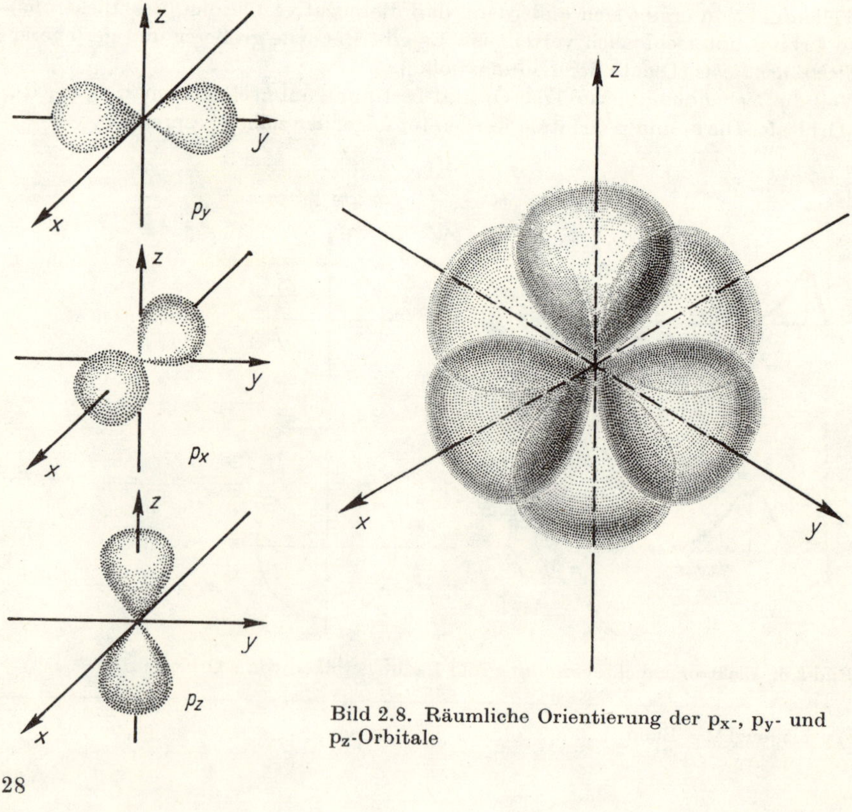

Bild 2.8. Räumliche Orientierung der p_x-, p_y- und p_z-Orbitale

gibt drei p-Orbitale, die rechtwinklig aufeinander stehen und entsprechend den drei Achsen des räumlichen Koordinatensystems mit p_x, p_y und p_z bezeichnet werden. Bild 2.8 vermittelt davon eine räumliche Vorstellung. Besonders wichtig ist der ausgeprägt gerichtete Charakter der p-Orbitale, der für den räumlichen Bau vieler Verbindungen entscheidend ist.

Für die Reihenfolge der Besetzung der Energieniveaus und Atomorbitale gelten folgende Regeln:

- Die maximale Elektronenzahl im Hauptenergieniveau beträgt $2 n^2$.
- Die Zahl der Orbitale der Nebenquantenzahl l beträgt $2 l + 1$.
- Jedes Orbital kann mit 2 Elektronen besetzt werden.
- Die Orbitale werden in der Reihenfolge zunehmender Energie der Elektronen belegt.
- Das höchste Hauptenergieniveau n eines Atoms ist maximal mit 8 Elektronen besetzt.

Die 1. bis 3. Regel sind mathematische Folgerungen aus den Quantenbedingungen, auf deren Herleitung hier verzichtet wird. Die 5. Regel folgt aus der gegenseitigen Lage der Energieniveaus. Die maximal mögliche Zahl von 8 *Außenelektronen* hat für die Chemie besondere Bedeutung (s. Abschn. 2.4.2.).

Aus vorstehenden Regeln ergibt sich folgende Tabelle der Elektronenverteilung:

Tabelle 2.2. Elektronenbesetzung der Atomorbitale

Haupt-quanten-zahl	Maxim. Elektronenzahl	Neben-quanten-zahl	Bezeichnung der Elektronen im Orbital	Zahl der Orbitale	Zahl der Elektronen in den Orbitalen	Bezeichnung der Elektronen im vollständig besetzten Orbital
n	$2 n^2$	l		$2 l + 1$		
1 (K)	2	0	1s	1	2	$1s^2$
2 (L)	8	0	2s	1	2	$2s^2$
		1	2p	3	6	$2p^6$
3 (M)	18	0	3s	1	2	$3s^2$
		1	3p	3	6	$3p^6$
		2	3d	5	10	$3d^{10}$
4 (N)	32	0	4s	1	2	$4s^2$
		1	4p	3	6	$4p^6$
		2	4d	5	10	$4d^{10}$
		3	4f	7	14	$4f^{14}$
5 (O)	{50}	0	5s	1	2	$5s^2$
		1	5p	3	6	$5p^6$
		2	5d	5	10	$5d^{10}$
		3	5f	7	14	$5f^{14}$
		{4}				
6 (P)	{72}	{ } Diese Elektronenzahlen bzw. Orbitale treten nicht auf.				
7 (Q)	{98}	Das letzte bekannte Element hat die Kernladungszahl $Z = 105$				

Erläuterungen zur Tabelle 2.2:

Spalte 1: In allen bisher bekannten Atomen treten höchstens 7 Hauptenergieniveaus auf. Sie werden, in Anlehnung an das BOHRsche Atommodell, häufig noch als »Schalen« bezeichnet.

Spalte 2: Hier sind, entsprechend der ersten Regel, die maximal möglichen Elektronenzahlen $2n^2$ angegeben. Diese werden nur erreicht, wenn entsprechend dem Energieniveauschema (Bild 2.7) alle niedrigeren Niveaus bereits voll besetzt sind. Die Addition der maximalen Elektronenzahlen von $n = 1$ bis $n = 5$ ergibt bereits 108 Elektronen. Das bedeutet, daß in keinem Atom das 5. Niveau voll besetzt sein kann.

Spalten 3 und 4: Nebenquantenzahl l entsprechend der Quantenbedingung $l = 0, 1, 2 \ldots n - 1$. Die Anzahl der Unterniveaus ist zahlenmäßig gleich der Hauptquantenzahl, z. B. $n = 3$ ergibt 3 Unterniveaus (s-, p-, d-Elektronen).

Spalte 5: Die Zahl der Orbitale wird wesentlich durch deren Geometrie bestimmt. Für s-Elektronen ergibt sich durch die kugelsymmetrische Verteilung nur ein Orbital, für p-Elektronen ergeben sich infolge der Symmetrie entlang den 3 Achsen des rechtwinkligen Koordinatensystems 3 Orbitale. Die Symmetrie der d- und f-Orbitale ist komplizierter.

Spalte 6: Die Zahlen leiten sich her aus Spalte 5 bei Anwendung der 3. Regel. Die Summen in jeder Zeile ergeben wieder die maximale Elektronenzahl im Hauptenergieniveau.

Mit Hilfe des Periodensystems der Elemente (PSE) und des Energieniveauschemas ist es jetzt möglich, für beliebige Atome die Elektronenverteilung anzugeben. Für die ersten 18 Elemente ist das in Tabelle 2.3 durchgeführt. Die Anordnung entspricht dem PSE: Die Spalten sind die Hauptgruppen I bis VIII, die Zeilen die Perioden 1, 2 und 3.

Tabelle 2.3. Elektronenhülle der Elemente Wasserstoff bis Argon

1 H	$1s^1$															2 H	$1s^2$
3 Li	$1s^2$ $2s^1$	4 Be	$1s^2$ $2s^2$	5 B	$1s^2$ $2s^2$ $2p^1$	6 C	$1s^2$ $2s^2$ $2p^2$	7 N	$1s^2$ $2s^2$ $2p^3$	8 O	$1s^2$ $2s^2$ $2p^4$	9 F	$1s^2$ $2s^2$ $2p^5$	10 Ne	$1s^2$ $2s^2$ $2p^6$		
11 Na	$1s^2$ $2s^2$ $2p^6$ $3s^1$	12 Mg	$1s^2$ $2s^2$ $2p^6$ $3s^2$	13 Al	$1s^2$ $2s^2$ $2p^6$ $3s^2$ $3p^1$	14 Si	$1s^2$ $2s^2$ $2p^6$ $3s^2$ $3p^2$	15 P	$1s^2$ $2s^2$ $2p^6$ $3s^2$ $3p^3$	16 S	$1s^2$ $2s^2$ $2p^6$ $3s^2$ $3p^4$	17 Cl	$1s^2$ $2s^2$ $2p^6$ $3s^2$ $3p^5$	18 Ar	$1s^2$ $2s^2$ $2p^6$ $3s^2$ $3p^6$		

1. Periode: H, He — das erste Hauptenergieniveau wird belegt.
2. Periode: Li, Be — das 2s-Orbital wird mit den beiden Elektronen belegt.
B bis Ne — sechs Elektronen kommen in die drei 2p-Orbitale usw. Die 8 Hauptgruppen im PSE sind durch die Zahl der s- und p-Elektronen (maximal 8) bedingt.
3. Periode: Analog der zweiten Periode werden zuerst die 3s- und 3p-Orbitale belegt.

> Bei den Hauptgruppenelementen werden stets s- bzw. p-Orbitale im äußersten Hauptenergieniveau belegt. Die Nebengruppenelemente sind durch den Einbau der d- und f-Elektronen gekennzeichnet.

In der 4. Periode werden zunächst die beiden 4s-Elektronen eingebaut (Kalium, Calcium). Bei den 10 Nebengruppenelementen Scandium bis Zink erfolgt dann der Einbau der zehn 3d-Elektronen. Analoges gilt für die zehn Nebengruppenelemente Yttrium bis Cadmium in der 5. Periode ($4d^{10}$) und Lanthan, Hafnium usw. bis Quecksilber in der 6. Periode ($5d^{10}$). Der Einbau der d-Elektronen erfolgt also in das vorletzte Hauptenergieniveau. In der 6. Periode, bei den 14 Elementen Cer bis Lutetium, wird das drittletzte Hauptenergieniveau mit 4f-Elektronen voll besetzt, in der 7. Periode werden die Elektronen 5f eingebaut (Thorium bis Lawrencium).

A 2.7.   Schreiben Sie die Elektronenverteilung in den Atomen folgender Elemente auf: Se, Br, Kr, Rb, Sr, Y!

Eine Tabelle mit der Elektronenverteilung für alle Atome der Elemente des PSE befindet sich im Teil »Wissensspeicher Chemie« (Abschn. 2.). Die wenigen Ausnahmen bei der Belegung der f-Atomorbitale können nicht gesetzmäßig hergeleitet werden und bleiben in diesem Buch unberücksichtigt.
Jedes Orbital kann mit zwei Elektronen besetzt werden. Das ist durch den *Elektronenspin*[1]) bedingt, eine Eigenschaft der Ladungswolke, die man anschaulich durch Rotation des Elektrons erklärt. Es gibt zwei Möglichkeiten, Rechts- und Linksrotation, und daraus leitet sich die Begrenzung auf zwei Elektronen je Orbital her. Die beiden Elektronen in einem Orbital müssen entgegengesetzten Drehsinn — *antiparallelen Spin* — besitzen.
Es liegt dann eine *Spinkopplung* vor, die Elektronen sind gepaart. Für die Entstehung von Elektronenpaaren gilt die HUNDsche Regel:

> Bevor Elektronenpaare entstehen, werden zunächst alle Orbitale der gleichen Nebenquantenzahl mit einzelnen Elektronen belegt.

---

[1]) to spin (engl.) = sich drehen

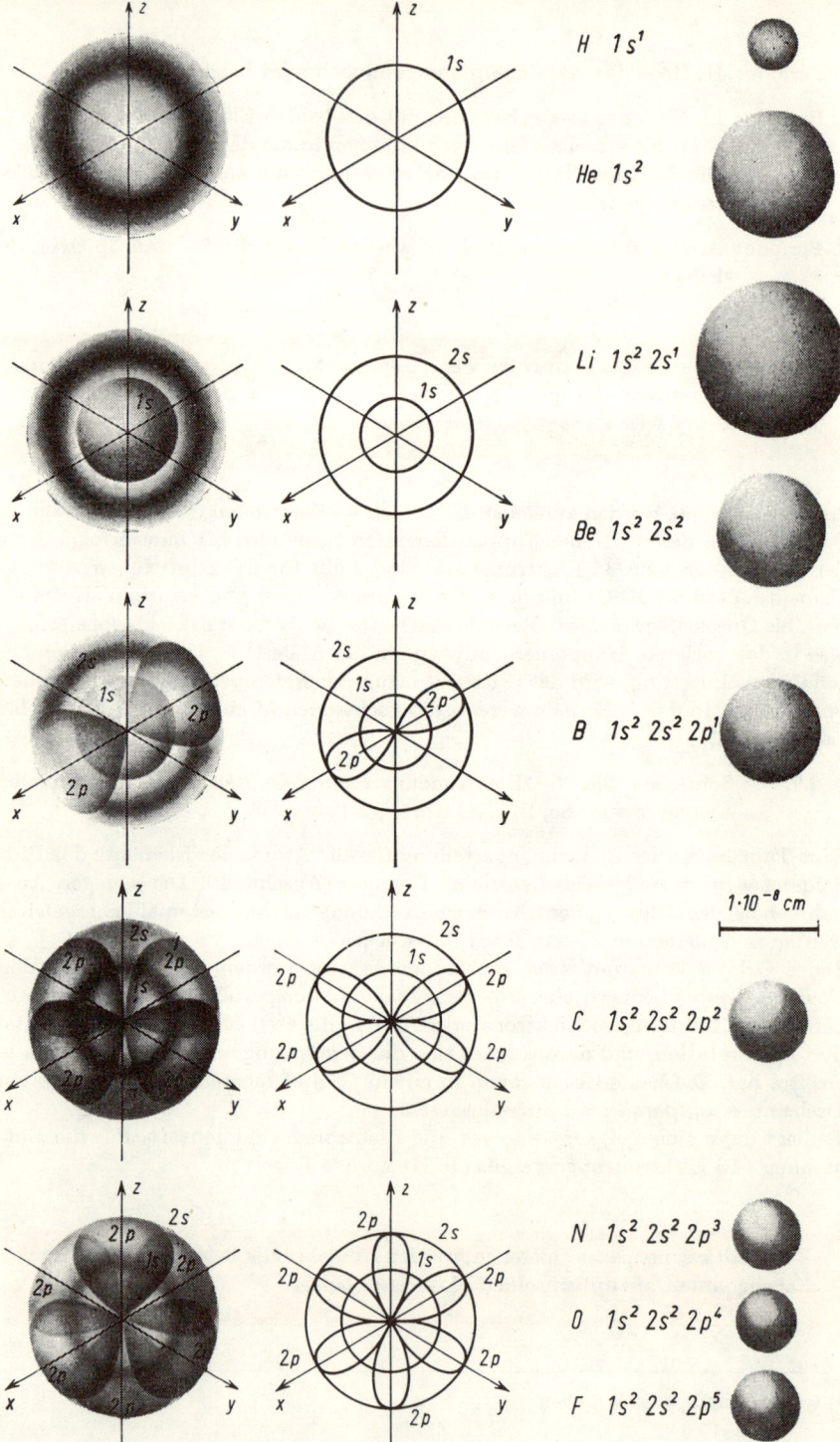

Bild 2.9. Räumliche Orbitalmodelle einiger Atome

Für viele Zwecke genügt die Kennzeichnung der Elektronen im Atom in der benutzten Schreibweise. Bei der Untersuchung der chemischen Bindung und des magnetischen Verhaltens muß man jedoch auch die genaue Belegung der Orbitale mit gepaarten und ungepaarten Elektronen berücksichtigen. Dazu stellt man die Orbitale symbolisch durch Kästchen, die Elektronen durch Pfeile dar, z. B.:

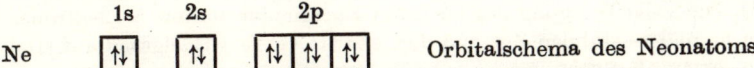

Orbitalschema des Neonatoms

Die entgegengerichteten Pfeile kennzeichnen den antiparallelen Spin.
Für die ersten 10 Elemente des PSE ergibt sich (im Grundzustand) die in Tabelle 2.4 gezeichnete Elektronenbelegung der Atomorbitale. Die Einzelelektronen in den p-Orbitalen resultieren dabei unmittelbar aus der HUNDschen Regel.

Tabelle 2.4. Orbitalschemata Wasserstoff bis Neon

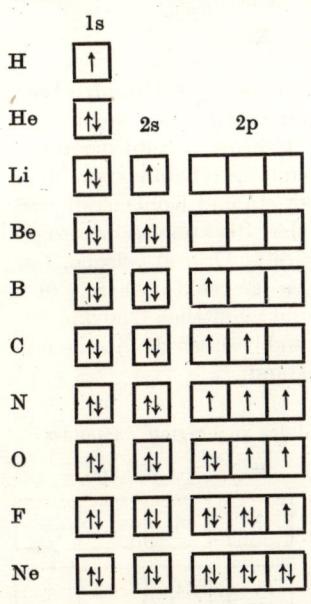

A 2.8. Schreiben Sie die Orbitalschemata der Elemente Natrium bis Argon auf!

Der Versuch einer räumlichen Veranschaulichung wellenmechanischer Atommodelle ist nur für einfach gebaute Atome einigermaßen aussichtsreich. Für Bild 2.9 wurde die gleichachsige (isometrische) Projektion gewählt. Beachten Sie vor allem, daß sich die Ladungswolken gegenseitig durchdringen (s- und p-Orbitale). Die Atome mancher im PSE aufeinanderfolgender Elemente haben gleiche Form der Orbitale, aber unterschiedliche Größe.

A 2.9. Begründen Sie, warum die Orbitalmodelle von Stickstoff, Sauerstoff, Fluor und Neon die gleiche Gestalt besitzen!

2.4.2. Valenzelektronen

Wie bereits dargestellt (Abschn. 2.4.1., 5. Regel), ist das äußere Hauptenergieniveau eines gegebenen Atoms nur mit maximal 8 Elektronen belegbar. (Eine Ausnahme bildet Helium: zwei Elektronen.) Diese Außenelektronen bestimmen weitgehend das chemische Verhalten und die Wertigkeit, sie heißen *Valenzelektronen*[1]). Die volle Belegung des höchsten Energieniveaus mit 8 Elektronen stellt einen besonders stabilen Zustand dar, er tritt bei den Edelgasen auf (Helium, Neon, Argon, Krypton usw.).

Zur Darstellung der Valenzelektronen benutzt man entweder die Orbitalschemata oder *Elektronenformeln*: Das chemische Symbol steht für den Atomrumpf, das ist das Atom ohne Valenzelektronen, Punkte kennzeichnen die einzelnen Valenzelektronen, Striche (oder Doppelpunkte) die Elektronenpaare. Die Elektronenformeln der ersten 10 Elemente des PSE sehen wie folgt aus:

H ·   He|

Li ·   Be| Ḃ| Ċ| ·Ṅ |Ö| |F̄| |N̄e|

Die Elektronenformeln bzw. Orbitalschemata kennzeichnen den Grundzustand der Atome. Sehr häufig durchlaufen die Atome als Voraussetzung von chemischen Reaktionen einen *angeregten Zustand*. Dabei erhöht sich die Anzahl der ungepaarten Elektronen, die für die Entstehung von Verbindungen besonders wichtig sind. So besitzen im Grundzustand Beryllium null, Bor ein und Kohlenstoff zwei ungepaarte Elektronen. Durch Energiezufuhr vor der Reaktion *(Anregungsenergie)* kann jeweils eines der $2s^2$-Elektronen ein freies 2p-Orbital belegen. Das Atom befindet sich dann im angeregten Zustand, es ist reaktionsbereit (Tabelle 2.5). Die molare Anregungsenergie beträgt durchschnittlich 250 bis 290 kJ · mol^{-1} (60 bis 70 kcal · mol^{-1}). Im angeregten Zustand besitzen die Atome nun je zwei ungepaarte Elektronen mehr als im Grundzustand.

Tabelle 2.5. Atomorbitalschemata des Grundzustandes und des angeregten Zustandes

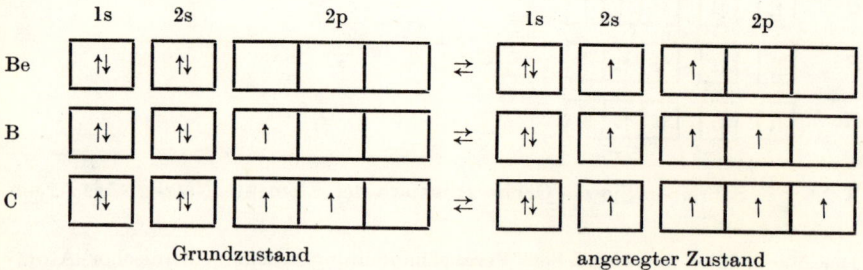

Grundzustand   angeregter Zustand

2.4.3. Ionisierung

Ausgehend von der Tatsache, daß Energiezufuhr die Elektronen anregt und die energiereicheren Orbitale weiter vom Kern entfernt sind, muß es auch möglich

---

[1]) valere (lat.) = wert sein

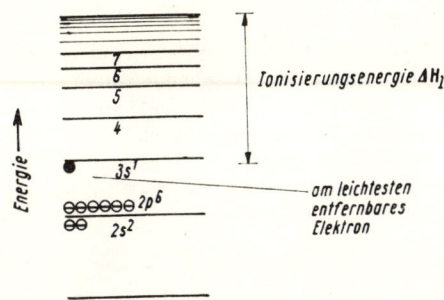

Bild 2.10. Energieniveaus und Ionisierungsenergie von Natrium (schematisch)

sein, Elektronen völlig vom Atom loszulösen. Das Atom hat dann eine elektrische Ladung, weil die Ladung des Kerns nicht mehr durch die Ladungen einer entsprechenden Anzahl von Elektronen kompensiert wird: Es ist ein *positives Ion*[1]. Negative Ionen entstehen durch den Einbau zusätzlicher Elektronen. Valenzelektronen lassen sich am leichtesten entfernen, weil sie bereits die höchste Energie der Elektronen im Atom besitzen. Außerdem sind z. B. bei gleicher Valenzelektronenbesetzung verschiedener Atome Elektronen mit der größeren Hauptquantenzahl n leichter abtrennbar.

Für jedes Element gibt es charakteristische Energiewerte für die Ionisation:

> **Unter Ionisierungsenergie versteht man den niedrigstmöglichen Energiebetrag, der für die Abtrennung eines Elektrons aus einem Atom aufgewendet werden muß.**

Im Bild 2.10 ist die Ionisierungsenergie am Beispiel von Natrium schematisch dargestellt. Da die kinetische Energie eines ungebundenen, freien Elektrons auch

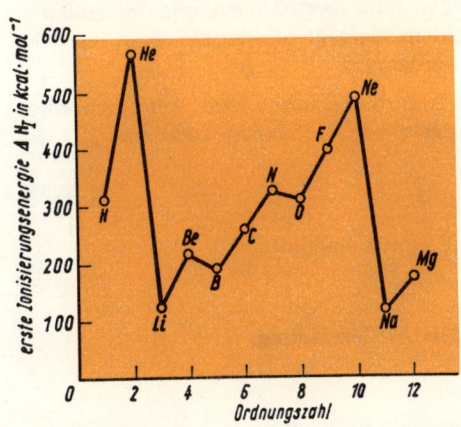

Bild 2.11. Ionisierungsenergien der ersten 12 Elemente

---

[1] ionos (griech.) = Wanderer (Das Ion wandert im elektrischen Feld)

größer sein kann als die Ionisierungsenergie als unterer Grenzwert, können bei der Abtrennung auch größere Energiebeträge vom Elektron aufgenommen werden. Entsprechend der Zahl der positiven Ladungen des entstehenden Ions — der Zahl der abgetrennten Elektronen — unterscheidet man zwischen der ersten, zweiten, dritten usw. Ionisierungsenergie eines Atoms. Im Bild 2.11 sind die ersten Ionisierungsenergien der Elemente 1 bis 12 graphisch aufgetragen. Der Kurvenverlauf zeigt einen deutlichen Zusammenhang mit dem PSE und wird dort ausführlicher besprochen.

2.5. Das Periodensystem der Elemente (PSE)

2.5.1. Entstehung

Wir kennen heute 105 Elemente, 17 davon sind in den letzten zwei Jahrzehnten durch Kernumwandlung künstlich erzeugt worden. Vor 100 Jahren, als das PSE aufgestellt wurde, waren etwa 65 Elemente bekannt.
Im Jahre 1869 gelang es dem russischen Chemiker DIMITRI IWANOWITSCH MENDELEJEW und dem deutschen Chemiker LOTHAR MEYER, unabhängig voneinander, auf der Grundlage der relativen Atommassen ein Ordnungssystem zu finden. Die Kernladungszahlen, das ordnende Prinzip im PSE, waren damals noch nicht bekannt, wohl aber die relativen Atommassen der Elemente. Da steigende Kernladungszahl fast immer auch zunehmende relative Atommasse bedingt, konnte auch ohne Kenntnis der Kernladung eine im wesentlichen richtige Anordnung der Elemente gefunden werden. MENDELEJEW leitete aus dem Periodensystem u. a. die Vorhersage der Eigenschaften noch unbekannter Elemente ab.

A 2.10. a) Ermitteln Sie im PSE — ohne Berücksichtigung der Lanthanoide und Actinoide — diejenigen Elemente, bei denen das ursprüngliche Ordnungsprinzip (steigende relative Atommasse) durchbrochen ist! Bei drei Elementpaaren muß das Element mit der größeren relativen Atommasse vor dem Element mit der kleineren relativen Atommasse eingeordnet werden.

b) Geben Sie an, warum die Anordnung falsch wird, wenn man diese Elemente nach steigender relativer Atommasse anordnet!

2.5.2. Aufbauprinzip

Die Kernladungszahl kennzeichnet ein Element eindeutig.

Elemente bestehen aus Atomen mit gleicher Kernladung.

Das »Periodengesetz«, das dem PSE zugrunde liegt, lautet in moderner Formulierung:

> **Die nach ihrer Kernladungszahl geordneten Elemente zeigen eine deutliche Periodizität ihrer Eigenschaften.**

Es gibt mehrere Möglichkeiten, um die Elemente dem Periodengesetz entsprechend anzuordnen. Zwei Grundsätze sind dabei immer verwirklicht:

- In Zeilen (waagerecht) sind die Elemente nach steigender Kernladung so geordnet, daß links Metalle, rechts Nichtmetalle stehen: *Perioden*.
- In Spalten (senkrecht) sind chemisch ähnliche Elemente angeordnet: *Gruppen*.

Die beiden am meisten benutzten Formen sind die Lang- und die Kurzperiodendarstellung. Sie unterscheiden sich vor allem durch die Art und Weise, wie die Nebengruppenelemente in das System eingefügt werden. Das Langperiodensystem spiegelt die Elektronenstruktur der Atome deutlicher wider als das Kurzperiodensystem. Wir orientieren uns deshalb auf diese Darstellung. Die Übersicht (Bild 2.12) soll das Arbeiten mit dem Langperiodensystem erleichtern.

A 2.11. Vergegenwärtigen Sie sich die Stellung der Elemente in den verschiedenen Gruppen des PSE und die Benennung der Gruppen! (Bezeichnung der Hauptgruppen; welche Elemente bilden die erste, zweite, dritte Hauptgruppe usw.; welches sind jeweils die ersten und letzten Elemente der Nebengruppen, der Lanthanoide und der Actinoide?)

2.5.3. PSE und Elektronenstruktur der Atome

Das PSE spiegelt die Elektronenbelegung der Atomorbitale vollständig wider. Auch viele andere dadurch bedingte Eigenschaften der Elemente, wie Atomradius, Ionisierungsenergie und chemisches Verhalten, ändern sich periodisch und sind aus dem PSE ablesbar. Daraus resultiert seine große Bedeutung als »Schlüssel zur Chemie«.

Perioden: Entsprechend den 7 Hauptenergieniveaus gibt es 7 Perioden, in denen die Atomorbitale dem Energieniveauschema folgend (Abschn. 2.4.1.) der Reihe nach belegt werden. Die Anzahl der Elemente in der Periode, ihre Länge, ist durch die maximale Elektronenzahl $2n^2$ bedingt.

Haupt- und Nebengruppen: Man unterscheidet *Hauptgruppenelemente*, *Nebengruppenelemente* und die Gruppen der *Lanthanoide* und *Actinoide*. Bei den Elementen der Hauptgruppen I und II werden die beiden s-Elektronen in das höchste Energieniveau eingebaut, bei den Hauptgruppenelementen III bis VIII die sechs p-Elektronen.

> **Elemente der gleichen Hauptgruppe besitzen die gleiche Anzahl von Valenzelektronen und sind deshalb chemisch ähnlich.**

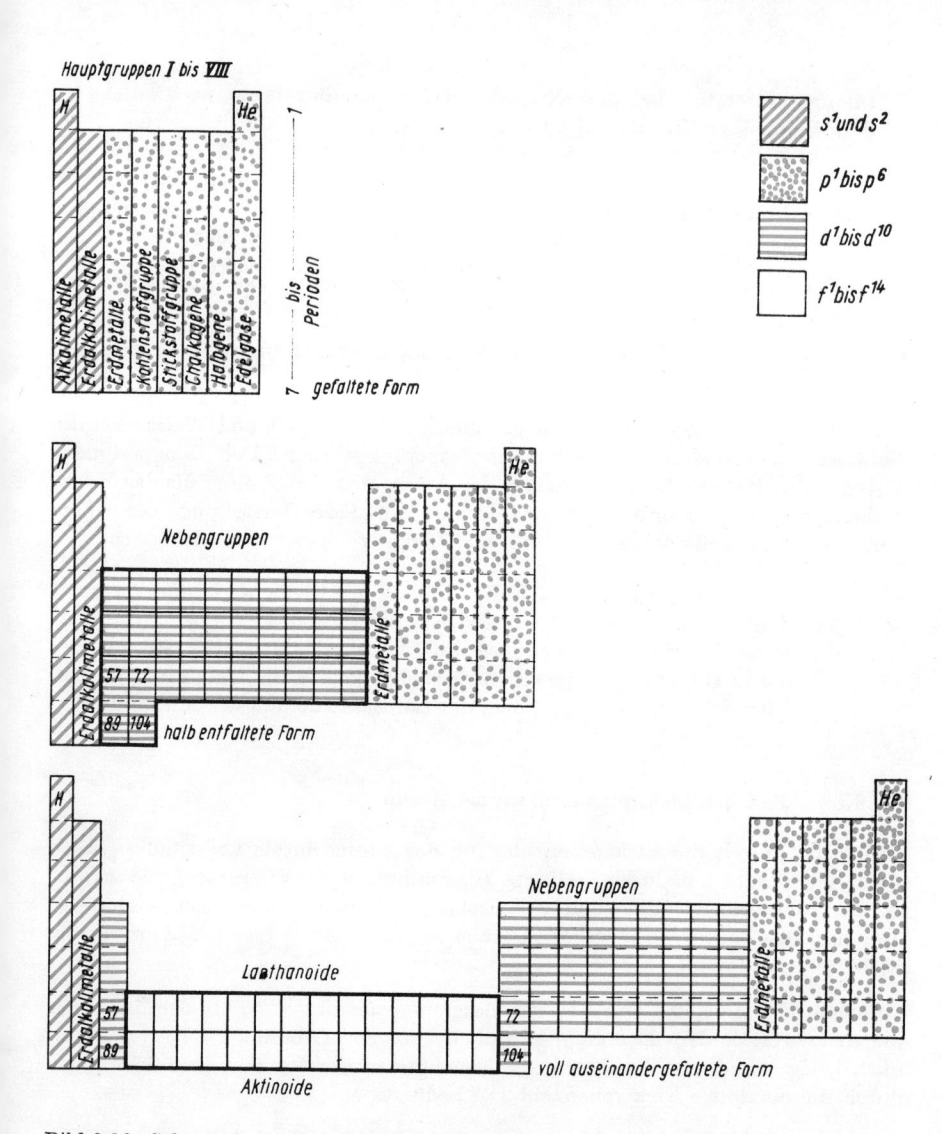

Bild 2.12. Schematische Darstellung des Langperiodensystems

Bei den Nebengruppenelementen wird jeweils das vorletzte Energieniveau mit d-Elektronen belegt.

> **Die Anzahl der s-Elektronen im höchsten Energieniveau beträgt bei den Nebengruppenelementen in der Regel zwei.**

In der gleichen Nebengruppe ist die Anzahl der d-Elektronen gleich. Deshalb, und weil die d-Elektronen wegen des geringen Energieunterschiedes zu den Außenelektronen ebenfalls als Valenzelektronen wirken können, sind die Nebengruppenelemente insgesamt im Verhalten einander ähnlicher als die Hauptgruppenelemente. Die beiden Gruppen der Lanthanoide und Actinoide, so benannt nach den Elementen, an die sie anschließen, sind durch den Einbau der f-Elektronen gekennzeichnet. Infolge weitgehend gleicher Belegung der letzten und vorletzten Hauptenergieniveaus sind die Elemente innerhalb der gleichen Periode noch ähnlicher im Verhalten als die Nebengruppenelemente.

Atomradius und Ionisierungsenergie

Die unterschiedliche Belegung der Energieniveaus mit Elektronen zeigt sich auch in der Größe der Atome. Grundsätzlich gilt: Je mehr Energieniveaus besetzt sind, um so größer wird der Atomdurchmesser. Wenn sich die Zahl der Außenelektronen im gleichen Energieniveau erhöht, so nimmt der Atomdurchmesser zunächst bis zu einem gewissen Grenzwert ab und dann wieder zu. Letzteres hängt mit den Kraftwirkungen zwischen Kern und Elektronenhülle zusammen und kann in diesem Zusammenhang nicht näher erläutert werden. Es ist üblich, zur Charakterisierung der Größe des Atoms den *Atomradius* anzugeben. Er beeinflußt das chemische Verhalten ebenfalls in gewissem Maße. Die Kurve (Bild 2.13) zeigt deutlich eine periodische Änderung der Atomradien. Die Maxima liegen jeweils bei den Elementen der ersten Hauptgruppe, die Minima (für die ersten 4 Perioden) bei den Elementen der VI. Hauptgruppe.

A 2.12. a) Wie verändert sich der Atomradius innerhalb einer Hauptgruppe von oben nach unten?

b) Vergleichen Sie die Änderung der Atomradien der Nebengruppenelemente mit denen der Hauptgruppenelemente!

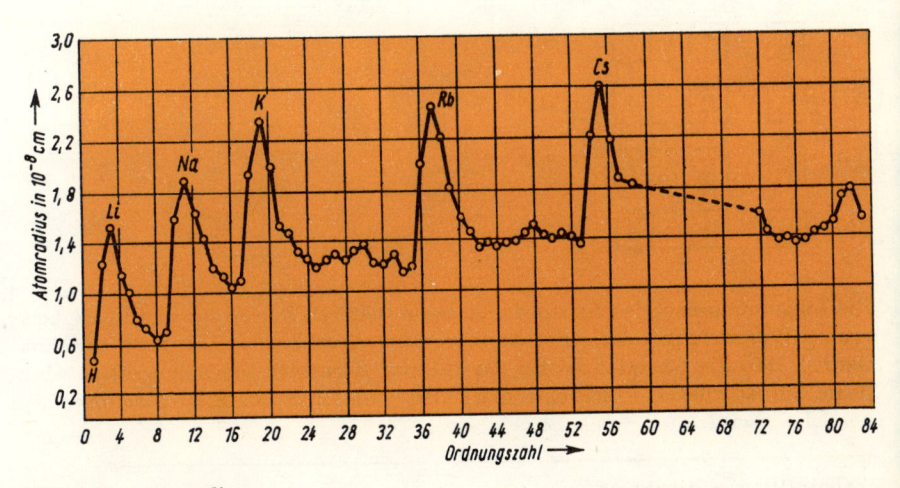

Bild 2.13. Atomradien

Auch die *Ionisierungsenergie* (s. Abschn. 2.4.3.) ändert sich periodisch. Die Kurven der Bilder 2.11 und 2.13 sind einander ähnlich, aber die Extremwerte liegen jeweils bei anderen Elementen. Beim Vergleich werden folgende Zusammenhänge sofort deutlich:

- Die Atome mit dem größten Radius haben die niedrigste Ionisierungsenergie.
- Während die Extremwerte der Atomradien mit zunehmender Ordnungszahl insgesamt leicht ansteigen, ist bei den Ionisierungsenergien diese Tendenz insgesamt fallend.

Je mehr Energie ein Elektron also bereits besitzt, um so leichter kann es aus dem Atomverband herausgelöst werden. Die besondere chemische Beständigkeit der Edelgase z. B. drückt sich in den Maxima ihrer Ionisierungsenergien aus. Der Kurvenverlauf von Lithium bis Neon (Bild 2.11) ermöglicht aber noch eine interessante Einsicht: Die Ionisierungsenergie ändert sich auch mit der Orbitalbelegung. Das mit 2s-Elektronen belegte Orbital (Beryllium) ist ein stabiler Zwischenzustand, gekennzeichnet durch höhere Ionisierungsenergie, desgleichen der Zustand mit drei einfach belegten p-Orbitalen beim Stickstoff, wie Tabelle 2.6 zeigt.

Tabelle 2.6. Orbitalbelegung und Ionisierungsenergien

	2s	2p	ΔH_I in kJ·mol^{-1}
Li	↑		559
Be	↑↓		900
B	↑↓	↑	800
C	↑↓	↑ ↑	1084
N	↑↓	↑ ↑ ↑	1403
O	↑↓	↑↓ ↑ ↑	1310
F	↑↓	↑↓ ↑↓ ↑	1679
Ne	↑↓	↑↓ ↑↓ ↑↓	2077

Die Ionisierungsenergien liefern damit einen weiteren Beweis für die Richtigkeit unserer Vorstellungen über die Atomorbitale. Abschließend soll noch erwähnt werden, daß die Energie, die bei der Bildung negativer Ionen umgesetzt wird (beim Einbau zusätzlicher Elektronen in die Atomhülle), als *Elektronenaffinität*[1]) bezeichnet wird.

---

[1]) affinis (lat.) = benachbart

2.5.4. PSE und chemische Eigenschaften

Aus dem Zusammenhang zwischen der Stellung eines Elementes im PSE und dem Bau der Elektronenhülle folgen gesetzmäßig bestimmte Analogien im chemischen Verhalten.

Bildung von Ionen: Ein wichtiges Kennzeichen eines Elementes ist seine Eigenschaft, positive bzw. negative Ionen zu bilden. (Elektropositiver bzw. elektronegativer Charakter der Elemente.)

> Positive Ionen werden von Atomen gebildet, die Elektronen abgeben können: Elektronendonatoren[1]).
> Negative Ionen werden von Atomen gebildet, die Elektronen aufnehmen können: Elektronenakzeptoren[2]).

Die Hauptgruppenelemente mit ein bis drei Außenelektronen in den Atomen sind meist Elektronendonatoren. Sie bilden positive Ionen, indem sie die Außenelektronen abgeben und den stabilen Zustand des vorhergehenden Edelgases erreichen. Auch die Nebengruppenelemente sind elektropositiv (2 Außenelektronen). Nach Abgabe der zwei Außenelektronen erreichen die Nebengruppenelemente in ihrem höchsten Energieniveau die Besetzung des im PSE vorhergehenden Edelgases und sind zweifach positiv geladene Ionen.
Die Elemente mit 5 bis 7 Außenelektronen sind meist Elektronenakzeptoren. Sie bilden negative Ionen, indem sie die bis zur folgenden Edelgaskonfiguration fehlenden Außenelektronen aufnehmen. Die Einschränkung »meist« weist darauf hin, daß diese Eigenschaft relativ ist. Viele Elemente reagieren, in Abhängigkeit vom Reaktionspartner, einmal als Elektronendonatoren und ein anderes Mal als Elektronenakzeptoren.
Die Elemente mit 4 Außenelektronen wurden bisher noch nicht genannt. Bei ihnen ist die Tendenz zur Ionenbildung nur schwach ausgeprägt, meist gehen sie Atombindungen ein (siehe dort). Grundsätzlich gilt das auch noch für die Elemente der III. und V. Hauptgruppe.
Am Anfang jeder Periode stehen also die ausgeprägten Elektronendonatoren, nach rechts hin nimmt die Neigung zur Elektronenabgabe ab. Die Neigung zur Elektronenaufnahme nimmt von der V. bis zur VII. Hauptgruppe zu. Innerhalb einer Hauptgruppe ändert sich diese Eigenschaft ebenfalls gegenläufig, und zwar nimmt von oben nach unten die Tendenz zur Elektronenabgabe zu, weil sich die Valenzelektronen jeweils bereits in einem höheren, energiereicheren Niveau befinden (Hauptquantenzahl). Von unten nach oben wird aus dem gleichen Grund die Tendenz zur Elektronenaufnahme größer. Deshalb stehen im PSE, wenn man nur die Hauptgruppen betrachtet, rechts oben ausgeprägte Elektronenakzeptoren, links unten ausgeprägte Elektronendonatoren.

---

[1]) donator (lat.) = Geber
[2]) acceptor (lat.) = Empfänger

A 2.13. Überlegen Sie, welches Element der angegebenen Paare bei einer Verbindungsbildung der Elektronendonator (+) und der Elektronenakzeptor (−) ist!
Cl—K, P—Mg, Al—S, P—Cl, F—Ca, I—H.

Metalle und Nichtmetalle: Die Eigenschaft, bevorzugt Elektronen aufzunehmen bzw. abzugeben, liegt auch einem weiteren Unterscheidungsmerkmal der Elemente zugrunde, der Einteilung in Metalle und Nichtmetalle.

> Typische Metalle sind solche Elemente, die bevorzugt positive Ionen bilden (Elektronendonatoren) und den elektrischen Strom ohne stoffliche Veränderung leiten.
> Typische Nichtmetalle sind solche Elemente, die bevorzugt negative Ionen bilden (Elektronenakzeptoren) und den elektrischen Strom nicht leiten.

Zwischen den typischen Metallen links im PSE und den typischen Nichtmetallen rechts liegen Elemente, die entsprechend ihren Eigenschaften nicht klar den Metallen oder Nichtmetallen zuzuordnen sind (etwa im Bereich einer Diagonalen von links oben nach rechts unten).
Alle Nebengruppenelemente bilden positive Ionen, sind also Metalle. Die Anzahl der abgegebenen oder aufgenommenen Elektronen ergibt die Ladung der Ionen.

> Als Ionenwertigkeit bezeichnet man die Anzahl der positiven oder negativen Ladungen eines Ions.

Die Ionenwertigkeit ist — wegen der gleichen Anzahl von Außenelektronen — ebenfalls eine Gruppeneigenschaft (Tab. 2.7).

Tabelle 2.7. Ionenwertigkeit

	Hauptgruppe						
	I	II	III	IV	V	VI	VII
Höchste positive Ionenladung	Na^+	Mg^{2+}	Al^{3+}	(4+)	(5+)	(6+)	(7+)
Höchste negative Ionenladung	(7−)	(6−)	(5−)	(4−)	P^{3-}	S^{2-}	Cl^-

Für die Bildung positiver Ionen (durch Elektronenabgabe) gilt: Die höchste theoretisch mögliche *positive Ionenwertigkeit* ist mit der Gruppennummer identisch.

Die höchste theoretisch mögliche *negative Ionenwertigkeit* ergibt sich als die Differenz der Gruppennummer zur Zahl 8.
Praktisch wichtig sind die Wertigkeiten in den umrandeten Feldern. Sie treten bei den meisten Ionenbindungen auf.

2.6. Weitere Übungsaufgaben

A 2.14. Für die Elemente $^{59}_{27}$a, $^{137}_{56}$b und $^{207}_{82}$c sind die Namen und die Anzahl der Elementarteilchen anzugeben!

A 2.15. Erläutern Sie die folgende Gleichung einer Kernreaktion in Worten!
$^{4}_{2}He + ^{14}_{7}N \rightarrow ^{17}_{8}O + ^{1}_{1}H$

A 2.16. Die Ionisierungsenergie für Natrium beträgt 496 kJ · mol^{-1}. Welche Veränderungen in der Belegung der Energieniveaus ergeben sich, wenn der Stoffmenge n = 1 mol

a) mindestens die Energie von 496 kJ · mol^{-1} zugeführt wird?

b) weniger als 496 kJ · mol^{-1} Energie zugeführt wird?

A 2.17. Aus der Elektronenbelegung des letzten und vorletzten Energieniveaus sind genau (Grundzustand, angeregter Zustand) die betreffenden Atome zu identifizieren!

a) K, L, M, 4s^2, 4p^6, 4d^1, 5s^2

b) K, L, 3s^1, 3p^2

c) K, L, M, 4s^2, 4p^6, 4d^{10}, 5s^1, 5p^3

A 2.18. Schreiben Sie die Elektronenformeln der Hauptgruppenelemente der zweiten Achterperiode des PSE auf!

A 2.19. Skizzieren Sie in der Form wie in Bild 2.9, Spalte 2, die schematischen Darstellungen der Orbitalmodelle von Beryllium, Bor und Kohlenstoff!

A 2.20. Schreiben Sie unter Anwendung der allgemeinen Gesetzmäßigkeiten über die Ionenwertigkeit der Hauptgruppenelemente die Formeln auf:

a) für die Verbindungen zwischen den Elementen der zweiten Hauptgruppe und den Elementen Fluor bis Brom,

b) für die Wasserstoffverbindungen der Elemente der V. Hauptgruppe,

c) für die Oxide der Elemente der IV. Hauptgruppe!

A 2.21. Auf Grund der Gesetzmäßigkeiten des PSE sollen Sie für das Element Z = 106 folgendes voraussagen:

a) Ist es ein Haupt- oder Nebengruppenelement,

b) die Orbitalbesetzung des letzten und vorletzten Hauptenergieniveaus,

c) mit welchen Elementen besteht Ähnlichkeit,

d) ist es ein Metall oder ein Nichtmetall?

3. Chemische Bindung

3.1. Allgemeines

Unter der Bezeichnung »*Chemische Bindung*« werden die Vorgänge und Zustände zusammengefaßt, die in den Elektronenhüllen der Atome bei der Bildung von Molekülen, Ionen und Kristallgittern auftreten. Im weiteren Sinne werden auch die zwischen den Molekülen herrschenden Kräfte der chemischen Bindung zugeordnet.

Zunächst wird zwischen drei *einfachen Bindungsarten* unterschieden:

- **Atombindung**
- **Ionenbindung**
- **Metallbindung**

Atombindungen treten auf zwischen Atomen elektronegativer Elemente oder elektroneutraler Elemente (das sind Elemente, deren Atome weder zur Aufnahme noch zur Abgabe von Elektronen tendieren; typisches Beispiel: Kohlenstoff), Metallbindungen zwischen Atomen elektropositiver Elemente. An Ionenbindungen sind im einfachsten Falle Atome eines elektropositiven und Atome eines elektronegativen Elements beteiligt (s. Abschn. 2.5.4.).

Diese Bindungsarten stehen nicht isoliert nebeneinander, sondern sind Erscheinungsformen einer einheitlichen chemischen Bindung. Das kommt unter anderem darin zum Ausdruck, daß es zwischen den drei einfachen Bindungsarten Übergangsformen gibt (s. Abschn. 3.2.8.).

Einer gesonderten Behandlung bedürfen jene Atombindungen, die *an freien Elektronenpaaren* zustande kommen (*koordinative Bindung, dative Bindung*, s. Abschn. 3.2.9.).

Neben diesen mehr oder weniger starken Bindungen, die den Zusammenhalt innerhalb der Moleküle, der komplexen Ionen (s. Abschn. 3.2.10./11.) und der Kristallgitter bewirken, gibt es noch weitaus schwächere Bindungen, die den relativ lockeren Zusammenhalt zwischen den Molekülen verursachen (s. Abschn. 3.5.).

Die ersten Erkenntnisse über das Wesen der chemischen Bindung wurden vom BOHRschen Atommodell ausgehend gewonnen. Der deutsche Physiker W. KOSSEL führte 1915 die für die Salze charakteristische Ionenbindung auf die Abgabe und Aufnahme von Elektronen zurück. Der amerikanische Chemiker G. N. LEWIS erklärte 1916 den Zusammenhalt der Atome in Molekülen durch die Bildung gemeinsamer Elektronenpaare. Diese Art der chemischen Bindung ist als Atombindung bekannt.

Wie beim BOHRschen Atommodell selbst, so handelt es sich auch bei diesen Vorstellungen über die chemische Bindung um Modellvorstellungen, die nur einige Merkmale der objektiven Realität widerspiegeln. Zur Erläuterung der Ionenbindung reicht das BOHRsche Atommodell weitgehend aus. Dagegen wird die von BOHR zugrunde gelegte Auffassung der Elektronen als kleinste geladene Teilchen, die auf bestimmten Bahnen den Atomkern umkreisen, den inzwischen gewonnenen Erkenntnissen über die Atombindung nicht gerecht.

Der Aufbau von Molekülen aus Atomen und die Beziehungen zwischen den Atomen eines Moleküls wurden im vergangenen halben Jahrhundert, ausgehend von der Quantenmechanik, weitgehend erforscht. Das auf der Quantenmechanik fußende wellenmechanische Atommodell gestattet eine dem heutigen Erkenntnisstand entsprechende und doch anschauliche Darstellung der Atombindung. Die weitere Erforschung der chemischen Bindung schreitet rasch voran. Sie erfolgt einerseits auf experimentellem Wege, vor allem durch verschiedenartige spektroskopische Untersuchungen, andererseits durch äußerst komplizierte Berechnungen. Die Entwicklung der Lehre von der chemischen Bindung ist ein Beispiel dafür, wie sich unsere Erkenntnis, die relative Wahrheit darstellt, der absoluten Wahrheit immer mehr nähert.

3.2. Atombindung

3.2.1. Überlappung von Atomorbitalen — Bildung von Molekülorbitalen

Die Atome eines Moleküls sind durch Atombindungen (auch als *homöopolare Bindungen*[1]) oder *kovalente Bindungen*[2]) bezeichnet) miteinander verbunden. Eine Atombindung kommt vor allem dann zustande, wenn von zwei Atomen, die sich einander nähern, jedes mindestens ein Orbital besitzt, das nur mit einem Elektron besetzt ist. Das ist z. B. im Wasserstoffatom der Fall.

H | ↑ |
$1s^1$

Im Wasserstoffmolekül liegt das einfachste Beispiel einer Atombindung vor:

H· + ·H → H—H

Nähern sich zwei Wasserstoffatome einander, so durchdringen sich die beiden nur einfach besetzten s-Orbitale gegenseitig (Bild 3.1). Es kommt zu einer *Über-*

---

[1]) homoios (griech. ähnlich); Bindung zwischen Atomen ähnlichen Charakters
[2]) kovalent, soviel wie gleichwertig; Bindung zwischen Partnern mit annähernd gleicher Elektronegativität

lappung der Atomorbitale. Wie Bild 3.1 erkennen läßt, liegt im Überlappungsgebiet, also zwischen den beiden Atomkernen, eine besonders *hohe Elektronendichte* vor.

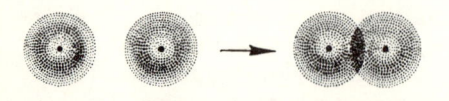

Bild 3.1. Überlappung von s-Orbitalen (s-s-σ-Bindung)

Die Überlappung der Atomorbitale ist mit einer Energieabgabe verbunden. Je größer die Überlappung, um so größer ist der Betrag der abgegebenen Energie. Der Annäherung zweier Atome wirkt die gegenseitige Abstoßung der positiv geladenen Atomkerne entgegen. Dabei wird schließlich ein Abstand zwischen den Atomkernen erreicht, von dem aus die weitere Annäherung einen höheren Aufwand an Energie erfordern würde, als gleichzeitig durch die fortschreitende Überlappung der Atomorbitale frei wird. So kommt die Annäherung zweier Atome im energieärmsten Zustand zum Stillstand. Die relative Stabilität einer Atombindung beruht also darauf, daß zu deren Aufspaltung in jedem Falle Energie zugeführt werden muß.

Nach einer anderen Modellvorstellung werden diese Energieverhältnisse noch deutlicher. Dabei wird angenommen, daß sich die beiden einfach besetzten Atomorbitale unter *Bildung eines Molekülorbitals* vereinigen, das dann mit zwei Elektronen voll besetzt ist. Das Molekülorbital des Wasserstoffmoleküls H_2 wird in der für die Atomorbitale eingeführten Schreibweise (s. Abschn. 2.4.2.) wie folgt dargestellt:

H_2 [↑↓]
$1s^2$

Zu einer Atombindung kommt es nur dann, wenn das Molekülorbital einen niedrigeren Energiezustand einnimmt als die beiden Atomorbitale, aus denen es hervorgegangen ist (Bild 3.2).

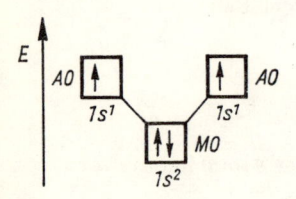

Bild 3.2. Energieniveaus der s-Atomorbitale und des aus ihnen resultierenden Molekülorbitals

Die beiden vorstehend verwendeten Modellvorstellungen — die Überlappung von Atomorbitalen und die Bildung von Molekülorbitalen — stellen den gleichen Sachverhalt in unterschiedlicher Betrachtungsweise dar. Zwischen beiden läßt sich aber eine anschauliche Beziehung herstellen:

Die Überlappung der beiden einfach besetzten Atomorbitale kann zu einer Verschmelzung zu einem Orbital führen, das dann mit zwei Elektronen voll besetzt ist (Bild 3.3). Dieses Orbital schließt die Atomkerne beider am Aufbau eines

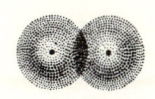

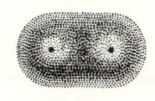

Bild 3.3. Vergleich der Überlappung von Atomorbitalen (a) mit einem Molekülorbital (b)

zweiatomigen Moleküls beteiligten Atome ein, woraus sich die Bezeichnung Molekülorbital ergibt.
Dabei wird von der Vorstellung ausgegangen, daß sich die *Ladungswolke* jedes Elektrons über das ganze Molekül erstreckt (Bild 3.4a). In den meisten Fällen ist allerdings die Ladungswolke der bindenden Elektronen durchaus nicht gleichmäßig über das ganze Molekül verteilt, sondern zwischen zwei bestimmten Atomkernen konzentriert (Bild 3.4b). Es ist dann nur noch ein kleiner Schritt zu der Modellvorstellung von der Überlappung der Atomorbitale (Bild 3.4c).

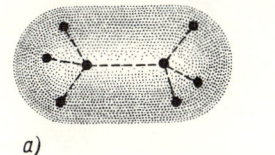

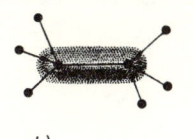

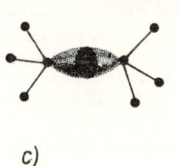

a)   b)   c)

Bild 3.4. Ethanmolekül
a) delokalisiertes Molekülorbital   b) lokalisiertes Molekülorbital
c) Überlappung von Atomorbitalen

3.2.2. Bindungsenergie

Ein Maß für die Stärke der Atombindung ist die Bindungsenergie.

> **Die Bindungsenergie einer Atombindung ist die Energie, die erforderlich ist, um die beiden miteinander verbundenen Atome voneinander zu trennen.**

Der gleiche Energiebetrag wird bei der Überlappung der Atomorbitale, also beim Entstehen einer Atombindung, frei.

In der Chemie ist es gebräuchlich, nicht die Bindungsenergie einer einzelnen Atombindung anzugeben, sondern die Bindungsenergie für die Stoffmenge 1 mol, also für $6 \cdot 10^{23}$ Atombindungen (s. Wissensspeicher, Tab. 3.3). Das ist die *molare Bindungsenergie* (Formelzeichen E_D), vielfach wird aber kurz von Bindungsenergie gesprochen.
Die molare Bindungsenergie E_D des Wasserstoffmoleküls beträgt 436 kJ · mol^{-1}:

$H_2 \rightarrow H + H$ $\qquad\qquad\qquad$ $E_D = 436 \text{ kJ} \cdot \text{mol}^{-1}$

Der obigen Definition entsprechend hat der Energiebetrag
— positives Vorzeichen, wenn das betreffende Stoffsystem energiereicher wird (Aufspaltung des Moleküls in Atome), und
— negatives Vorzeichen, wenn das betrachtete Stoffsystem energieärmer wird (Vereinigung der Atome zu einem Molekül).

Eine sehr niedrige molare Bindungsenergie hat mit 159 kJ · mol^{-1} das sehr reaktionsfähige Fluormolekül F_2, eine sehr hohe molare Bindungsenergie das sehr reaktionsträge Stickstoffmolekül N_2 mit 945 kJ · mol^{-1}.

Im allgemeinen ist eine Atombindung um so fester, je höher die Bindungsenergie ist. Bei mehratomigen Molekülen kann die Bindungsenergie der einzelnen Atombindungen nur abgeschätzt werden.

Bei Reaktionen zwischen Molekülen müssen stets bestimmte Atombindungen aufgespalten werden. Dazu ist die Bindungsenergie dieser Atombindungen aufzuwenden, während die Bindungsenergie neu entstehender Atombindungen frei wird.

Beispiel: Bei Bildung von Fluorwasserstoff aus Fluor und Wasserstoff, $H_2 + F_2 \rightarrow 2\,HF$, muß die Bindungsenergie von 1 mol Wasserstoff und 1 mol Fluor *zugeführt* werden:

$$\begin{array}{ll} 1\;\text{mol} \cdot 436\;\text{kJ} \cdot \text{mol}^{-1} = & 436\;\text{kJ} \\ 1\;\text{mol} \cdot 159\;\text{kJ} \cdot \text{mol}^{-1} = & 159\;\text{kJ} \\ \hline \text{insgesamt} & 595\;\text{kJ} \end{array}$$

Abgegeben wird die Bindungsenergie von 2 mol Fluorwasserstoff:

$2\;\text{mol} \cdot 567\;\text{kJ} \cdot \text{mol}^{-1} = 1134\;\text{kJ}$

Das ergibt einen Energieumsatz von $595\;\text{kJ} - 1134\;\text{kJ} = -539\;\text{kJ}$.
Da 2 mol Fluorwasserstoff entstehen, ist nach

$$\frac{-539\;\text{kJ}}{2\;\text{mol}} = -269{,}5\;\text{kJ} \cdot \text{mol}^{-1}$$

der Energiegehalt des Reaktionsproduktes um $269{,}5\;\text{kJ} \cdot \text{mol}^{-1}$ niedriger als der der Ausgangsstoffe.

A 3.1. Ordnen Sie die Halogene und die Halogenwasserstoffe nach steigender Bindungsenergie (s. Wissensspeicher Tab. 3.3)!

A 3.2. Berechnen Sie die Energieumsetzung, die mit der Bildung von 1 mol Chlorwasserstoff aus den Elementen verbunden ist!

3.2.3. σ-Bindungen

Im Chlormolekül Cl_2 liegt eine Überlappung zwischen zwei p-Orbitalen vor. Das Chloratom besitzt auf dem höchsten Energieniveau neben dem voll besetzten s-Orbital und zwei voll besetzten p-Orbitalen ein p-Orbital, das nur mit einem Elektron besetzt ist:

Cl [↑↓]   [↑↓] [↑↓] [↑]
    $3s^2$ $3p^5$

Durch Überlappung dieser einfach besetzten p-Orbitale zweier Chloratome kommt es zu einer Atombindung (Bild 3.5):

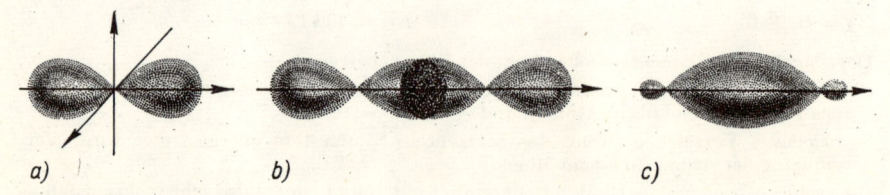

a)   b)   c)

Bild 3.5. p-p-σ-Bindung
a) p-Atomorbital   b) Überlappung zweier p-Atomorbitale   c) p-p-Molekülorbital

$\overline{|Cl}. + .\overline{Cl|} \rightarrow \overline{|Cl} - \overline{Cl|}$

Auf diese Weise können sich nur p-Orbitale überlappen, die sich entlang ihren Achsen einander nähern. Das führt zu rotationssymmetrischen Bindungen, die als σ-Bindungen bezeichnet werden.

σ-Bindungen sind rotationssymmetrische Bindungen.

Auch bei der Bindung im Wasserstoffmolekül H_2 (Bild 3.1) handelt es sich um eine σ-Bindung.
Zur genaueren Bezeichnung der σ-Bindungen kann angegeben werden, welcher Art die an der Bindung beteiligten Atomorbitale sind. Im Wasserstoffmolekül H_2 ist es eine s-s-σ-Bindung, im Chlormolekül eine p-p-σ-Bindung.
Eine s-p-σ-Bindung liegt im Chlorwasserstoff HCl vor:

$H. + .\overline{Cl|} \rightarrow H - \overline{Cl|}$

Zwischen dem einfach besetzten s-Orbital des Wasserstoffs und dem einfach besetzten p-Orbital des Chlors

H [↑]   Cl [↑↓ | ↑↓ | ↑]
 $1s^1$ $3p^5$

kommt es zu einer Überlappung (Bild 3.6).

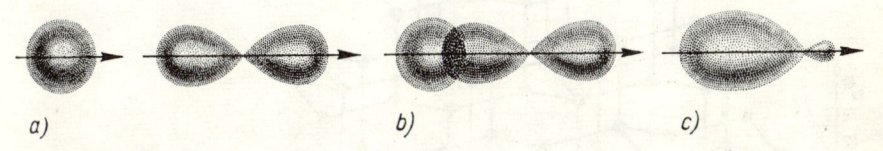

Bild 3.6. s-p-σ-Bindung
a) Atomorbitale   b) Überlappung der Atomorbitale   c) s-p-Molekülorbital

Im Bild 3.7 sind schematisch die Energieverhältnisse dargestellt, die bei den behandelten drei verschiedenen σ-Bindungen zwischen den Atomorbitalen und den Molekülorbitalen bestehen. Das bindende Molekülorbital weist stets ein niedrigeres Energieniveau auf als die beiden Atomorbitale, aus denen es hervorgegangen ist. Der Zusammenhalt zwischen zwei miteinander verbundenen Atomen läßt sich also damit erklären, daß zur Aufspaltung des Molekülorbitals in zwei einfach besetzte Atomorbitale Energie aufgewandt werden muß.

A 3.3. Ermitteln Sie anhand des Periodensystems die Elektronenbesetzung von Brom und Iod; und geben Sie an, welche chemischen Bindungen in den Molekülen von Brom, Bromwasserstoff, Iod und Iodwasserstoff vorliegen!

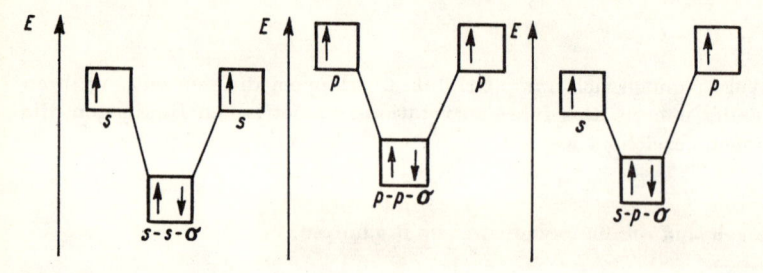

Bild 3.7. Energieniveaus der Atomorbitale und der aus ihnen resultierenden Molekülorbitale

3.2.4. Hybridisierung von Atomorbitalen

Der Kohlenstoff bildet weitaus mehr chemische Verbindungen als alle übrigen Elemente zusammengenommen. Das beruht unter anderem darauf, daß jedes Kohlenstoffatom vier Atombindungen eingeht. Wie durch spektroskopische Untersuchungen nachgewiesen wurde, hat das Kohlenstoffatom im ungebundenen Zustand — also als einzelnes Atom — die im Bild 3.10 unten als Grundzustand dargestellte Elektronenbesetzung. In der Natur gibt es aber bei normalen Temperaturen keine einzelnen Kohlenstoffatome. *Diamant* (elementarer Kohlenstoff) hat eine Struktur, bei der jedes Kohlenstoffatom mit vier anderen Kohlenstoffatomen durch je eine Atombindung verbunden ist (Bild 3.8). Ebenso liegen im

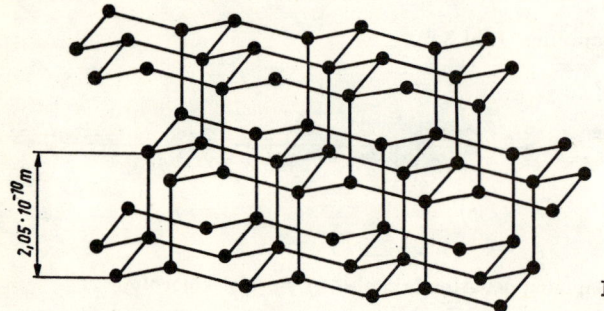

Bild 3.8. Diamantgitter

Methanmolekül CH_4 vier Atombindungen zwischen dem Kohlenstoffatom und je einem Wasserstoffatom vor (Bild 3.9). Diese vier von einem Kohlenstoffatom ausgehenden Atombindungen sind jeweils untereinander gleich, das heißt:

— sie haben die gleiche *Bindungslänge* (Abstand C—C im Diamant $1,54 \cdot 10^{-10}$ m, Abstand C—H im Methan $1,07 \cdot 10^{-10}$ m) und
— stehen zueinander im gleichen *Winkel* (109° 28′).

Das Kohlenstoffatom steht im Mittelpunkt eines regelmäßigen Tetraeders, an dessen Ecken die vier Nachbaratome stehen, mit denen es verbunden ist.

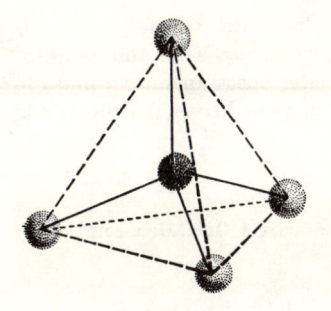

Bild 3.9. Tetraedermodell des Methanmoleküls

Dieses *Tetraedermodell* des Kohlenstoffs ist Ausgangspunkt für alle Überlegungen zum Aufbau der Moleküle der zahlreichen Kohlenstoffverbindungen, die die organische Chemie behandelt. Aus der im Grundzustand des Kohlenstoffatoms vorliegenden Elektronenbesetzung (Bild 3.10, unten) läßt sich allerdings das Tetraedermodell nicht erklären. Im Grundzustand sind nur zwei einfach besetzte Atomorbitale vorhanden, es wären also nur zwei Atombindungen möglich. Daher müssen die im Bild 3.10 wiedergegebenen Umstellungen in der Elektronenbesetzung angenommen werden:

— Durch den Übergang eines Elektrons aus dem 2s-Orbital in das im Grundzustand unbesetzte dritte 2p-Orbital stehen vier einfach besetzte Atomorbitale zur Verfügung. Dieser *angeregte Zustand* des Kohlenstoffatoms C* (Bild 3.10, Mitte) ist energiereicher als der Grundzustand (vgl. Abschn. 2.4.2.).

— An die Stelle dieser vier einfach besetzten — aber verschiedenartigen — Atomorbitale sind bei der Bildung des Kohlenstofftetraeders vier neuartige Orbitale getreten, die einander gleich sind (Bild 3.10, oben). Diese als *Hybridzustand* des Kohlenstoffatoms C** bezeichnete Elektronenbesetzung liegt den Atombindungen im Diamantgitter, im Methanmolekül und in den Molekülen der meisten Kohlenstoffverbindungen zugrunde.

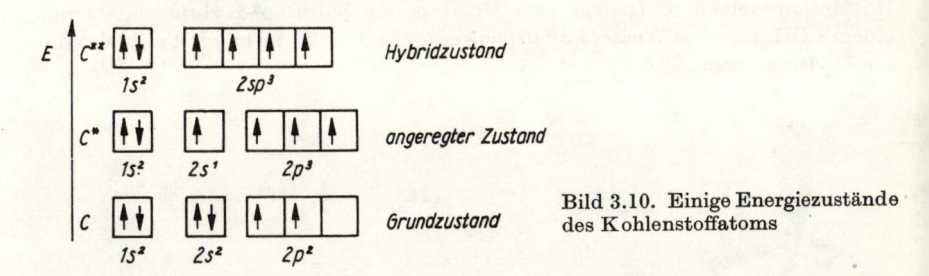

Bild 3.10. Einige Energiezustände des Kohlenstoffatoms

Die für die Anregung und Hybridisierung erforderliche Energie wird der Bindungsenergie entnommen, die bei der Überlappung von Atomorbitalen (nach der anderen Betrachtungsweise: bei der Bildung von Molekülorbitalen) frei wird. Deshalb kann der Hybridzustand und damit die Tetraederstruktur am Kohlenstoffatom nur im gebundenen Zustand auftreten. Die Tetraederstruktur ist nicht dem einzelnen ungebundenen Kohlenstoffatom eigen, wie es im gasförmigen Zustand oberhalb

4473 K (4200 °C) vorliegt. Die Hybridorbitale und damit die Tetraederstruktur bilden sich in einem Kohlenstoffatom erst dann aus, wenn dieses mit anderen Atomen in Beziehung tritt. Hier zeigt sich der allgemeine Zusammenhang und die Wechselwirkung der Dinge und Erscheinungen in der objektiven Realität, wie sie die materialistische Dialektik lehrt.

> **Die Hybridisierung ist die Kombination verschiedenartiger Orbitale zu neuen gleichartigen Orbitalen.**

Die Hybridisierung wird hier zunächst nur am Beispiel des Kohlenstoffatoms betrachtet, sie tritt auch bei anderen Atomen auf (s. Abschn. 3.2.9.). Die bei dieser Hybridisierung entstehenden vier Hybridorbitale werden — nach den an der Hybridisierung beteiligten Atomorbitalen — als *sp^3-Hybridorbitale* bezeichnet.
Bild 3.11a vermittelt eine Modellvorstellung von der Bildung der sp^3-Hybridorbitale[1]).

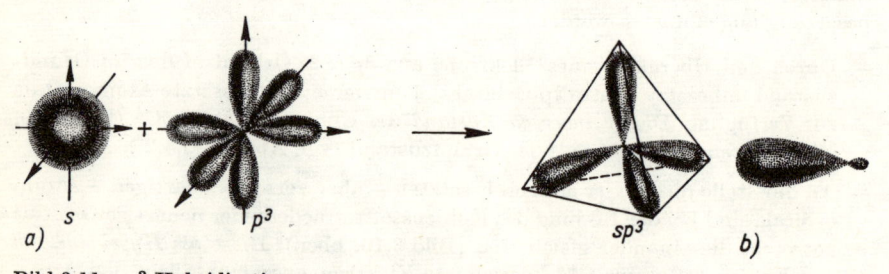

Bild 3.11. sp^3-Hybridisation
a) Bildung der Hybridorbitale   b) einzelnes sp^3-Hybridorbital

Im Methanmolekül CH_4 liegt eine Überlappung jedes sp^3-Hybridorbitals mit einem s-Orbital eines Wasserstoffatoms vor (s. Bild 3.12). Es handelt sich also um s-sp^3-σ-Bindungen.

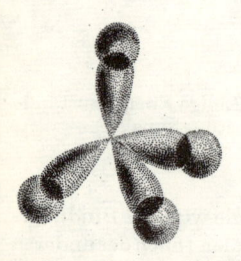

Bild 3.12. Orbitalmodell des Methanmoleküls (s-sp^3-σ-Bindungen)

---

[1]) Das einzelne sp^3-Hybridorbital hat etwa die im Bild 3.11b dargestellte Form. Die Überlappung findet am größeren Teil statt. Auf die Darstellung des kleineren Teils wurde im Bild 3.11a und in den folgenden Bildern verzichtet.

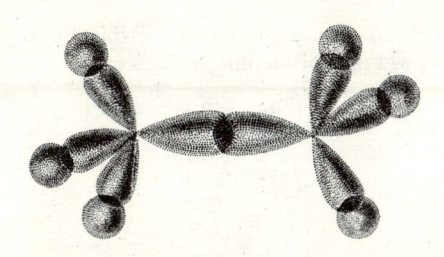

Bild 3.13. Orbitalmodell des Ethanmoleküls

A 3.4. Bild 3.13 stellt das Molekül des Ethans dar. Welche Bindungen liegen hier vor?

Außer den sp³-Hybridorbitalen gibt es auch sp²- und sp-Hybridorbitale (siehe Tab. 3.1).

Tabelle 3.1. Die Hybridisierung des Kohlenstoffatoms

Art der Hybridisierung	Hybridorbitale[1]	unhybridisierte Orbitale[1]	Kohlenstoffatom ist beteiligt an		entstehende Verbindungen	vergleiche Bilder
			σ-Bindungen	π-Bindungen		
sp³	4 sp³	—	4	0	Alkane $-\overset{|}{\underset{|}{C}}-\overset{|}{\underset{|}{C}}-$	3.13.
sp²	3 sp²	1 p	3	1	Alkene $>C=C<$	3.17. 3.18.
sp	2 sp	2 p	2	2	Alkine $-C\equiv C-$	3.19. 3.20.

[1]) Die vorangestellten Ziffern geben hier nicht die Hauptquantenzahl an, sondern die *Anzahl* der Orbitale.

Die *sp²-Hybridorbitale* kommen zustande durch Hybridisierung von einem s-Orbital und zwei p-Orbitalen (Bild 3.14a). Dabei bleibt ein p-Orbital unhybridisiert:

C [↑↓]   [↑ ↑ ↑]   [↑]
   1s²   2sp²   2p

Die entstehenden drei sp²-Hybridorbitale liegen in der Ebene eines gleichseitigen Dreiecks. Das p-Orbital steht senkrecht auf dieser Ebene (Bild 3.14b).

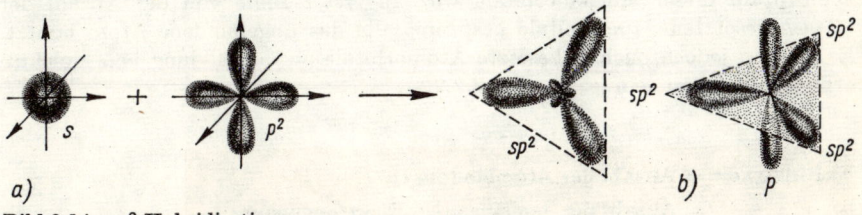

Bild 3.14. sp²-Hybridisation
a) Bildung der Hybridorbitale
b) Ein unhybridisiertes p-Orbital steht senkrecht zur Ebene der Hybridorbitale

Die *sp-Hybridorbitale* entstehen durch Hybridisierung von einem s-Orbital und einem p-Orbital (Bild 3.15). Dabei bleiben zwei p-Orbitale unhybridisiert:

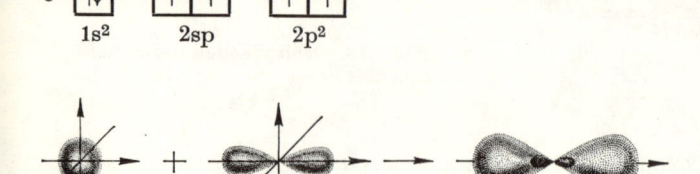

C [↑↓]   [↑ ↑]   [↑ ↑]
   $1s^2$ $2sp$ $2p^2$

Bild 3.15. sp-Hybridisation

Die entstehenden zwei sp-Hybridorbitale liegen auf einer gemeinsamen Achse. Diese Achse verläuft senkrecht zu einer Ebene, in der — senkrecht zueinander — die beiden unhybridisierten p-Orbitale liegen (Bild 3.16).

A 3.5. Wie viele Atombindungen vermag das Kohlenstoffatom im sp-Hybridzustand und im sp^2-Hybridzustand einzugehen?

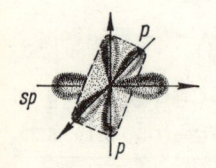

Bild 3.16. Die sp-Hybridorbitale stehen senkrecht zur Ebene der (unhybridisierten) p-Orbitale

3.2.5. Atombindigkeit

Die Anzahl der Atombindungen, die ein Atom einzugehen vermag, wird als *Atombindigkeit* oder kurz als *Bindigkeit* dieses Atoms bezeichnet. Nach den vom BOHRschen Atommodell ausgehenden älteren Vorstellungen über die chemische Bindung ist die Bindigkeit gleich der Anzahl der gemeinsamen Elektronenpaare, an denen ein Atom beteiligt sein kann.

Bedienen wir uns der Modellvorstellung von den Molekülorbitalen, so drückt die Bindigkeit die Anzahl der (lokalisierten) Molekülorbitale aus, an denen ein Atom beteiligt sein kann.

Die Anzahl dieser Molekülorbitale wird in erster Linie von der Anzahl der *einfach* besetzten Atomorbitale bestimmt, die das ungebundene Atom besitzt. Es können jedoch auch unbesetzte Atomorbitale an der Bildung von Molekülorbitalen beteiligt sein (s. Abschn. 3.2.9.).

> Bindigkeit = Anzahl der Atombindungen
> = Anzahl der gemeinsamen Elektronenpaare
> = Anzahl der Molekülorbitale

Beispiel:

Das Kohlenstoffatom ist im Methan CH_4 *vierbindig*, im Kohlenmonoxid CO dagegen *dreibindig*. Nach der Elektronenformel :C:::O: besitzt das Molekül drei gemeinsame Elektronenpaare (drei bindende Molekülorbitale). Auch der Sauerstoff ist damit dreibindig. (Eines der Molekülorbitale ist aus einem unbesetzten Atomorbital des Kohlenstoffatoms und einem vollbesetzten Atomorbital des Sauerstoffatoms hervorgegangen.)

3.2.6. π-Bindungen

Bei den einfachsten Verbindungen des Kohlenstoffs, den Kohlenwasserstoffen, wird zwischen gesättigten und ungesättigten Kohlenwasserstoffen unterschieden. Während die

Alkane $\quad C_nH_{2n+2}$,

zu denen Methan und Ethan (s. Abschn. 3.2.4.) gehören, in ihren Molekülen die höchstmögliche Anzahl an Wasserstoffatomen enthalten, besitzen die Moleküle der

Alkene $\quad C_nH_{2n} \quad$ und $\quad$ Alkine $\quad C_nH_{2n-2}$

weniger Wasserstoffatome.

Durchdenken Sie die folgenden Ausführungen Schritt für Schritt anhand der Bilder:

Beim Ethen C_2H_4, dem bekanntesten Vertreter der Alkene, befinden sich die Kohlenstoffatome im sp^2-Hybridzustand, d. h., es sind drei sp^2-Hybridorbitale vorhanden, die in einer Ebene liegen (Bild 3.14). Das vierte Orbital, ein (un-)hybridisiertes p-Orbital, steht senkrecht zu dieser Ebene.

Je ein Hybridorbital der beiden Kohlenstoffatome bilden miteinander durch Überlappung eine σ-Bindung, die als sp^2-sp^2-σ-Bindung zu bezeichnen ist (Bild 3.17).

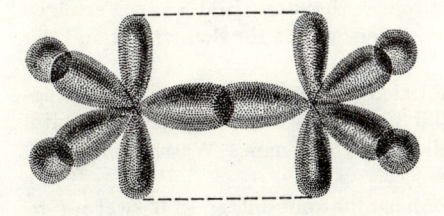

Bild 3.17. Orbitalmodell des Ethenmoleküls (σ-Bindungen dargestellt, Lage der π-Bindungen durch gestrichelte Linien angedeutet)

An die beiden anderen Hybridorbitale jedes Kohlenstoffatoms ist — durch Überlappung mit dem 1s-Orbital — ein Wasserstoffatom gebunden. Es handelt sich also um s-sp^2-σ-Bindungen (Bild 3.17). Die unhybridisierten p-Orbitale nehmen an der Bindung zwischen den beiden Kohlenstoffatomen teil, indem es zu einer Überlappung der beiden Hälften dieser Orbitale oberhalb und unterhalb der Ebene kommt, in der die σ-Bindung zwischen den beiden Kohlenstoffatomen liegt (Bild 3.18). Solche Bindungen werden als π-Bindungen bezeichnet.

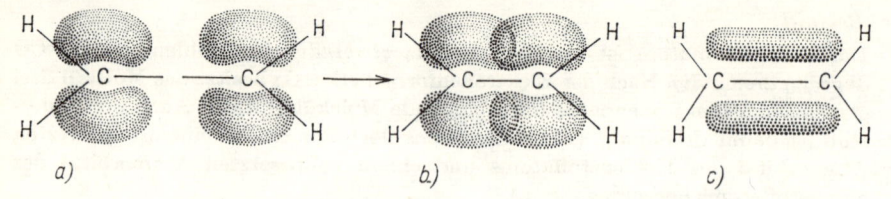

Bild 3.18. p-p-π-Bindung im Ethenmolekül
a) p-Atomorbitale   b) Überlappung der Atomorbitale   c) π-Molekülorbital

Um davon eine Modellvorstellung zu vermitteln, wird hier eine — der Wirklichkeit näherkommende — Darstellung der p-Orbitale[1] herangezogen. Bild 3.18a zeigt zwei Kohlenstoffatome im sp^2-Hybridzustand (die sp^2-Hybridorbitale sind nur noch durch ihre Achsen angedeutet). Bild 3.18b stellt das Ethenmolekül mit Überlappung der p-Orbitale dar (die σ-Bindungen sind nur durch ihre Achsen wiedergegeben; vgl. dazu Bild 3.17). Man kann sich vorstellen, daß die Überlappung der einfach besetzten p-Atomorbitale zu einem doppelt (d. h. voll) besetzten Molekülorbital führt (Bild 3.18c). Zu beachten ist, daß die beiden Teile des Molekülorbitals, die oberhalb und unterhalb der Ebene der σ-Bindungen liegen, zu einer Bindung gehören.

π-Bindungen entstehen durch Überlappung von p-Orbitalen, deren Achsen parallel zueinander liegen.

π-Bindungen beruhen auf Molekülorbitalen, von denen je eine Hälfte oberhalb und unterhalb der Ebene liegt, in der sich die σ-Bindung zwischen den beteiligten Atomen befindet.

Beim Ethin (Acetylen) C_2H_2, dem bekanntesten Vertreter der Alkine, befinden sich die Kohlenstoffatome in sp-Hybridzustand, d. h., es sind zwei sp-Hybridorbitale und zwei (unhybridisierte) p-Orbitale vorhanden (Bild 3.16). Verfolgen Sie das Zustandekommen der Bindungen wieder Schritt für Schritt anhand der Bilder:
Zwischen beiden Kohlenstoffatomen ergibt sich durch Überlappung je eines sp-Hybridorbitals eine sp-sp-σ-Bindung (Bild 3.19). Das andere sp-Hybridorbital jedes Kohlenstoffatoms überlappt mit dem s-Orbital eines Wasserstoffatoms, wodurch eine s-sp-σ-Bindung entsteht.
Zwischen den zwei p-Orbitalen beider Kohlenstoffatome bilden sich zwei p-p-π-Bindungen. Die Ebenen dieser Bindungen liegen zueinander in einem Winkel von 90° (Bild 3.20). Wie die im Bild 3.20 dargestellten π-Molekülorbitale zustande

---

[1] Bild 3.18 lehnt sich an die im Bild 2.9 aus der Elektronendichteverteilung hergeleitete Darstellung des 2p-Orbitals an. Die 3p-Orbitale (z. B. des Chlors) und alle p-Orbitale mit noch höherer Hauptquantenzahl haben zunehmend kompliziertere Formen. Auf diese Unterscheidung wird meist zugunsten einer vereinfachten Darstellung verzichtet, die für alle p-Orbitale gilt und im Bild 2.10 eingeführt und für die Behandlung der chemischen Bindung ab Bild 3.5 verwendet wurde.

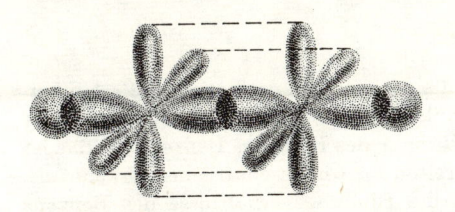

Bild 3.19. Orbitalmodell des Ethinmoleküls (σ-Bindungen dargestellt, Lage der π-Bindungen durch gestrichelte Linien angedeutet)

kommen, wird aus einem Vergleich mit Bild 3.18 klar. Die dort am Beispiel des Ethans dargestellte Überlappung von p-Orbitalen erfolgt beim Ethin in zwei Ebenen, da hier je Kohlenstoffatom zwei p-Orbitale zur Verfügung stehen.

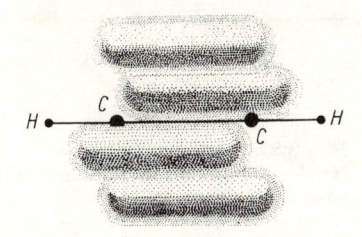

Bild 3.20. p-p-π-Bindungen im Ethinmolekül

Zwischen der Art der Bindungen und der Art der Hybridisierung besteht der in Tabelle 3.1 dargestellte Zusammenhang. Dabei sei nochmals betont, daß die Hybridisierung erst mit dem Zustandekommen der chemischen Bindungen eintritt. Vergleichen Sie die Angaben der Tabelle 3.1 mit den Bildern 3.13 und 3.17 bis 3.20!

Die Doppelbindung der Alkene besteht also aus einer σ-Bindung und einer π-Bindung, die Dreifachbindung der Alkine aus einer σ-Bindung und zwei π-Bindungen. Diese Bindungen besitzen unterschiedliche Festigkeit.

Ein Vergleich der molaren Bindungsenergien

der Einfachbindung   C—C $348 \text{ kJ} \cdot \text{mol}^{-1}$

der Doppelbindung   C=C $614 \text{ kJ} \cdot \text{mol}^{-1}$

der Dreifachbindung   C≡C $839 \text{ kJ} \cdot \text{mol}^{-1}$

zeigt aber, daß die Bindungsenergien der Doppel- und Dreifachbindung niedriger liegen als das Doppelte bzw. Dreifache der Energie der Einfachbindung.

A 3.6. Berechnen Sie, welche Energien aufgewandt werden müssen, um eine Doppelbindung zur Einfachbindung und eine Dreifachbindung zur Doppelbindung und zur Einfachbindung aufzuspalten!

Da zum Aufspalten einer Doppel- oder Dreifachbindung ein verhältnismäßig geringer Energiebetrag ausreicht und dabei einfach besetzte Atomorbitale entstehen, sind die Alkene und Alkine sehr reaktionsfähig. Auf den Additionsreaktionen des Ethens C_2H_4 und Propens C_3H_6 beruht ein ganzer Zweig der Petrolchemie, auf den Additionsreaktionen des Ethins (Acetylens) C_2H_2 die in der DDR auf Carbidbasis fußende Acetylenchemie.

3.2.7. Aromatischer Bindungszustand

Unter den Verbindungen des Kohlenstoffs nehmen die *aromatischen Verbindungen* eine Sonderstellung ein. Die bekannteste aromatische Verbindung ist das Benzen (früher Benzol) C_6H_6. Die Aufklärung des Baus des Benzenmoleküls ist ein interessantes Beispiel für das Fortschreiten der wissenschaftlichen Erkenntnis. Als erster erkannte KEKULÉ, daß sich die Bindungsverhältnisse des Benzens erklären lassen, wenn man ein *ringförmiges Molekül* annimmt. KEKULÉ schlug folgende Formel vor, die heute noch in der Literatur zu finden ist:

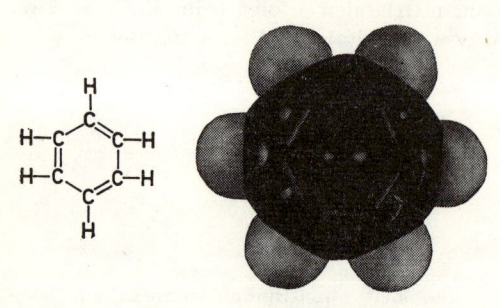

Bild 3.21. Raumerfüllung der Kohlenstoffatome im Benzenring (Atomkalottenmodell)

Bei dieser Struktur müßte aber das Benzen — ähnlich wie das Ethen — dazu neigen, durch Aufspaltung der Doppelbindungen Additionsreaktionen einzugehen. Später wurde erkannt, daß die Kohlenstoffatome ein *regelmäßiges Sechseck* bilden (Bild 3.21). Der KEKULÉ-Formel entspräche aber ein unregelmäßiges Sechseck, da der Abstand zwischen den Atomen (die Bindungslänge) bei der Doppelbindung kürzer ist als bei der Einfachbindung. Von den zahlreichen Versuchen, diesen Widerspruch zu klären, ist der Vorschlag besonders bemerkenswert, für das Benzenmolekül einen Bindungszustand anzunehmen, der zwischen den beiden *Grenzstrukturen*

liegt, aber mit solchen Strukturformeln selbst nicht beschrieben werden kann. Das wellenmechanische Atommodell gestattet auch eine Darstellung dieses Bindungszustandes. Es wird angenommen, daß sich die Kohlenstoffatome im Benzenring im sp^2-Hybridzustand befinden wie beim Ethen. Von den drei — mit je einem Elektron besetzten — sp^2-Hybridorbitalen jedes Kohlenstoffatoms überlappen zwei mit den Hybridorbitalen der beiden benachbarten Kohlenstoffatome, das dritte mit dem s-Orbital je eines Wasserstoffatoms (Bild 3.22). Dabei handelt es sich um sp^2-sp^2-σ-Bindungen bzw. um s-sp^2-σ-Bindungen.
An jedem Kohlenstoffatom des Benzens ist außerdem noch ein (unhybridisiertes) p-Orbital vorhanden, das mit einem Elektron besetzt ist. Diese sechs p-Elektronen gehen aber nicht — wie es der KEKULÉ-Formel entsprechen würde — jeweils paarweise π-Bindungen ein, sondern besetzen gemeinsam ein delokalisiertes (sich über das ganze Molekül erstreckendes) *π-Molekülorbital*. Die beiden Hälften dieses Molekülorbitals liegen oberhalb und unterhalb der Ebene, in der sich die

Bild 3.22. σ-Bindungen im Benzenmolekül

σ-Bindungen befinden (Bild 3.23). Dieses π-Elektronen-Sextett bewirkt eine festere Bindung als die π-Bindungen zwischen jeweils zwei Kohlenstoffatomen. Quantitativ drückt sich das darin aus, daß der Energiegehalt des Benzens mit den delokalisierten π-Elektronen um 151 kJ · mol^{-1} niedriger ist, als es einer Verbindung von der in der KEKULÉ-Formel wiedergegebenen Struktur entsprechen würde. Auch hier zeigt sich, daß der niedrigere Energiezustand der stabilere ist. Daraus erklärt sich, weshalb das Benzen — im Unterschied zum Ethen — kaum Additionsreaktionen eingeht.

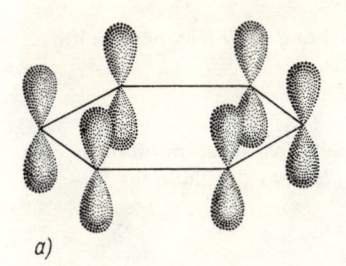

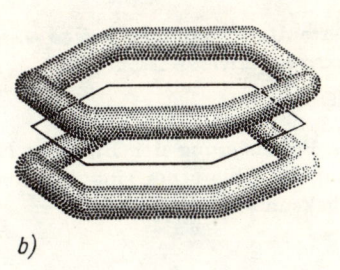

a)   b)

Bild 3.23. π-Bindungen im Benzenmolekül
a) unhybridisierte p-Orbitale b) Molekülorbital des π-Elektronensextetts

Es setzt sich mehr und mehr durch, den Benzenring wie folgt zu symbolisieren:

Dabei gibt das Sechseck die σ-Bindungen und der Kreis das π-Elektronen-Sextett wieder.

3.2.8. Polarisierte Atombindung

Bisher wurden hauptsächlich Atombindungen behandelt, die zwischen zwei gleichen Atomen bestehen (H—H, Cl—Cl, C—C). Nur in diesem Falle liegen reine

Atombindungen vor, da die beiden Atomkerne die an der Atombindung beteiligten Elektronen gleich stark anziehen. Dadurch ist die Elektronendichte genau in der Mitte zwischen den beiden Atomkernen am größten. Das heißt, die Elektronendichteverteilung in dem bindenden Molekülorbital ist symmetrisch. Der Schwerpunkt der positiven Ladungen der Atomkerne und der Schwerpunkt der negativen Ladungen der Elektronen fallen zusammen.

> **Moleküle, die aus zwei gleichen Atomen bestehen, zeigen nach außen keine elektrischen Ladungen.**

Sind zwei verschiedene Atome an einer Atombindung beteiligt (H—Cl, H—C), so werden die Elektronen von dem Atomkern des stärker elektronegativen Elements (s. Abschn. 2.5.4.) stärker angezogen als von dem anderen Atomkern. So übt z. B. im Chlorwasserstoffmolekül das Chloratom eine stärkere Anziehungskraft auf die beiden bindenden Elektronen aus als das Wasserstoffatom. Die Elektronendichte des bindenden Molekülorbitals ist also am Chloratom größer als am Wasserstoffatom. Durch diese unsymmetrische Elektronendichteverteilung fällt im Chlorwasserstoffmolekül der Schwerpunkt der negativen Ladungen der Elektronen nicht mit dem Schwerpunkt der positiven Ladungen der Atomkerne zusammen. Das Chlorwasserstoffmolekül hat also zwei Pole: Die Atombindung ist *polarisiert*.

> **Polarisierte Atombindungen weisen eine Verschiebung der Elektronendichte zum elektronegativeren Atom auf.**

Infolge der Polarisierung der Bindung H—Cl trägt das Wasserstoffatom eine positive und das Chloratom eine negative *Partialladung* (Teilladung), die mit δ^+ und δ^- gekennzeichnet werden:

$$\overset{\delta^+}{\text{H}} - \overset{\delta^-}{\overline{\text{Cl}}|}$$

Die Partialladungen sind schwächer als die Ladungen von Ionen. Die Polarisierung einer Atombindung kann auch dadurch symbolisiert werden, daß anstelle des Valenzstrichs ein Keil verwendet wird, dessen breite Seite die größere Elektronendichte anzeigt:

H ◀ $\overline{\text{Cl}}|$

Für die quantitative Behandlung der polarisierten Bindungen steht mit der von PAULING[1]) geschaffenen Elektronegativitätsskala (s. Tabelle 3.1 im Wissens-

---

[1]) LINUS PAULING, geb. 1901, fortschrittlicher amerikanischer Wissenschaftler, der für seine fachlichen Leistungen 1954 den Nobelpreis für Chemie und für sein konsequentes Eintreten für die Ächtung der Kernwaffen 1964 den Friedensnobelpreis erhielt.

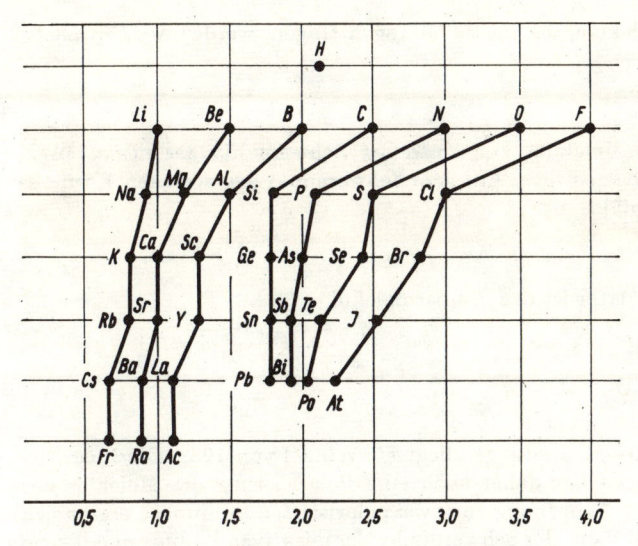

Bild 3.24. Elektronegativitäten (nach PAULING)

speicher) ein wichtiges Hilfsmittel zur Verfügung. Die Elektronegativität (Kurzzeichen EN) ist ein Maß dafür, wie stark das Atom dieses Elements bindende Elektronen — die Elektronen eines lokalisierten Molekülorbitals — anzieht.
Der Wert für das elektronegativste Element, Fluor, wurde willkürlich mit 4 festgelegt. Davon ausgehend, wurden die Werte der Elektronegativitäten der übrigen Elemente auf Grund experimentell gewonnener Daten ermittelt (Bild 3.24).

> **Je größer die Differenz zwischen den Elektronegativitäten der beiden an einer Atombindung beteiligten Atome ist, um so größer ist die Polarisierung dieser Bindung.**

Wasserstoff hat die Elektronegativität 2,1, Chlor 3,0. Die Elektronegativitätsdifferenz der Atombindung H—Cl beträgt 0,9.

A 3.7. Ordnen Sie die folgenden Atombindungen nach steigender Polarisierung. Geben Sie dazu die Elektronegativitätsdifferenzen an! H—C, H—Cl, H—O, H—F, H—N, H—Br, H—I.

Die Polarisierung der Atombindungen führt in vielen Fällen dazu, daß das Molekül Partialladungen trägt, wie am Beispiel des Chlorwasserstoffmoleküls HCl gezeigt wurde. Dagegen trägt das Methanmolekül keine Partialladungen, da hier infolge der räumlichen Anordnung der Atome (Tetraeder; s. Bild 3.9) die Schwerpunkte der positiven und der negativen Ladungen — trotz der Polarisierung der einzelnen Bindungen — zusammenfallen, und zwar im Mittelpunkt des

Kohlenstoffatoms. Moleküle, die Partialladungen tragen, werden als *Dipolmoleküle* bezeichnet.

> **Dipolmoleküle sind Moleküle, bei denen der Schwerpunkt der negativen Ladungen der Elektronen nicht mit dem Schwerpunkt der positiven Kernladungen zusammenfällt.**

Ein wichtiges Beispiel dafür ist das Wassermolekül

$$\delta^+ \quad \underset{H}{\overset{H}{>}} O \!>\! \delta^-$$

Zwischen den beiden O—H-Bindungen liegt ein Winkel von 105°. Die Polarisierung der Atombindungen hat daher auch eine Polarisierung des Moleküls zur Folge. Bei einer linearen Anordnung von zwei polarisierten Bindungen ergibt sich kein Dipolmolekül, weil dann der Schwerpunkt der negativen Ladungen mit dem Schwerpunkt der positiven Ladungen zusammenfällt und dadurch die Polarisierung nach außen nicht wirksam wird (z. B. im Kohlendioxid O=C=O).
Stark polarisierte Atombindungen (Atombindungen mit großer Elektronegativitätsdifferenz) neigen zur Aufspaltung, das heißt zur Bildung von *Ionen*. So gehen z. B. die Chlorwasserstoffmoleküle HCl in wäßriger Lösung — auf Grund des ausgeprägten Dipolcharakters der Wassermoleküle — weitgehend in Ionen über. Die Anziehungskräfte, die zwischen

— der positiven Partialladung des Wasserstoffatoms eines Chlorwasserstoffmoleküls und
— der negativen Partialladung des Sauerstoffatoms eines Wassermoleküls

auftreten, sind so stark, daß der Atomkern des Wasserstoffatoms ganz zum Wassermolekül übergehen kann und hier an eines der freien Elektronenpaare des Sauerstoffatoms gebunden wird (s. Abschn. 3.2.9.):

$$\delta^+ \underset{H}{\overset{H}{>}} O\!>\!\delta^- \cdots \overset{\delta^+\;\;\delta^-}{H\!-\!\underline{\overline{Cl}}|} \rightarrow \left[\underset{H}{\overset{H}{>}}\overline{O}\!-\!H\right]^+ + \left[|\underline{\overline{Cl}}|\right]^-$$

Es entsteht ein einfach positiv geladenes Ion H_3O^+, das Hydronium-Ion, und ein einfach negativ geladenes Chlorid-Ion Cl^- [1]). Das bindende Elektronenpaar ist am Chloratom verblieben, dessen p-Orbitale damit voll besetzt sind.

Cl^- |↑↓| |↑↓|↑↓|↑↓|
  $3s^2$ $3p^6$

---

[1]) Die Endung -id kennzeichnet in der Nomenklatur der anorganischen Chemie die binären — aus zwei Elementen bestehenden — Verbindungen, z. B. Natriumchlorid NaCl.

Hier zeigt sich, daß mit der vollen Besetzung der s- und p-Orbitale der jeweils höchsten Hauptquantenzahl, wie sie bei den Edelgasen vorliegt, eine stabile Elektronenbesetzung erreicht wird. Das Chlorid-Ion Cl⁻ ist viel stabiler, das heißt viel weniger reaktionsfähig, als das Chloratom Cl.
Je nach der Größe der Elektronegativitätsdifferenz neigen die polarisierten Atombindungen in unterschiedlichem Maße zur Aufspaltung in Ionen. Bei sehr großer Elektronegativitätsdifferenz kommt überhaupt keine Atombindung mehr zustande, sondern die beteiligten Elemente liegen in Form von Ionen vor. Das ist z. B. der Fall im Natriumchlorid NaCl.

A 3.8. Ermitteln Sie die Elektronegativitätsdifferenzen für die Bindungen zwischen dem Chlor und den übrigen Elementen der 3. Periode! Bringen Sie die ermittelten Werte mit der Zunahme bzw. Abnahme des Metall- bzw. Nichtmetallcharakters dieser Elemente in Beziehung!

> **Die polarisierte Atombindung stellt einen Übergang von der reinen Atombindung zur Ionenbindung dar.**

Die polarisierte Atombindung wird daher auch als *Atombindung mit partiellem (anteiligem) Ionenbindungscharakter* bezeichnet. Aus den Elektronegativitätsdifferenzen kann nach Werten, die von PAULING angegeben wurden, der Anteil des Ionenbindungscharakters abgeschätzt werden (Bild 3.25 sowie Tabelle 3.2 im Wissensspeicher).

A 3.9. Ermitteln Sie den Anteil des Ionenbindungscharakters an den Bindungen zwischen dem Chlor und den anderen Elementen der 3. Periode!

Die häufig auftretende Bindung O—H zwischen einem Sauerstoff- und einem Wasserstoffatom hat eine Elektronegativitätsdifferenz von 1,4, das heißt einen Ionenbindungsanteil von 39%. Der Atombindungscharakter überwiegt also noch. Daher liegen beispielsweise in einer wasserfreien Schwefelsäure H_2SO_4 keine Wasserstoff-Ionen H^+ vor. Die Aufspaltung der O—H-Bindungen erfolgt erst in wäßriger Lösung unter dem Einfluß der Dipolmoleküle des Wassers.

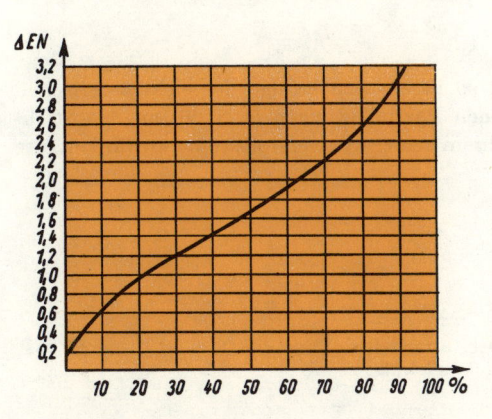

Bild 3.25. Abhängigkeiten des partiellen Ionenbindungscharakters von der Elektronegativitätsdifferenz (nach PAULING)

3.2.9. Bindungen an freien Elektronenpaaren

Bei der Behandlung der Atombindung wurde bisher vorausgesetzt, daß *zwei einfach besetzte Atomorbitale* vorhanden sind, zwischen denen es zu einer *Überlappung* bzw. zu einer Verschmelzung zu einem *Molekülorbital* kommt.
Es gibt aber auch Atombindungen, bei denen beide bindende Elektronen — also ein bereits *voll besetztes* Atomorbital — von *einem* der beiden Bindungspartner stammen. Beim anderen Partner wird dann ein bisher *unbesetztes* (leeres) Atomorbital in Anspruch genommen. Zwischen dem voll besetzten und dem bisher leeren Atomorbital kommt es zur Überlappung bzw. zur Bildung eines Molekülorbitals.

Beispiel:

Im Ammoniakmolekül NH_3 befindet sich der Stickstoff im sp^3-Hybridzustand:

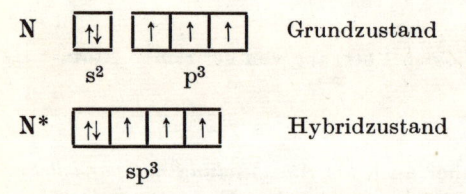

N | ↑↓ | ↑ | ↑ | ↑ | Grundzustand
   s^2 p^3

N* | ↑↓ | ↑ | ↑ | ↑ | Hybridzustand
        sp^3

Da der Stickstoff ein Valenzelektron mehr besitzt als der Kohlenstoff, ist hier im Unterschied zum Methanmolekül CH_4 (s. S. 51) eines der Hybridorbitale bereits voll besetzt. Die sp^3-Hybridorbitale sind beim Stickstoff ebenso nach den Ecken eines Tetraeders gerichtet wie beim Kohlenstoff. Im Bild 3.26 überlappen die drei unteren Hybridorbitale mit Atomorbitalen von Wasserstoffatomen, während das nach oben gerichtete Hybridorbital mit zwei Elektronen des Stickstoffs voll besetzt und nicht an einer Bindung beteiligt ist. Ein solches Elektronenpaar wird als *freies* (oder einsames) *Elektronenpaar* bezeichnet. In den Strukturformeln werden solche freie Elektronenpaare durch einen quer zum Elementsymbol stehenden Strich gekennzeichnet:

$$|N\begin{matrix}-H\\-H\\-H\end{matrix}$$

Wird Ammoniak in Wasser gelöst, so lagert sich infolge der elektrostatischen Anziehung zwischen den vorhandenen Partialladungen (s. S. 60) an das Stickstoffatom ein Wassermolekül mit einem seiner Wasserstoffatome an (linke Seite

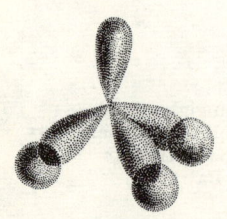

Bild 3.26. Orbitalmodell des Ammoniakmoleküls

der folgenden Gleichung). Dabei kann der positiv geladene Kern dieses Wasserstoffatoms, also ein Proton, zum Ammoniakmolekül übergehen, während das Elektron dieses Wasserstoffatoms am Sauerstoffatom zurückbleibt. Es entstehen ein Ammonium-Ion NH_4^+ und ein Hydroxid-Ion OH^-:

$$\delta^+ \begin{array}{c} H \\ H-N| \\ H \end{array} \overset{\delta^- \; \delta^+ \; \delta^-}{\cdots H - \overline{O}|} \longrightarrow \left[\begin{array}{c} H \\ | \\ H-N-H \\ | \\ H \end{array} \right]^+ + \left[\overline{|O} - H \right]^-$$

Im Ammonium-Ion NH_4^+ liegen vier σ-Bindungen vor, die untereinander gleich sind. Es handelt sich um s-sp³-σ-Bindungen. Die Besonderheit gegenüber den Bindungen im Methanmolekül CH_4 besteht darin, daß bei einer dieser Bindungen beide Elektronen von dem einen Bindungspartner, dem Stickstoffatom, stammen.

Eine solche Atombindung, die nur an einem *freien* Elektronenpaar zustande kommen kann, wird daher als *dative*[1]) *Bindung* bezeichnet. Diese Sonderform der Atombindung ist charakteristisch für die Komplexverbindungen (Koordinationsverbindungen), in denen sie *koordinative*[2]) *Bindung* genannt wird.

3.2.10. Komplexbildung an Nichtmetall-Ionen

Mit Hilfe der dativen (koordinativen) Bindung lassen sich die Bindungsverhältnisse innerhalb der Säurerestionen der Sauerstoffsäuren mittels folgender Modellvorstellungen erklären (Beispiel: Sulfat-Ion SO_4^{2-}).

Das Schwefelatom besitzt im Grundzustand die Orbitalbesetzung:

S $\boxed{\uparrow\downarrow}$ $\boxed{\uparrow\downarrow \mid \uparrow \mid \uparrow}$
    s^2 p^4

Im Sulfid-Ion S^{2-} sind durch Aufnahme zweier Elektronen die Orbitale des 3. Hauptenergieniveaus voll besetzt, woraus die zweifach negative Ladung resultiert:

S^{2-} $\boxed{\uparrow\downarrow}$ $\boxed{\uparrow\downarrow \mid \uparrow\downarrow \mid \uparrow\downarrow}$

Im Sulfat-Ion SO_4^{2-} liegt ebenfalls eine solche volle Orbitalbesetzung vor, dabei handelt es sich aber um sp³-Hybridorbitale:

S im SO_4^{2-} $\boxed{\uparrow\downarrow \mid \uparrow\downarrow \mid \uparrow\downarrow \mid \uparrow\downarrow}$
             sp^3

---

[1]) von dativus (lat.) Spender; eine Atombindung, zu der ein Partner beide Elektronen gibt
[2]) coordinare (lat.) = zuordnen

Für die S—O-Bindungen im Sulfat-Ion wird nun angenommen, daß die Sauerstoffatome, die im Grundzustand die Elektronenbesetzung

O [↑↓] [↑↓][↑][↑]
  s^2 p^4

aufweisen, durch *Orbitalleerung* die Elektronenbesetzung

O [↑↓] [↑↓][↑↓][ ]
  s^2 p^4

angenommen haben. Eine solche Veränderung in der Elektronenbesetzung wird auch als *Spinkopplung* bezeichnet, da sich zwei einzelne Elektronen zu einem Elektronenpaar mit antiparallelem Spin vereinigen. Die dazu erforderliche Energie wird der Bindungsenergie der S—O-Bindung entnommen.
Zwischen den vollbesetzten sp^3-Orbitalen des Schwefels und dem unbesetzten p-Orbital je eines Sauerstoffatoms kommt es dann zur Überlappung. Das kann auch als Bildung von lokalisierten sp^3-p-σ-Molekülorbitalen aufgefaßt werden, bei denen beide Elektronen vom Schwefelatom stammen.

$$\left[\begin{array}{c} |\overline{O}| \\ | \\ |\overline{O}-S-\overline{O}| \\ | \\ |\overline{O}| \end{array} \right]^{2-}$$

Die zwei negativen Ladungen kommen dem Sulfat-Ion als ganzes zu. Das Sulfat-Ion liegt sowohl in den Kristallgittern der Sulfate als auch in deren wäßrigen Lösungen und in der verdünnten Schwefelsäure vor. Diese mehratomigen Ionen zerfallen in der Schmelze und in der Lösung nicht weiter in Einzel-Ionen und werden daher als *Komplex-Ionen* bezeichnet.

Jedes Komplex-Ion besteht aus
● dem *Zentral-Ion* (im Beispiel Schwefel) und
● den *Liganden* (im Beispiel Sauerstoff).

Die Formeln von Komplex-Ionen werden in eckige Klammern gesetzt, um zu kennzeichnen, daß die Ionenladungen dem Gesamtkomplex zukommen. Bei den Säurerest-Ionen, wie dem Sulfat-Ion SO_4^{2-}, wird aber meist auf diese Klammern verzichtet. Was hier nur an einem Beispiel gezeigt werden konnte, gilt grundsätzlich für die Säurerest-Ionen aller sauerstoffhaltigen Säuren. Diese Säuren werden allgemein als Oxosäuren, ihre Ionen als Oxokomplexe bezeichnet.

Beispiele: Kohlensäure/Carbonat-Ionen CO_3^{2-}
Salpetersäure/Nitrat-Ionen NO_3^-
Phosphorsäure/Phosphat-Ionen PO_4^{3-}
Chlorsäure/Chlorat-Ionen ClO_3^-

Die Wertigkeitsverhältnisse innerhalb der Komplex-Ionen werden durch die Oxydationszahl (s. Abschn. 9.3.) und die Koordinationszahl angegeben.

> **Die Koordinationszahl gibt die Anzahl der an das Zentral-Ion gebundenen Liganden an.**

A 3.10. Geben Sie die Koordinationszahl für folgende Ionen an:
Sulfit-Ion SO_3^{2-}, Phosphat-Ion PO_4^{3-}, Nitrat-Ion NO_3^-, Nitrit-Ion NO_2^-

Aus der Koordinationszahl kann auf die räumliche Gestalt der Komplex-Ionen geschlossen werden. Die Nichtmetalle der 3. Periode des Periodensystems bilden Oxokomplex-Ionen mit der Koordinationszahl 4:

$$\begin{bmatrix} O \\ | \\ O-Si-O \\ | \\ O \end{bmatrix}^{4-} \begin{bmatrix} O \\ | \\ O-P-O \\ | \\ O \end{bmatrix}^{3-} \begin{bmatrix} O \\ | \\ O-S-O \\ | \\ O \end{bmatrix}^{2-} \begin{bmatrix} O \\ | \\ O-Cl-O \\ | \\ O \end{bmatrix}^{-}$$

Diese Komplex-Ionen weisen alle die Gestalt eines Tetraeders auf (wie das Methanmolekül; s. Bild 3.9). Der Vierbindigkeit des Kohlenstoffs und des Siliciums entsprechend, liegt das Tetraeder nicht nur dem Aufbau des Diamantgitters (s. Bild 3.8), sondern auch dem Aufbau der Silicate zugrunde. Der Koordinationszahl 6 entspricht ein oktaedrischer Aufbau (s. Bild 3.27; z. B. $[Fe(CN)_6]^{4-}$).
Der Koordinationszahl 4 kann auch ein ebener quadratischer Aufbau zugrunde liegen (z. B. $[Cu(NH_3)_4]^{2+}$). Seltener sind die Koordinationszahlen 8 (würfelförmig), 3 (dreieckig) und 2 (linear).

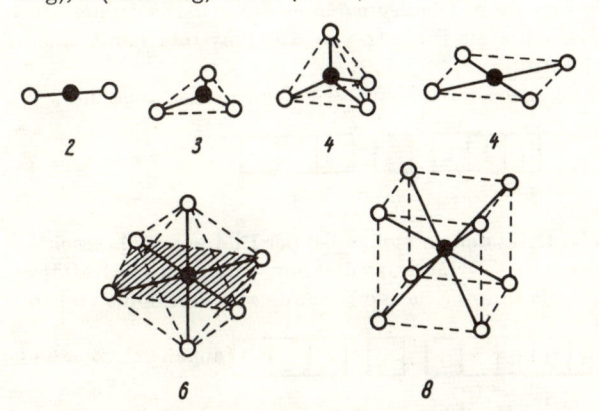

Bild 3.27. Koordinationszahl und räumliche Anordnung

3.2.11. Komplexbildung an Metall-Ionen

Wesentlich mannigfaltiger als diese Oxokomplexe der Nichtmetalle sind die Komplex-Ionen, die sich durch dative (koordinative) Bindung um Metall-Ionen bilden und für die *Komplexsalze* kennzeichnend sind.
Bei den Komplexsalzen treten sowohl komplexe Anionen als auch komplexe Kationen auf, wie die folgenden Dissoziationsgleichungen zweier bekannter Komplexsalze erkennen lassen:

Kalium-hexacyano-ferrat(II) (Trivialname: gelbes Blutlaugensalz)
$K_4[Fe(CN)_6] \rightleftharpoons 4\ K^+ + [Fe(CN)_6]^{4-}$

Tetrammin-kupfer(II)-sulfat:

[Cu(NH$_3$)$_4$]SO$_4$ ⇌ [Cu(NH$_3$)$_4$]$^{2+}$ + SO$_4^{2-}$

Die als Beispiele gewählten Komplex-Ionen zeigen folgenden Aufbau aus Zentral-Ion und Liganden:

[Fe(CN)$_6$]$^{4-}$ Zentral-Ion: Eisen(II)-Ion Fe^{2+}
               Liganden: Cyanid-Ionen CN$^-$

[Cu(NH$_3$)$_4$]$^{2+}$ Zentral-Ion: Kupfer(II)-Ion Cu^{2+}
               Liganden: Ammoniakmoleküle NH$_3$

Mit Hilfe der bisher verwendeten Modellvorstellungen — in der Literatur werden hierfür auch andere, z. B. die Ligandenfeldtheorie, verwendet — lassen sich die Bindungsverhältnisse in einem solchen Komplex-Ion am Beispiel des Hexacyanoferrat(II)-Ions [Fe(CN)$_6$]$^{4-}$ wie folgt erläutern:

Eisen besitzt im Grundzustand die Elektronenbesetzung:

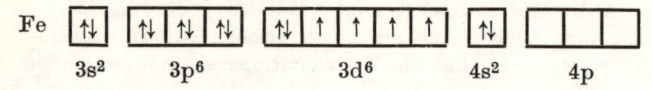

Fe   [↑↓]   [↑↓][↑↓][↑↓]   [↑↓][↑][↑][↑][↑]   [↑↓]   [ ][ ][ ]
      3s^2 3p^6 3d^6 4s^2 4p

(Hier spielen also erstmalig für unsere Überlegungen auch die d-Elektronen eine Rolle. Das ist charakteristisch für die Bildung von Komplex-Ionen mit einem Nebengruppenelement als Zentral-Ion.)

Das Eisen(II)-Ion hat durch Abgabe der beiden 4s-Elektronen die Besetzung:

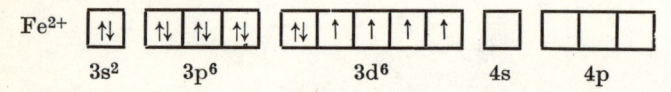

Fe^{2+} [↑↓]   [↑↓][↑↓][↑↓]   [↑↓][↑][↑][↑][↑]   [ ]   [ ][ ][ ]
       3s^2 3p^6 3d^6 4s   4p

Durch Spinpaarung in den 3d-Orbitalen entstehen bei der Bildung des betrachteten Komplex-Ions zwei weitere leere Orbitale, so daß nun — mit den 4p-Orbitalen — insgesamt sechs leere Orbitale für eine dative Bindung zur Verfügung stehen:

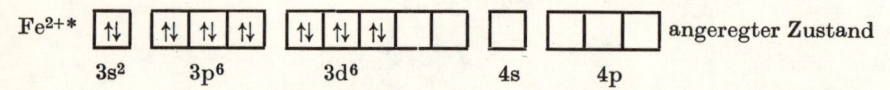

Fe^{2+}*   [↑↓]   [↑↓][↑↓][↑↓]   [↑↓][↑↓][↑↓][ ][ ]   [ ]   [ ][ ][ ]   angeregter Zustand
        3s^2 3p^6 3d^6 4s   4p

Diese sechs leeren Orbitale vermögen mit je einem vollbesetzten Orbital (d. h. einem freien Elektronenpaar) zu überlappen (bzw. ein Molekülorbital zu bilden). Dabei kommt es zu einer *Hybridisation* (Bildung von d^{2}sp^3-Hybridorbitalen), so daß alle sechs entstehenden koordinativen Bindungen einander gleich sind:

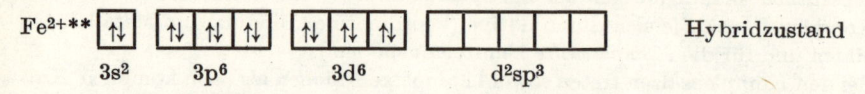

Fe^{2+}**   [↑↓]   [↑↓][↑↓][↑↓]   [↑↓][↑↓][↑↓]   [ ][ ][ ][ ][ ]   Hybridzustand
         3s^2 3p^6 3d^6 d^{2}sp^3

Im Hexacyanoferrat(II)-Ion [Fe(CN)$_6$]$^{4-}$ ist jedes dieser sechs unbesetzten Hybridorbitale des Eisenatoms eine koordinative Bindung mit dem freien Elektronenpaar (sp^3-Hybridorbital) des Kohlenstoffatoms eines Cyanid-Ions [|C≡N|]$^-$ eingegangen. Es sind also sechs Liganden (CN$^-$) an das Zentral-Ion (Fe^{2+}) gebunden.

Da jedes Cyanid-Ion eine negative Ladung mitbringt und das Eisen-Ion zwei positive Ladungen, trägt das Komplex-Ion [Fe(CN)$_6$]$^{4-}$ vier negative Ladungen:

$6(-1) + (+2) = -4$.

Mit der Besetzung der 4p-Orbitale des Eisens bauen die Cyanid-Ionen am Zentral-Ion ein Energieniveau auf, das an sich beim Eisen gar nicht besetzt ist:

Fe im Fe(CN)$_6^{4-}$ | ↑↓ | ↑↓ ↑↓ ↑↓ | ↑↓ ↑↓ ↑↓ ↑↓ ↑↓ | ↑↓ | ↑↓ ↑↓ ↑↓ |

$3s^2$ $\quad$ $3p^6$ $\quad\quad$ $3d^{10}$ $\quad\quad$ $4s^2$ $\quad$ $4p^6$

| ↑↓ ↑↓ ↑↓ ↑↓ ↑↓ ↑↓ |

d^2sp^3

Zum besseren Verständnis wurden die nunmehr voll besetzten Orbitale nochmals in unhybridisierter und in hybridisierter Form untereinandergesetzt.

A 3.11. Ermitteln Sie, welchem Element diese Elektronenbesetzung des Eisens im Hexacyanoferrat(II)-Ion entspricht! (Gehen Sie von der unhybridisierten Form aus.)

Komplex-Ionen sind im allgemeinen dann besonders stabil, wenn das Zentral-Ion mit den von den Liganden stammenden Elektronen die Elektronenbesetzung des nächsthöheren Edelgases erreicht.
Als Liganden treten in den Metallkomplex-Ionen Ionen und Dipolmoleküle auf, die mindestens über ein freies Elektronenpaar verfügen:

Hydroxid-Ion [|$\overline{\text{O}}$−H]$^-$ (Hydroxo-) $\quad$ Wassermolekül δ^- $\langle$O$\langle_{\text{H}}^{\text{H}}$ δ^+ (Aquo-)

Cyanid-Ion [|C≡N|]$^-$ $\quad$ (Cyano-) $\quad$ Ammoniakmolekül δ^-|N$\langle_{\text{H}}^{\text{H}}$−H δ^+ (Ammin-)

Chlorid-Ion [|$\overline{\text{Cl}}$|]$^-$ $\quad$ (Chloro-)

(In Klammern die Bezeichnungen, die die Liganden in den Namen der Komplexverbindungen tragen.)
Ein weiteres Beispiel für ein Metallkomplex-Ion sei nur kurz erläutert:
Im Tetrammin-kupfer(II)-Ion [Cu(NH$_3$)$_4$]$^{2+}$ sind an das zweifach positiv geladene Cu^{2+} vier ungeladene Ammoniakmoleküle NH$_3$ gebunden, wobei die Ammoniakmoleküle jeweils ihr freies Elektronenpaar (s. Abschn. 3.2.9.) in die koordinative Bindung einbringen. Da die Liganden keine Ladung tragen, weist das Komplex-Ion nach außen die vom Zentralatom stammende Ladung 2+ auf.
Wie die beiden Beispiele zeigen, kann es sich bei den Metallkomplex-Ionen — je nach Art der Liganden — sowohl um komplexe Kationen als auch um komplexe Anionen handeln. Bei den koordinativen Bindungen in den Komplex-Ionen handelt es sich in der Regel um polarisierte Atombindungen (s. Abschn. 3.2.8.), das heißt, sie tragen neben dem Atombindungscharakter auch anteiligen Ionenbindungscharakter. Der Ionenbindungscharakter kann sogar überwiegen. In diesem Falle

kann der Zusammenhalt innerhalb des Komplex-Ions auf die elektrostatische Wechselwirkung zwischen der positiven Ladung des Zentral-Ions und den negativen Ladungen (bzw. Partialladungen) der Liganden zurückgeführt werden.

A 3.12. Versuchen Sie, die Elektronenbesetzung des Kupfers im Tetramminkupfer(II)-Ion zu ermitteln!

3.3. Ionenbindung

Mit zunehmender Elektronegativitätsdifferenz zwischen zwei Bindungspartnern (s. Abschn. 3.2.8.) kommt es — statt zu einer polarisierten Atombindung — zum vollständigen Übergang der bindenden Elektronen an das elektronegativere Atom, also zur Bildung von Ionen. Das ist zum Beispiel der Fall, wenn Natrium ($EN = 0{,}9$) und Chlor ($EN = 3{,}0$) miteinander reagieren:

Na. + .Cl| $\rightleftarrows$ Na$^+$ + |Cl|$^-$

elementar: Na $1s^2$ $2s^2$ $2p^6$ $3s^1$ Cl $1s^2$ $2s^2$ $2p^6$ $3s^2$ $3p^5$
gebunden: Na$^+$ $1s^2$ $2s^2$ $2p^6$ Cl$^-$ $1s^2$ $2s^2$ $2p^6$ $3s^2$ $3p^6$

Durch den Übergang eines Elektrons (aus dem 3s-Orbital des Natriumatoms in ein nur einfach besetztes 3p-Orbital des Chloratoms) besitzt nun das Natriumatom gegenüber den positiven Kernladungen (Protonen) eine negative Ladung weniger, das Chloratom dagegen eine negative Ladung mehr. Es sind ein positiv geladenes Natrium-Ion Na$^+$ und ein negativ geladenes Chlorid-Ion Cl$^-$ entstanden.

A 3.13. Ermitteln Sie in gleicher Weise wie beim Natriumchlorid das Zustandekommen der Ionen beim Kaliumiodid KI und beim Calciumsulfid CaS!

Die elektrischen Ladungen der Ionen werden als *Ionenladungen* oder als *Ionenwertigkeiten* bezeichnet. Trägt ein Ion mehrere Ladungen, so wird das durch eine dem Plus- bzw. Minuszeichen vorangestellte Ziffer (Ca^{2+}, S^{2-}) angegeben.
Da die Ladungen der Ionen gleichmäßig nach allen Richtungen wirken, kommt es nicht zu einer Anziehung zwischen den beiden Atomen, zwischen denen der Elektronenübergang erfolgt ist, sondern jedes Natrium-Ion zieht alle benachbarten Chlorid-Ionen an und jedes Chlorid-Ion alle benachbarten Natrium-Ionen. Nur im Dampfzustand existieren Ionenpaare Na$^+$Cl$^-$, die als Grenzfall eines polarisierten Moleküls aufgefaßt werden können. Im festen Zustand bildet das Natriumchlorid ein *Ionengitter* (Bild 3.28), in dem jedem Natrium-Ion sechs Chlorid-Ionen und jedem Chlorid-Ion sechs Natrium-Ionen benachbart sind: Das Natriumchloridgitter hat die Koordinationszahl 6.
Diese auf der elektrostatischen Wechselwirkung zwischen Ionen beruhende Bindungsart ist charakteristisch für Salze. Sie wird nicht immer als Ionenbindung, sondern zum Teil auch als *Ionenbeziehung* bezeichnet, da keine festen Bindungen zwischen zwei bestimmten einzelnen Ionen vorliegen, sondern der Zusammenhalt des Ionengitters auf die Beziehungen zwischen allen Ionen eines Kristalls zurück-

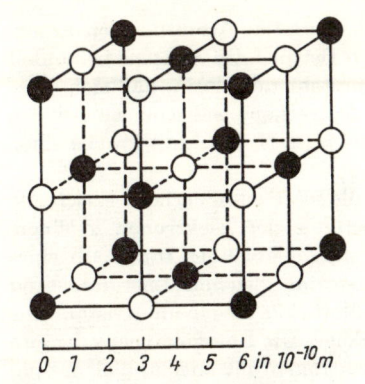

Bild 3.28. Natriumchloridgitter

0 1 2 3 4 5 6 in 10^{-10} m

● Ladungsschwerpunkte der Cl-Ionen
○ Ladungsschwerpunkte der Na-Ionen

zuführen ist. Die weiteren in der Literatur zu findenden Synonyme *heteropolare Bindung*[1]) und *elektrovalente Bindung* bringen zum Ausdruck, daß die Bindungspartner in Form entgegengesetzt elektrisch geladener Teilchen vorliegen.

3.4. Metallbindung

Die meisten chemischen Elemente sind Metalle.

> **Alle Metalle bilden Kristallgitter, in denen die Gitterpunkte von Metallatomen besetzt sind, die durch Abgabe von Valenzelektronen positive Ladungen tragen.**

Für diese geladenen Teilchen wird zur Unterscheidung von der Ionenbindung die Bezeichnung *Atomrumpf* — statt der Bezeichnung Metall-Ion — bevorzugt. Die negativ geladenen Valenzelektronen bewegen sich ziemlich frei im Gitter zwischen den positiv geladenen Atomrümpfen. Daraus ergibt sich die einfache Modellvorstellung, daß die elektrostatische Wechselwirkung zwischen Atomrümpfen und Elektronen das Metallgitter zusammenhält. Nach einer etwas groben Analogie zur Beweglichkeit von Gasmolekülen wird oft von einem *Elektronengas* gesprochen, das sich im Metallgitter bewegt

Nach den — der Behandlung der Atombindung zugrunde gelegten — neueren Modellvorstellungen läßt sich die Bindung im Metallgitter auch so erklären, daß die Valenzelektronen innerhalb des Gitters eine Vielzahl von bindenden Molekülorbitalen besetzen. Dabei handelt es sich um delokalisierte Molekülorbitale, das

---

[1]) heteros (griech.) = der andere; Bindung zwischen Elementen entgegengesetzten Charakters

heißt um Orbitale, die nicht zwischen zwei bestimmten Atomrümpfen liegen. Solche delokalisierte Molekülorbitale wurden am Beispiel des Benzens behandelt (Abschn. 3.2.7.). Der wesentliche Unterschied besteht nun darin, daß sich diese Molekülorbitale im Benzen über ein Molekül erstrecken, während sie bei den Metallen und auch bei den diamantartigen Stoffen (z. B. Silicium) jeweils einen ganzen Kristall umfassen.

Diesen Modellvorstellungen entsprechend, gilt die als PAULI-Verbot bezeichnete Gesetzmäßigkeit für die möglichen Energiezustände der Elektronen in einem Kristall ebenso wie in einem Atom bzw. in einem Molekül: Innerhalb eines Kristalls können sich niemals zwei Elektronen im gleichen Energiezustand befinden. Das hat bei der Vielzahl der Molekülorbitale in einem Kristall eine sehr feine Aufspaltung der Energieniveaus zur Folge. Die Energieniveaus der einzelnen Molekülorbitale, die jeweils von zwei Elektronen mit antiparallelem Spin besetzt sind, unterscheiden sich dabei nur um äußerst geringe Werte, so daß praktisch ein *kontinuierliches Energieband* zustande kommt (Bild 3.29). An die Stelle eines jeden der im Bild 2.5 dargestellten Energieniveaus tritt also ein Energieband.

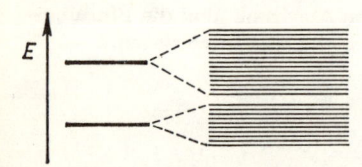

Bild 3.29. Aufspaltung der Energieniveaus der Elektronenhülle in Energiebänder

Die voll besetzten unteren Energieniveaus spielen aber für die hier zu betrachtenden Eigenschaften der Metalle keine Rolle. Hier interessiert zunächst nur das Energieband, in dem sich die Valenzelektronen befinden und das daher auch als *Valenzband* bezeichnet wird.

Ist das Valenzband nicht voll besetzt, so stehen jedem Valenzelektron innerhalb des Valenzbandes mehrere Energiezustände zur Verfügung. So haben zum Beispiel Kalium und Kupfer nur jeweils ein 4s-Elektron. Da das 4s-Orbital erst mit zwei Elektronen voll besetzt ist, kann im Kalium und im Kupfer jedes Valenzelektron über einen zweiten Energiezustand verfügen und leicht in diesen übergehen. Daher zeigt sich beim Anlegen einer Spannung elektrische Leitfähigkeit.

Bei Metallen, bei denen das Valenzband voll besetzt ist (z. B. beim Calcium und beim Zink, die beide zwei 4s-Elektronen besitzen), kommt die elektrische Leitfähigkeit dadurch zustande, daß Elektronen aus dem Valenzband in das nächsthöhere unbesetzte Energieband übergehen, das dementsprechend als *Leitungsband* bezeichnet wird. Dieser Übergang von Elektronen auf ein höheres Niveau ist leicht möglich, wenn sich Valenzband und Leitungsband überlappen, wie es bei den Metallen der Fall ist (Bild 3.30a).

Im Gegensatz dazu zeichnen sich *Isolatoren*, also Stoffe, die keine elektrische Leitfähigkeit besitzen, dadurch aus, daß zwischen dem Valenzband und dem Leitungsband ein großer Zwischenraum besteht, in dem keine Energieniveaus zur Verfügung stehen. Dieser Bereich wird oft als *verbotenes Band* bezeichnet (Bild 3.30c). Bei den *Halbleitern* (Bild 3.30b) ist das verbotene Band so schmal, daß es bei

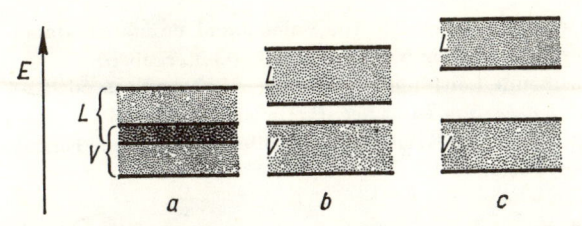

Bild 3.30. Bändermodell (L Leitungsband, V Valenzband)
a) Metall, b) Halbleiter, c) Isolator

Energiezufuhr (z. B. als Wärme oder Licht) von einzelnen Elektronen übersprungen werden kann. Da dann im Leitungsband einzelne Elektronen und im Valenzband einzelne Leerstellen vorhanden sind, kommt eine — wenn auch sehr geringe — elektrische Leitfähigkeit zustande. Das wird unter anderem in lichtempfindlichen Halbleiterbauelementen technisch genutzt.
Zwischen der Leitfähigkeit der Metalle und der der Halbleiter besteht ein bemerkenswerter Unterschied:

- Die Leitfähigkeit der Metalle nimmt mit steigender Temperatur ab, da sich dabei die Schwingungen verstärken, die die Atomrümpfe um die von ihnen besetzten Gitterpunkte ausführen, so daß die Beweglichkeit der Elektronen beeinträchtigt wird.
- Die Leitfähigkeit der Halbleiter nimmt mit steigender Temperatur zu, da durch die Energiezufuhr immer mehr Elektronen ins Leitungsband gehoben werden.

Die moderne Halbleitertechnik ist ein Beispiel dafür, wie der Mensch die Natur seinen Bedürfnissen entsprechend verändert. Es ist heute möglich, Halbleiter mit ganz bestimmten Leitfähigkeitseigenschaften herzustellen.
Am Beispiel des Siliciums, das eine sehr geringe Eigenleitfähigkeit besitzt, sei das erläutert:
Wird in einen Kristall von Reinstsilicium (mittels Diffusion) Phosphor eingebracht, dessen Atome ein Valenzelektron mehr besitzen als die des Siliciums, so befinden sich nachher in dem Siliciumkristallgitter zusätzliche Elektronen. Die Phosphoratome bauen in der verbotenen Zone, und zwar knapp unterhalb des Leitungsbandes, ein zusätzliches Energieniveau auf. Da die zusätzlichen Elektronen leicht in das darüberliegende Leitungsband übergehen, wird dieses Energieniveau auch als *Donatorniveau*[1]) bezeichnet.
Wird in einen Reinstsiliciumkristall Bor eingebracht, dessen Atome ein Valenzelektron weniger besitzen als die des Siliciums, so befinden sich nachher in der Elektronenanordnung des Siliciumkristallgitters Leerstellen, die sich im elektrischen Feld den Elektronen entgegengesetzt bewegen. Diese Leerstellen verhalten sich also so, als würde es sich um positive Elektronen handeln. Es wird daher auch von *Defektelektronen* gesprochen. Die Boratome bauen in der verbotenen Zone knapp über dem Valenzband ein Energieniveau auf. Da leicht Elektronen aus dem Valenzband in dieses zusätzliche Energieniveau übergehen kön-

---

[1]) donare (lat.) = geben

nen, wird es als *Akzeptorniveau*[1]) bezeichnet. Im Valenzband entstehen dabei Leerstellen (Defektelektronen), die eine elektrische Leitfähigkeit ergeben.

Die auf Defektelektronen beruhende Leitfähigkeit wird als *p-Leitung* (p = positiv) der auf Elektronen beruhenden *n-Leitung* (n = negativ) gegenübergestellt.

Dieses Einbringen von Fremdatomen in Kristalle von Stoffen mit geringer Eigenleitfähigkeit wird als *Dotierung* bezeichnet.

3.5. Zwischenmolekulare Bindungen

Außer der Atombindung, die den Zusammenhalt innerhalb von Molekülen und in Atomgittern (z. B. Diamant) bewirkt, sowie der Ionenbindung und der Metallbindung, die den Ionengittern und den Metallgittern zugrunde liegen, gibt es noch weitaus schwächere Bindungskräfte, die einen Zusammenhalt zwischen den Molekülen hervorrufen und die Bildung von *Molekülgittern* ermöglichen. Dazu gehören die VAN-DER-WAALSschen Kräfte, die beispielsweise die Herstellung von festem Kohlendioxid (Trockeneis) ermöglichen, und die *Wasserstoffbrückenbindungen*, die den flüssigen Zustand des Wassers bewirken und der Bildung des Molekülgitters des Eises zugrunde liegen. Wasser kristallisiert bekanntlich bei 0 °C, Kohlendioxid erst bei −78 °C. Hier deutet sich an, daß die Wasserstoffbrückenbindungen einen wesentlich festeren Zusammenhalt zwischen den Molekülen hervorrufen als die VAN-DER-WAALSschen Kräfte.

Verzichten wir zunächst auf eine solche differenzierte Betrachtung der zwischenmolekularen Kräfte, so ist zu sagen, daß der Zusammenhalt von nichtmetallischen und nicht salzartigen Stoffen, wie Holz, Papier, Textilfasern, Plasten, auf zwischenmolekularen Kräften beruht. (In der Physik wird diese Erscheinung als Kohäsion bezeichnet.)

Gleichfalls auf zwischenmolekulare Kräfte zurückzuführen ist das Haften eines Stoffes an der Oberfläche eines anderen Stoffes. Damit besitzen die zwischenmolekularen Kräfte außerordentlich große technische Bedeutung. Sie liegen allen Klebevorgängen sowie dem Haften von Anstrichmitteln, Beschichtungsmitteln und Imprägniermitteln zugrunde. (In der Physik wird diese Erscheinung als Adhäsion bezeichnet.)

3.5.1. VAN-DER-WAALSsche Kräfte

Gasförmige Stoffe – mögen sie in Form von Molekülen oder in Form von Atomen (Edelgase) vorliegen – lassen sich bei hinreichend niedriger Temperatur in den flüssigen und schließlich in den festen Zustand überführen. Voraussetzung hierfür sind zwischenmolekulare Kräfte, die in allen realen Gasen vorliegen. Sie wurden 1873 von dem Holländer VAN DER WAALS in der Zustandsgleichung der Gase berücksichtigt, indem er Korrekturfaktoren einführte. Diese zwischenmolekularen Kräfte werden heute als VAN-DER-WAALSsche Kräfte bezeichnet. Sie beruhen auf Wechselwirkungen zwischen den Elektronenhüllen benachbarter Moleküle. Die VAN-DER-WAALSschen Kräfte setzen sich aus drei Komponenten zusammen: Dispersionsenergie, Dipol-Dipol-Energie, Induktionsenergie.

---

[1]) acceptare (lat.) = empfangen

Von den bisher zugrunde gelegten Modellvorstellungen ausgehend, kann für eine anschauliche Darstellung angenommen werden, daß bei der Annäherung zweier Moleküle eine — sehr schwache — Überlappung von Molekülorbitalen eintritt. Das führt analog zur Überlappung von Atomorbitalen (→ 3.2.1.) zu einer — weitaus schwächeren — Energieabgabe. Der Zusammenhalt zwischen den Molekülen ist also dadurch gegeben, daß bei der Überlappung von Molekülorbitalen ein Zustand geringerer Energie und daher höherer Stabilität erreicht wird. Die Energie, die aufgewandt werden muß, um diese Überlappung zu trennen, wird als *Dispersionsenergie*[1]) bezeichnet.

Bei *Dipolmolekülen* wird der Zusammenhalt durch die elektrostatische Anziehung verstärkt. Das gilt in erster Linie für *permanente* (dauernde) *Dipole*, aber in geringerem Maße auch für *induzierte Dipole*, worunter Moleküle verstanden werden, die erst unter dem Einfluß eines benachbarten Dipolmoleküls zeitweilig selbst polarisiert wurden.

Beispiel für die Zusammensetzung der VAN-DER-WAALSschen Kräfte: Während die Bindungsenergie *innerhalb* des Chlorwasserstoffmoleküls 430 kJ mol^{-1} beträgt, sind die zwischen Chlorwasserstoffmolekülen vorliegenden Bindungsenergien bei 25 °C außerordentlich gering (die folgenden Werte beziehen sich auf einen Molekülabstand von $5 \cdot 10^{-10}$ m). 1m festen — in einem Molekülgitter kristallisierten — Chlorwasserstoff (unterhalb 159 K; −114 °C) sind die Bindungsenergien wesentlich höher, aber noch weitaus geringer als die der Atombindung im Chlorwasserstoffmolekül:

	gasförmig 298 K (25 °C)	fest 159 K (−114 °C)
Dispersionsenergie	0,46 kJ · mol^{-1} (83,6%)	16,8 kJ · mol^{-1} (79,6%)
Dipol-Dipol-Energie	0,07 kJ · mol^{-1} (12,7%)	3,3 kJ · mol^{-1} (15,6%)
Induktionsenergie	0,02 kJ · mol^{-1} (3,6%)	1,0 kJ · mol^{-1} (4,7%)
	0,55 kJ · mol^{-1}	21,1 kJ · mol^{-1}

3.5.2. Zwischenmolekulare Wasserstoffbrückenbindungen[2])

Zwischen den Atombindungen und den VAN-DER-WAALSschen Kräften liegen in ihrer Stärke die Wasserstoffbrückenbindungen. Sie gehen von Wasserstoffatomen aus, die an stark elektronegative Elemente (z. B. Fluor, Sauerstoff, Stickstoff; s. Bild 3.24) gebunden sind. Auf Grund der großen Elektronegativitätsdifferenzen ($\Delta EN \geq 1$), die zwischen dem Wasserstoff und diesen Elementen bestehen, tragen die Wasserstoffatome in diesen Fällen große positive Partialladungen. Ein wichtiges Beispiel hierfür sind die O−H-Bindungen im Wassermolekül. Durch elektrostatische Anziehung zwischen diesen positiven Partialladungen am Wasserstoffatom und negativen Partialladungen (freien Elektronenpaaren) am Sauerstoffatom eines benachbarten Wassermoleküls

$$\begin{array}{cc} \overline{}^{\delta+} & \overline{}^{\delta-} \\ |\text{O}-\text{H}\cdots| & \text{O}-\text{H} \\ | & | \\ \text{H} & \text{H} \end{array}$$

lagern sich die Wassermoleküle zu Molekülaggregaten zusammen. Daher ist Wasser wesentlich weniger flüchtig als der homologe Schwefelwasserstoff H$_2$S (F = −85 °C; Kp = −60 °C). Im Eis ist jedes Sauerstoffatom über Wasserstoffatome mit vier anderen Sauerstoffatomen verbunden, was zu einer Tetraederstruktur führt.

---

[1]) Diese Energie spielt auch bei der Dispersion des Lichts eine Rolle.
[2]) Neben den Wasserstoffbrückenbindungen zwischen zwei Molekülen (intermolekular) gibt es auch innermolekulare (intramolekulare) Wasserstoffbrückenbindungen.

Eine Wasserstoffbrückenbindung ist stets auf einen bestimmten Bindungspartner gerichtet, der ein freies Elektronenpaar besitzt. Durch die Wasserstoffbrückenbindung werden die Bindungskräfte der beiden Atome, zwischen denen sie liegt, abgesättigt. Im Unterschied dazu wirken die VAN-DER-WAALSschen Kräfte nicht nur jeweils zwischen zwei Atomen, und sie sind nicht absättigbar.
Wasserstoffbrückenbindungen treten vor allem zwischen Makromolekülen auf und haben wesentlichen Einfluß auf die Eigenschaften natürlicher makromolekularer Stoffe, wie Cellulose und Eiweißstoffe, aber auch synthetischer makromolekularer Stoffe, wie Polyamide. Die hohe Festigkeit der Polyamidseide ist mit bedingt durch die Wasserstoffbrückenbindungen, die sich zwischen den $C=O$-Gruppen und den $N-H$-Gruppen benachbarter Kettenmoleküle ausbilden.

$$-CH_2-\overset{O}{\underset{\|}{C}}-\underset{|}{N}-CH_2-CH_2-CH_2-CH_2-\overset{H}{\underset{|}{C}}-\underset{\|}{N}-CH_2-$$
$$H\ \delta^+ \qquad\qquad\qquad\qquad O\ \delta^-$$
$$\vdots \qquad\qquad\qquad\qquad\qquad \vdots$$
$$O\ \delta^- \qquad\qquad\qquad\qquad H\ \delta^+$$
$$-CH_2-\underset{|}{N}-\overset{\|}{C}-CH_2-CH_2-CH_2-CH_2-N-\underset{\|}{C}-CH_2$$
$$H \qquad\qquad\qquad\qquad\qquad\qquad O$$

Die Bindungsenergien liegen (bei 25 °C) etwa in folgenden Bereichen:
Atombindungen $100 \cdots 600$ kJ $\cdot$ mol^{-1}
Wasserstoffbrückenbindungen $4 \cdots 40$ kJ $\cdot$ mol^{-1}
VAN-DER-WAALSsche Kräfte $0,1 \cdots 4$ kJ $\cdot$ mol^{-1}
Es gibt einzelne Stoffe, bei denen diese Grenzen erheblich überschritten werden, so liegen die VAN-DER-WAALSschen Kräfte beim Helium bei $0,003$ kJ $\cdot$ mol^{-1}, beim Tetrachlormethan, CCl_4, bei $7,5$ kJ $\cdot$ mol^{-1}.
Auf Grund ihrer mittleren Bindungsenergie sind die Wasserstoffbrückenbindungen viel leichter zu trennen als die Atombindungen, aber viel stabiler als die lediglich auf VAN-DER-WAALSschen Kräften beruhenden zwischenmolekularen Bindungen. Die Stoffwechselvorgänge aller lebenden Organismen beruhen zu einem wesentlichen Teil auf dieser mittleren Festigkeit von Wasserstoffbrückenbindungen, auf der Möglichkeit, mit geringem Energieaufwand solche Bindungen zu trennen und neue zu bilden.

3.6. Chemische Bindung und Eigenschaften

Die Art der chemischen Bindung zeigt sich deutlich in den Eigenschaften der Stoffe. Danach können folgende Gruppen von Stoffen unterschieden werden:

flüchtige Stoffe
makromolekulare Stoffe   } Atombindung
diamantartige Stoffe
salzartige Stoffe   Ionenbindung
metallische Stoffe   Metallbindung

3.6.1. Stoffe mit Atombindung

In dieser Übersicht fällt auf, daß die Atombindung zur Bildung von Stoffen mit recht unterschiedlichem Charakter führen kann. Der einfachste Fall der Atombindung liegt in den zweiatomigen Molekülen der elementaren Gase vor, z. B. Wasserstoff H_2, Chlor Cl_2. Es gibt jedoch auch Moleküle, die aus einigen Hundert bis zu vielen Tausend Atomen bestehen; z. B. Stärkemoleküle können 200 000 Atome enthalten.

Die *Molekülgröße* hat entscheidenden Einfluß auf die Eigenschaften der Stoffe. Bei Stoffen mit vergleichbarer Zusammensetzung ist der Aggregatzustand von der Molekülgröße abhängig. Deutlich wird das z. B. in der *homologen Reihe der Alkane*. Bei 20 °C sind die Alkane mit 1 bis 4 Kohlenstoffatomen gasförmig, mit 5 bis 16 Kohlenstoffatomen flüssig, mit 17 und mehr Kohlenstoffatomen fest.

Auch die zunehmende *Atom*- bzw. *Molekülmasse* beeinflußt den Aggregatzustand. So sind von den Halogenen bei 20 °C Fluor und Chlor gasförmig, Brom flüssig und Iod fest.

Atombindungen sind charakteristisch für alle organischen Verbindungen.

Flüchtige Stoffe

Die organischen Verbindungen mit genau definierter Molekülgröße, also die Verbindungen, für die sich eine bestimmte relative Molekülmasse angeben läßt, sind größtenteils flüchtig. Gasförmig sind bei Zimmertemperatur und Normaldruck (101,3 kPa) nur verhältnismäßig wenige, z. B. die Alkane bis zum Butan $CH_3-CH_2-CH_2-CH_3$, Ethin (Acetylen) $CH \equiv CH$, Methanal (Formaldehyd) HCHO, Monochlor-propen (Vinylchlorid) $CH_2=CHCl$. Aber viele sind bei dieser Temperatur flüssig und verdunsten auch schon merklich, so die Vergaserkraftstoffe (vorwiegend Alkane mit 6 bis 10 C-Atomen), aber auch Tetrachlormethan CCl_4, Propanon (Aceton) $CH_3-CO-CH_3$ und Ethansäure (Essigsäure) CH_3COOH.

Von den bei Zimmertemperatur festen organischen Verbindungen haben nur wenige einen Schmelzpunkt von mehr als 150 °C. Viele von ihnen *sublimieren*, d. h., sie gehen beim Erhitzen direkt aus dem festen in den gasförmigen Zustand über, z. B. Ethandisäure (Oxalsäure) $(COOH)_2$. Es gibt aber auch organische Verbindungen mit etwas größeren Molekülen, die sich beim Erhitzen zersetzen, z. B. Saccharose (Rohrzucker) $C_{12}H_{22}O_{11}$ und andere Kohlenhydrate.

Von den anorganischen Verbindungen bestehen nur verhältnismäßig wenige aus Molekülen. Es handelt sich dabei vor allem um Oxide und Hydroxide von Nichtmetallen (z. B. SO_2, CO_2, NH_3, H_2S) und um andere binäre Verbindungen zwischen Nichtmetallen (z. B. ClF, SCl_2, PCl_3). Auch diese Verbindungen gehören zu den flüchtigen Stoffen.

Alle flüchtigen Stoffe lassen sich infolge des Wirkens zwischenmolekularer Kräfte (s. Abschn. 3.5.) bei hinreichender Abkühlung in den festen Zustand überführen. Die dabei entstehenden Molekülgitter sind nicht nur weniger fest, sondern auch weniger regelmäßig gebaut als die Ionengitter und die Metallgitter.

Makromolekulare Stoffe

Makromolekulare Stoffe bestehen aus Molekülen, die in der Regel mehr als 1 500 Atome enthalten. Da die Makromoleküle eines Stoffes unterschiedliche Größe haben, kann für die makromolekularen Stoffe nur eine *mittlere relative Molekülmasse* ermittelt werden. Diese liegt meist in der Größenordnung von 10 000.

Die natürlichen makromolekularen organischen Verbindungen, wie Cellulose, Stärke, Eiweißstoffe und die vielen synthetischen Hochpolymeren (Plaste, Elaste, Synthesefasern), sind nicht flüchtig. Sie zersetzen sich beim Erhitzen, ein Teil von ihnen geht vorher in einen plastischen Zustand über, in dem sie verformt werden können. Neben der Größe der Moleküle spielt für die Eigenschaften dieser Stoffe auch das Vorhandensein von Wasserstoffbrückenbindungen und VAN-DER-WAALSschen Bindungen eine Rolle. Solche Bindungen können sowohl innerhalb der Makromoleküle (intramolekular) als auch zwischen benachbarten Makromolekülen (intermolekular) vorliegen. Gemeinsam mit den innerhalb der Makromoleküle bestehenden Atombindungen (z. B. $sp^3-sp^3-\sigma$-Bindungen zwischen Kohlenstoffatomen) ergeben diese Bindungen sehr unterschiedliche Strukturen, von Knäueln über gestreckte oder gefaltete Ketten und flächenförmige Gebilde bis zu Raumnetzstrukturen. Eine besondere Rolle für die lebenden Organismen spielen wendelförmige Strukturen (Helixstrukturen).

Im weiteren Sinne sind auch die Silicate mit Bandstruktur (z. B. Asbest), Flächenstruktur (z. B. Glimmer) und Raumnetzstruktur (z. B. Feldspat) als makromolekulare Stoffe zu betrachten.

Diamantartige Stoffe

Atombindungen können nicht nur zur Bildung von Molekülen, sondern auch zur Bildung von *Atomgittern* führen. Das charakteristische Beispiel eines Atomgitters liegt im Diamant vor. Es gibt eine Reihe von Stoffen, die Atomgitter besitzen und hinsichtlich der Härte und des Schmelz- und Siedepunktes dem Diamant ähnlich sind. Sie werden als diamantartige Stoffe bezeichnet.

Im Diamantgitter (Bild 3.8) ist jedes Kohlenstoffatom durch vier Atombindungen mit vier anderen Kohlenstoffatomen verbunden. Dabei handelt es sich um den gleichen tetraedrischen Aufbau, wie er vom Methanmolekül (Bild 3.9) bekannt ist. Da das Kohlenstoffatom im tetraedrischen Zustand sp^3-Hybridorbitale aufweist (Abschn. 3.2.4.), handelt es sich im Diamantgitter um $sp^3-sp^3-\sigma$-Bindungen. Als Atombindungen sind die Bindungen im Diamantgitter sehr fest. Da sie zwischen zwei Atomen mit gleicher Elektronegativität liegen, sind sie unpolarisiert. Die Atombindungen sind räumlich auf die vier Nachbarn gerichtet. Die bindenden Elektronenpaare (die Molekülorbitale) sind dadurch fest an ihren Ort gebunden. Daraus ergeben sich die Eigenschaften des Diamanten: das Fehlen elektrischer Leitfähigkeit, sehr große Härte, sehr hoher Schmelzpunkt F = 4 118 K (3 845 °C) und Siedepunkt Kp = 4 200 K (3 927 °C), Unlöslichkeit in allen Lösungsmitteln; nur in geschmolzenem Eisen löst sich Diamant auf.

Das Diamantgitter kann als Riesenmolekül betrachtet werden. Diamanten weisen durch ihren ganzen Rauminhalt die gleiche Anordnung der Gitterbausteine auf. Solche Kristalle, die nur durch geringfügige Gitterstörungen vom idealen Kristall[1]) abweichen, werden als *Einkristalle* bezeichnet. Die Mineralien liegen in der Natur in der Regel nicht als Einkristalle vor, sondern bestehen aus regellos angeordneten, sehr kleinen Kristallen, den *Kristalliten*. Die Erzeugung von Einkristallen (Kristallzüchtung) gewinnt für die Halbleitertechnik zunehmende Bedeutung.

Die im Periodensystem unter dem Kohlenstoff stehenden Elemente Silicium und Germanium sowie die nichtmetallische Modifikation des Zinns treten im gleichen Kristallgitter auf wie der Diamant. Das gilt aber auch für die Verbindung von Kohlenstoff und Silicium, das Siliciumcarbid SiC, das unter der Bezeichnung Carborundum seiner Härte wegen in der Technik als Schleifmittel und seiner Hitzebeständigkeit wegen (2500 K) als hochfeuerfestes Material verwendet wird.

Diamantartige Eigenschaften, aber eine andere Struktur, besitzt auch das Borcarbid B_4C. Zu den diamantartigen Stoffen gehören weiterhin einige Nitride, das Bornitrid BN, das Siliciumnitrid Si_3N_4 und das Phosphornitrid P_3N_5. Auch die Silicate sind ihrem Aufbau nach mit dem Diamant verwandt.

A 3.14. In welchen Gruppen des Periodensystems stehen die Elemente, die am Aufbau diamantartiger Stoffe beteiligt sind?

A 3.15. Geben Sie Gemeinsamkeiten und Unterschiede von flüchtigen und diamantartigen Stoffen an!

3.6.2. Stoffe mit Ionenbindung

Während für die organischen Verbindungen die Atombindung charakteristisch ist, herrscht in der anorganischen Chemie die Ionenbindung vor. Typische anorganische Verbindungen sind die Salze. Sie bestehen aus positiven Metall-Ionen und negativen Säurerest-Ionen. Mit den Metalloxiden und den Metallhydroxiden, die gleichfalls auf Ionenbindungen beruhen, werden sie zu den salzartigen Stoffen zusammengefaßt.

Die Ionenbindung ist charakteristisch für salzartige Verbindungen.

Im einfachsten Falle bestehen Salze aus einem Metall-Ion und einem Nichtmetall-Ion.

Der Salzcharakter ist je nach der Elektronegativitätsdifferenz unterschiedlich ausgeprägt. Nur bei Verbindungen zwischen einem stark elektropositiven und einem stark elektronegativen Element, also bei großer Elektronegativitätsdifferenz, liegt eine reine Ionenbindung vor. Das ist beim Natriumchlorid der Fall (*EN*-Differenz 2,1). Auch beim Magnesiumchlorid $MgCl_2$ (*EN*-Differenz 1,8) ist die Ionenbindung noch vorherrschend. Aber bereits das Aluminiumchlorid $AlCl_3$ (*EN*-Differenz 1,5) hat keinen Salzcharakter mehr. Es ist bei Zimmer-

---

[1]) Der ideale Kristall ist eine Abstraktion, ein nur im menschlichen Bewußtsein existierender Kristall mit völlig regelmäßigem Gitterbau. Alle realen Kristalle weisen Gitterstörungen auf.

temperatur kristallin, aber schon merklich flüchtig und sublimiert bei 456 K (183 °C). Im Gaszustand liegt es in Al_2Cl_6-Molekülen, oberhalb 1073 K (800 °C) in $AlCl_3$-Molekülen vor. Im allgemeinen kann bei einer Elektronegativitätsdifferenz von 1,7 und mehr angenommen werden, daß der Ionenbindungscharakter gegenüber dem Atombindungscharakter vorherrscht.

A 3.16. Ermitteln Sie mit Hilfe der Elektronegativitätsskala, welche Chloride der Hauptgruppenelemente Salze sind!

Salze zeichnen sich im allgemeinen durch hohe Schmelz- und Siedepunkte aus. Das beruht darauf, daß im Ionengitter starke elektrostatische Anziehungskräfte wirken. Allerdings ist der Zusammenhalt nicht so fest wie im Atomgitter der diamantartigen Stoffe, da die Anziehungskräfte der Ionen nicht auf bestimmte Nachbarionen gerichtet, sondern in allen Richtungen des Raumes wirksam sind und durch Abstoßungskräfte zwischen den gleichgeladenen Ionen teilweise kompensiert werden. Beim Schmelzen bricht das Ionengitter zusammen, wodurch die positiv und negativ geladenen Ionen frei beweglich werden. Die Salze sind *echte Elektrolyte*, da sie schon im festen Zustand aus Ionen aufgebaut sind. Sowohl in der Schmelze als auch in wäßriger Lösung leiten die Salze den elektrischen Strom, wobei die Ionen als Ladungsträger wirken. Die Salze sind in sehr unterschiedlichem Maße wasserlöslich. Das Verhalten der Salze in wäßriger Lösung wird im Abschnitt 6. behandelt.

3.6.3. Stoffe mit Metallbindung

Zu den metallischen Stoffen gehören die meisten chemischen Elemente, aber auch die zahlreichen Legierungen zwischen diesen Elementen.

Während die Nichtmetalle sehr unterschiedliche Eigenschaften aufweisen, zeichnen sich die Metalle durch einige gemeinsame Eigenschaften aus. Bei allen Metallen sind die wenigen Valenzelektronen im Metallgitter mehr oder weniger frei beweglich. Das bewirkt nicht nur eine *gute elektrische Leitfähigkeit* und *Wärmeleitfähigkeit*, sondern auch die starke Lichtreflexion an der Oberfläche der Metalle und damit den *Metallglanz* und die *Undurchsichtigkeit* selbst sehr dünner Schichten. Die beste elektrische Leitfähigkeit besitzen die Metalle der ersten Nebengruppe Silber, Kupfer und Gold. Sie haben – im Gegensatz zu den anderen Nebengruppenelementen – nur ein Elektron auf dem höchsten Energieniveau. Dadurch ergibt sich schon im Valenzband (Abschn. 3.4.) eine starke elektrische Leitfähigkeit.

Die für die metallischen Stoffe charakteristische *gute Verformbarkeit* ist auf den Aufbau der Metallgitter zurückzuführen. Da alle Gitterpunkte mit gleichartigen Teilchen (positiv geladenen Atomrümpfen) besetzt sind, werden Verschiebungen in den Gitterebenen nur geringe Widerstände entgegengesetzt. Hier besteht ein bemerkenswerter Unterschied zu den salzartigen Stoffen. Beim Ionengitter führen Verschiebungen in den Gitterebenen zur Zerstörung des Kristalls. Das beruht darauf, daß bei jeder Verschiebung im Gitter statt der einander anziehenden positiven und negativen Ionen als nächstes jeweils zwei gleichgeladene, einander abstoßende Ionen benachbart sind (s. dazu Bild 3.28).

Die Verformbarkeit der Metalle kann durch Legierungszusätze in ganz bestimmter Weise eingeschränkt werden, indem Fremdatome die Gleitebenen teilweise blockieren.

Das Wissen, das wir heute über die chemische Bindung besitzen, ermöglicht es, auf der Grundlage theoretischer Vorarbeitung systematisch an der Erzeugung neuer Stoffe mit gewünschten Eigenschaften zu arbeiten. Indem sich unsere Erkenntnisse in der Praxis bewähren, wird die Wahrheit dieser Erkenntnisse und zugleich die Erkennbarkeit des Aufbaus von Atomen, Ionen, Molekülen und Kristallgittern bestätigt.

3.7. Weitere Übungsaufgaben

A 3.17. Berechnen Sie aus den Bindungsenergien die Energieumsetzungen, die bei der Bildung von 1 mol
a) Bromwasserstoff,
b) Iodwasserstoff
aus den Elementen auftreten!

A 3.18. Welche Atomorbitale sind an der Bindung im
a) Iodmolekül,
b) Iodwasserstoffmolekül
beteiligt? Welcher Art sind diese chemischen Bindungen?

A 3.19. Wie verhalten sich die Energieniveaus von Atomorbitalen und bindenden Molekülorbitalen zueinander? Wie wirkt sich das auf das Zustandekommen von Atombindungen aus?

A 3.20. Welche Bindungen liegen im Propanmolekül C_3H_8 vor?

A 3.21. Wie viele π-Bindungen liegen in einem Molekül des Propens C_3H_6, des Propins C_3H_3 und des Butadiens C_4H_6 vor? Stellen Sie zunächst die Strukturformel auf!

A 3.22. Ermitteln Sie den Anteil des Ionenbindungscharakters an den Bindungen zwischen dem Sauerstoff und den Elementen der 3. Periode des PSE, und ordnen Sie diese Elemente danach!

A 3.23. Von welchem Stoff ist infolge von Wasserstoffbrückenbindungen ein höherer Siedepunkt zu erwarten: Butanol C_4H_9OH, Diethylether $C_2H_5-O-C_2H_5$?

A 3.24. Wie läßt sich mit dem Bändermodell erklären, daß von den folgenden, im PSE benachbarten Elementen jeweils das erste eine viel größere elektrische Leitfähigkeit besitzt als das zweite (Werte in $10^{-4}\ \Omega^{-1} \cdot cm^{-1}$) Cu(59) — Zn(17); Ag(62) — Cd(13); Au(45) — Hg(1)?

4. Energieumsetzung bei chemischen Reaktionen

Bei chemischen Reaktionen werden chemische Bindungen in den Ausgangsstoffen aufgebrochen, Atome oder Atomgruppen anders geordnet und neue chemische Bindungen geknüpft.

Dabei tritt in jedem Falle eine Energieumsetzung auf, wobei es sowohl *exotherme* Vorgänge gibt, die unter Energieabgabe (z. B. Verbrennung) verlaufen, als auch *endotherme*, die unter Energieaufnahme vor sich gehen. Die *Thermochemie* ist das Teilgebiet der Wärmelehre, das sich speziell mit den Energieveränderungen bei Stoffumwandlungsprozessen beschäftigt. Das soll im folgenden näher betrachtet werden.

4.1. Innere Energie

Atome und Moleküle besitzen einen Energieinhalt, die *innere Energie U*. Diese setzt sich zusammen aus chemischer Energie (Energie der Bindungen) und thermischer Energie (Translationsenergie[1]), Rotationsenergie, Schwingungsenergie, Elektronenanregungsenergie). Die gesetzlich festgelegte Einheit für Energie ist das *Joule* J.

$$1\,J = 1\,\frac{kg \cdot m^2}{s^2}$$

Neben der Angabe in Joule J ist auch besonders bei chemischen Vorgängen die in *Kilojoule* kJ üblich.[2])

Verschiedene Stoffe besitzen bei gleicher Temperatur unterschiedliche große, stofftypische innere Energien U, die sich bei stofflichen Umsetzungen mit verändern. Deshalb betrachtet man bei einer chemischen Reaktion stets die Ausgangsstoffe, die Reaktionsprodukte und die Summe aller inneren Energien als Einheit — als *chemisches System*. Ein solches chemisches System kann gegenüber seiner Umgebung abgeschlossen oder offen sein. Bei einem *offenen System* finden Stoff- und Energieaustausch mit der Umgebung statt. Verläuft z. B. eine chemische Umsetzung so, daß das Reaktionsprodukt eine niedrigere innere Energie

---

[1]) In Abhängigkeit von der Temperatur führen die atomaren oder molekularen Teilchen nicht nur Schwingungs- oder Rotationsbewegungen, sondern auch unregelmäßige Bewegungen aus, die zu ständigen geringfügigen Verschiebungen der Teilchenschwerpunkte führen — Translationsbewegungen.

[2]) $1\,J = 1\,Ws = 1\,Nm = 2{,}78 \cdot 10^{-7}\,kWh$
$1\,000\,J = 1\,kJ$

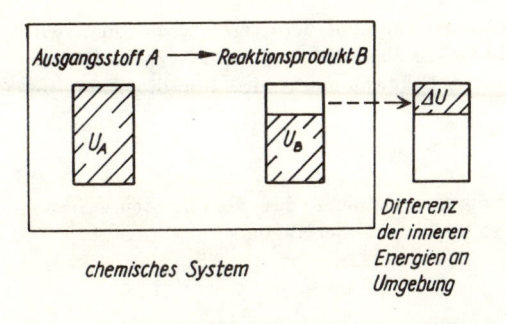

Bild 4.1. Prinzipskizze eines offenen chemischen Systems mit ablaufender exothermer Reaktion
$U_A > U_B$
$U_B - U_A = \Delta U$
$\Delta U < 0$ exotherme Reaktion
($\Delta U > 0$ endotherme Reaktion)

als der Ausgangsstoff enthält, kann die Differenz der inneren Energien ΔU bis zum Temperaturausgleich des chemischen Systems an die Umgebung abgegeben werden. Für das chemische System ist das ein Verlust, deshalb erhält der abgegebene Energiebetrag dieser exotherm verlaufenden Reaktion ein negatives Vorzeichen. Bild 4.1 stellt eine exotherm verlaufende Reaktion schematisch dar.

Da die Differenzenergie ΔU das System verläßt, kann eine Rückreaktion zum Ausgangsstoff mit seiner höheren inneren Energie nicht ohne Zufuhr der fehlenden Energie stattfinden.

A 4.1. Erklären Sie die Energieverhältnisse bei einer endothermen Reaktion. Begründen Sie die Vorzeichenregelung für diesen Fall.

Die Veränderung der inneren Energie des chemischen Systems ist bei konstantem Volumen gleich der von ihm abgegebenen oder aufgenommenen Energie. Keinesfalls wird Energie in ein Nichts vergehen noch aus dem Nichts geschaffen (Energieerhaltungssatz). Bei einem *abgeschlossenen* chemischen *System* gibt es mit der Umgebung weder Stoff- noch Energieaustausch. Bildet sich unter diesen Bedingungen ein Reaktionsprodukt mit niedrigerer innerer Energie, bleibt die Differenzenergie ΔU im System und erhöht dessen Eigentemperatur (thermische Energie). Damit sind energetisch die Voraussetzungen für Rückreaktion und Ausbildung eines Gleichgewichtszustandes (s. Abschnitt 5.) möglich. Bild 4.2 demonstriert diese Verhältnisse.

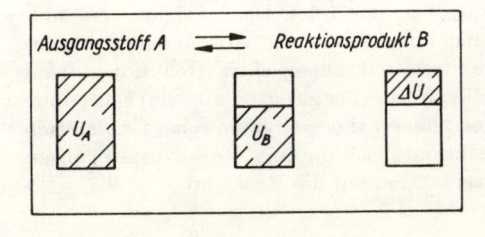

Bild 4.2. Prinzipskizze für ein abgeschlossenes chemisches System mit ablaufender exothermer Reaktion

4.2. Enthalpie

Die meisten chemischen Reaktionen verlaufen im offenen System und damit nicht unter gleichbleibendem Volumen, sondern unter gleichbleibendem Druck

— als *isobare Prozesse*. Für Energieberechnungen derartiger Reaktionen wird an Stelle der inneren Energie U die Größe *Enthalpie* mit dem Symbol H[1] eingeführt. Da die absoluten Werte nicht bekannt sind, wird nur die *Enthalpieänderung* ΔH betrachtet.

> Die Enthalpieänderung ΔH stellt die Energiemenge dar, die ein chemisches System bei gleichbleibendem Druck aufnimmt oder abgibt.

Auf die mathematische Beziehung zwischen *Änderung der inneren Energie* ΔU (v = konstant) und *Enthalpieänderung* ΔH (p = konstant) soll in diesem Rahmen verzichtet werden.
Die Enthalpieänderung einer großen Anzahl chemischer Reaktionen ist bekannt, ihre Werte sind in Tabellen zusammengefaßt. Eine Auswahl zeigen Tabellen 4.1 und 4.2 (bis 5. Aufl. Tab. 4.2 und 4.3) des Wissensspeichers. Dabei handelt es sich um *molare Größen* (ΔH in $kJ \cdot mol^{-1}$), die sich auf molare Mengen von Ausgangsstoffen oder Reaktionsprodukten beziehen.
Wenn z. B. durch Schwefelverbrennung eine Menge von 1 Mol Schwefeldioxid (64 g) entsteht, so wird die aus dem chemischen System abgegebene Energie wie folgt angegeben:

$S + O_2 \rightarrow SO_2 \qquad \Delta H = -297{,}0 \; kJ \cdot mol^{-1}$
1 Mol
64 g

Entsteht jedoch nicht exakt die Masse, die der molaren Masse entspricht, so ist die Wärmemenge proportional umzurechnen. Die so errechnete Enthalpieänderung ist dann keine molare Größe mehr und wird deshalb mit Δh in kJ gekennzeichnet.

A 4.2. Bei einer Schwefelverbrennung bilden sich 250 g Schwefeldioxid. Errechnen Sie die Enthalpieänderung (molare Enthalpieänderung $\Delta H = -297{,}0 \; kJ \cdot mol^{-1}$).

Im folgenden wird meist mit molaren Größen gerechnet. Das ist sicher verständlich, wenn sich die Enthalpieänderung auf 1 Mol eines Ausgangsstoffes oder Reaktionsproduktes bezieht. Bei den meisten chemischen Reaktionen sind jedoch mehrere Mole beteiligt. Hierfür wurde festgelegt, daß alle Enthalpieänderungen, aber auch alle Änderungen anderer thermodynamischer Größen sich auf den Umsatz entsprechend der Reaktionsgleichung mit den kleinsten ganzen Zahlen beziehen, z. B. bei der Knallgasreaktion auf die Reaktion

$2 H_2 + O_2 \rightarrow 2 H_2O$

und nicht auf die Reaktion

$H_2 + 1/2 \; O_2 \rightarrow H_2O$

---

[1] H heat (engl.) = Hitze, Wärme

Je nachdem, für welchen speziellen Prozeß Enthalpieänderungen angegeben werden, unterscheidet man u. a.:

— molare Verbrennungsenthalpie $\quad \Delta H_V$ in kJ·mol^{-1}
— molare Bildungsenthalpie $\quad \Delta H_B$ in kJ·mol^{-1}
— molare Gitterenthalpie $\quad \Delta H_G$ in kJ·mol^{-1}
— molare Hydratationsenthalpie $\quad \Delta H_{Hydr.}$ in kJ·mol^{-1}
— molare Verdampfungsenthalpie $\quad \Delta H_{(fl,g)}$ in kJ·mol^{-1} [1])
— molare Schmelzenthalpie $\quad \Delta H_{(f,fl)}$ in kJ·mol^{-1} [1])
— molare Lösungsenthalpie $\quad \Delta H_L$ in kJ·mol^{-1}
— Reaktionsenthalpie für einfachen Formelumsatz $\quad \Delta H_R$ in kJ·mol^{-1}

Schwerpunkt dieses Abschnittes ist die Berechnung von *Reaktionsenthalpien* aus gegebenen Tabellenwerten.

4.2.1. Molare Verbrennungsenthalpie

> **Die molare Verbrennungsenthalpie ist die Reaktionsenergie bei konstantem Druck, die bei der Verbrennung von 1 Mol eines beliebigen Stoffes umgesetzt wird.**
> **[Standardbedingungen: 0,1 M Pa ($\approx$ 1 atm); 298 K (25 °C)]**

Als Beispiel soll die Verbrennung von 1 Mol Kohlenstoff (12 g) zu Kohlendioxid dienen. Verbrennungen verlaufen bekanntlich exotherm, d. h., das chemische System gibt Energie an die Umgebung ab. Die molare Verbrennungsenthalpie erhält deshalb ein negatives Vorzeichen.

$$C + O_2 \rightarrow CO_2 \quad \Delta H_V = -393,0 \text{ kJ·mol}^{-1}$$

Weitere molare Verbrennungsenthalpien enthält Tabelle 4.1 (bis 5. Aufl. Tab. 4.2) des Wissensspeichers.

A 4.3. Welche Verbrennungsenthalpie wird frei, wenn nicht 1 Mol, sondern 1 g Kohlenstoff völlig verbrennt?

Im *Bombenkalorimeter* (Bild 4.3) lassen sich Verbrennungsenthalpien experimentell bestimmen. Diese Werte dienen im wesentlichen der anschließenden Berechnung molarer Bildungsenthalpien (s. 4.2.2.). Mit dem Bombenkalorimeter werden weiterhin die *Heizwerte* verschiedenartiger Brennstoffe bestimmt (s. Baustein „Brenn-, Kraft- und Schmierstoffe" — 4. Auflage).

---

[1]) (g) = gasförmig
(fl) = flüssig
(f) = fest
(f, fl) = Übergang vom festen in den flüssigen Aggregatzustand (Schmelzpunkt)
(fl, g) = Übergang vom flüssigen in den gasförmigen Aggregatzustand (Siedepunkt)

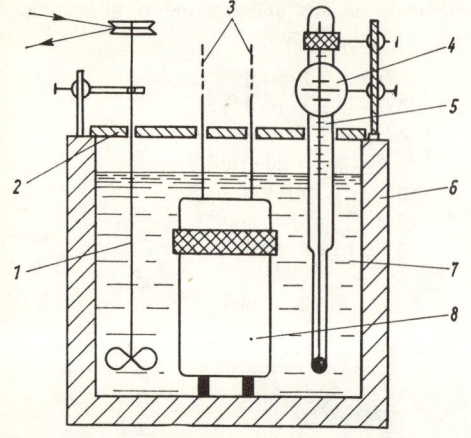

Bild 4.3. Prinzipskizze eines Bombenkalorimeters

1 Rührwerk
2 Abdeckplatte
3 elektr. Zündung
4 Ableselupe
5 Thermometer
6 Kalorimetermantel
7 Wasser
8 kalorimetrische Bombe

In einem gegen Wärmeaustausch geschützten Gefäß befindet sich ein zweites, kleineres Gefäß aus Edelstahl (kalorimetrische Bombe). Innerhalb dieser Bombe findet nach elektrischer Zündung von außen der eigentliche Verbrennungsvorgang in vorher eingeleitetem reinem Sauerstoff statt. Die kalorimetrische Bombe leitet die Wärme an das umgebende Wasser. Die Erhöhung der Wassertemperatur wird an einem Thermometer, das Zehntelgradeinteilung besitzt, abgelesen. Aus der Temperaturzunahme kann man die molare Verbrennungsenthalpie berechnen.

Satz von HESS

Die bei einer chemischen Reaktion insgesamt aufgenommene oder abgegebene Energiemenge ist konstant, unabhängig davon, ob die Reaktion auf direktem Wege oder über Zwischenstufen verläuft.

Lehrbeispiel 4.1.:

Ergeben sich unterschiedliche molare Verbrennungsenthalpien, wenn Kohlenstoff direkt zu CO_2 oder indirekt über CO zu CO_2 verbrennt?

Lösungsweg:

Kohlenstoff verbrennt bei Sauerstoffmangel zunächst zu Kohlenmonoxid, das sich bei weiterer Sauerstoffzufuhr zu Kohlendioxid umsetzt. Bei genügend großem Sauerstoffangebot kann Kohlenstoff direkt zu Kohlendioxid verbrennen. Als Endprodukt entsteht in jedem Falle Kohlendioxid. Ein Vergleich zwischen Direktreaktion (a) und indirekter Reaktion (b und c) bringt folgendes Ergebnis:

a) $C + O_2 \rightarrow CO_2 \quad \Delta H_V = -393{,}0 \text{ kJ} \cdot \text{mol}^{-1}$
b) $C + 1/2\, O_2 \rightarrow CO \quad \Delta H_{V1} = -111{,}0 \text{ kJ} \cdot \text{mol}^{-1}$
c) $CO + 1/2\, O_2 \rightarrow CO_2 \quad \Delta H_{V2} = -282{,}0 \text{ kJ} \cdot \text{mol}^{-1}$

$\Delta H_V = \Delta H_{V1} + \Delta H_{V2} = -393{,}0 \text{ kJ} \cdot \text{mol}^{-1}$

Ergebnis:

Die Summe der molaren Verbrennungsenthalpien der Teilreaktionen ist gleich der molaren Verbrennungsenthalpie der Gesamtreaktion.
Bild 4.4 soll das illustrieren.

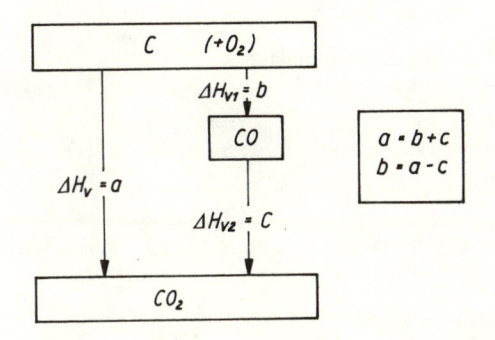

```
    C   (+O₂)
    │
    │ ΔH_{V1} = b
    ▼
   ┌────┐         a = b + c
   │ CO │         b = a - c
   └────┘
ΔH_V = a
    │ ΔH_{V2} = c
    ▼
   ┌────┐
   │ CO₂│
   └────┘
```

Bild 4.4. Schematische Darstellung der Kohlenstoffoxydation auf direktem und indirektem Weg (Satz von HESS)

A 4.4. Berechnen Sie unter Anwendung des HESSschen Satzes die Verbrennungsenthalpie für die Umsetzung von Eisen(II)-oxid FeO zu Eisen(III)-oxid Fe_2O_3.

4.2.2. Molare Bildungsenthalpie

> **Die molare Bildungsenthalpie ist die Reaktionsenergie bei konstantem Druck, die bei der Synthese von 1 Mol einer Verbindung aus deren Elementen umgesetzt wird.**
> **[Standardbedingungen: 0,1 MPa ($\approx$ 1 atm); 298 K (25 °C)]**

Tabelle 4.2 (bis 5. Aufl. Tab. 4.3) des Wissensspeichers enthält eine Auswahl molarer Bildungsenthalpien. Auch dabei bedeuten positive Vorzeichen endotherm verlaufende und negatives Vorzeichen exotherm verlaufende Synthese. Die *Bildungsenthalpien für Elemente* fehlen in dieser Tabelle, im Standardzustand ist deren Wert definitionsgemäß *Null*.

A 4.5. Vergleichen Sie die molaren Bildungsenthalpien für Kohlenmonoxid und Kohlendioxid mit den molaren Verbrennungsenthalpien im Lehrbeispiel 4.1. Erklären Sie die Ergebnisse.

Da in manchen Fällen die direkte Synthese einer Verbindung aus den Elementen nicht möglich ist, läßt sich die molare Bildungsenthalpie auch aus den Verbrennungsenthalpien aller an der Synthese beteiligten Stoffe berechnen.

Lehrbeispiel 4.2.:

Berechnen Sie die molare Bildungsenthalpie des Methans. Wenden Sie hierfür den Satz von HESS an.

Lösungsweg:

Synthesegleichung: $C + 2 H_2 \rightarrow CH_4$

Verbrennungsgleichungen der beteiligten Ausgangsstoffe:

$C + O_2 \rightarrow CO_2$ $\quad \Delta H_V = -393{,}0 \text{ kJ} \cdot \text{mol}^{-1}$ \hfill (1)

$2 H_2 + O_2 \rightarrow 2 H_2O_{(fl)}$ $\quad \Delta H_V = 2 \cdot (-285{,}0 \text{ kJ} \cdot \text{mol}^{-1})$
$\quad\quad\quad\quad\quad\quad\quad\quad\quad\quad\; = -570{,}0 \text{ kJ} \cdot \text{mol}^{-1}$ \hfill (2)

Die Verbrennungsenthalpien der Ausgangsstoffe ergeben als Summe:

$\Sigma\, n\Delta H_{V_{\text{Elemente}}} = -963{,}0 \text{ kJ} \cdot \text{mol}^{-1}$

Verbrennungsgleichung des Reaktionsproduktes (s. Tab. 4.1 des Wissensspeichers)

$CH_4 + 2 O_2 \rightarrow CO_2 + 2 H_2O_{(fl)}$ $\quad \Delta H_V = -888{,}0 \text{ kJ} \cdot \text{mol}^{-1}$

Das Berechnungsprinzip nach dem Satz von HESS zeigt Bild 4.5:

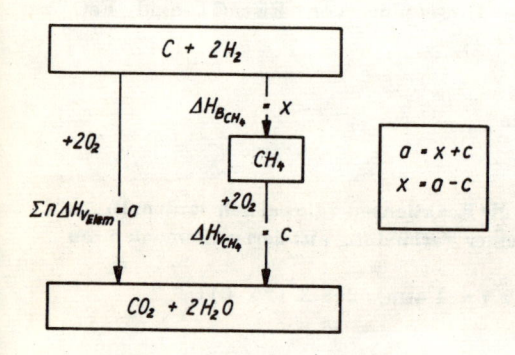

Bild 4.5. Prinzipskizze für die Berechnung der molaren Bildungsenthalpie von Methan (Satz von HESS)

In Bild 4.5 bedeuten

a = Summe aller Verbrennungsenthalpien für die Elemente, die zur Synthese von 1 Mol CH_4 benötigt werden
c = molare Verbrennungsenthalpie von Methan
x = molare Bildungsenthalpie von Methan

Bild 4.5 läßt die mathematische Beziehung

$a = c + x$

erkennen, mithin ergibt sich

$x \quad\quad = a \quad\quad\quad\quad - c$

$\Delta H_{B_{CH_4}} = \dfrac{\Sigma\, n\Delta H_{V_{\text{Elemente}}}}{1 \text{ Mol } CH_4} - \Delta H_{V_{CH_4}}$

$\Delta H_{B_{CH_4}} = -75{,}0 \text{ kJ} \cdot \text{mol}^{-1}$

Dieses Beispiel läßt sich verallgemeinern:

> **Die molare Bildungsenthalpie einer Verbindung ist gleich der Differenz zwischen der Summe der molaren Verbrennungsenthalpien der für die Synthese benötigten Elemente und der molaren Verbrennungsenthalpie dieser Verbindung.**

$$\Delta H_{B_{\text{Verbindung}}} = \frac{\Sigma\, n \Delta H_{V_{\text{Elemente}}}}{1 \text{ Mol Verbindung}} - \Delta H_{V_{\text{Verbindung}}}$$

A 4.6. Berechnen Sie die molare Bildungsenthalpie von Aluminiumsulfid Al_2S_3.

$(\Delta H_{V_{Al_2S_3}} = -2068{,}0 \text{ kJ} \cdot \text{mol}^{-1})$

4.2.3. Reaktionsenthalpie

Bei beliebiger chemischer Reaktion muß zunächst die Reaktionsgleichung mit kleinsten ganzzahligen Koeffizienten bekannt sein bzw. aufgestellt werden.

Lehrbeispiel 4.3.:

Die Reaktionsenthalpie folgender Umsetzung ist zu bestimmen:

$C + 2\, H_2O_{(g)} \rightarrow CO_2 + 2\, H_2$

Lösungsweg:

Im Gegensatz zur Berechnung der Bildungsenthalpie wird zur Berechnung der Reaktionsenthalpie von den Bildungsenthalpien der Ausgangsstoffe und Reaktionsprodukte ausgegangen. Dabei wird die Summe der Bildungsenthalpien der Ausgangsstoffe von der der Reaktionsprodukte subtrahiert.

Die Summe der Bildungsenthalpien der Reaktionsprodukte ist:

$\Sigma n\, \Delta H_B = -393{,}0 \text{ kJ} \cdot \text{mol}^{-1} + 2\, (0 \text{ kJ} \cdot \text{mol}^{-1})$

$\Sigma n\, \Delta H_B = -393{,}0 \text{ kJ} \cdot \text{mol}^{-1}$

Analog errechnet sich die Summe der Bildungsenthalpien der Ausgangsstoffe:

$\Sigma n\, \Delta H_B = 0 \text{ kJ} \cdot \text{mol}^{-1} + 2\, (-242{,}0 \text{ kJ} \cdot \text{mol}^{-1})$

$\Sigma n\, \Delta H_B = -484{,}0 \text{ kJ} \cdot \text{mol}^{-1}$

$\Delta H_R = (-393{,}0 \text{ kJ} \cdot \text{mol}^{-1}) - (-484{,}0 \text{ kJ} \cdot \text{mol}^{-1})$

$\Delta H_R = +91 \text{ kJ} \cdot \text{mol}^{-1}$

Ergebnis:

C + 2 H$_2$O$_{(g)}$ → CO$_2$ + 2 H$_2$ $\Delta H_R = +91$ kJ · mol^{-1}

Dieses Lehrbeispiel läßt sich verallgemeinern:

> **Die molare Reaktionsenthalpie einer beliebigen chemischen Reaktion (einfacher Formelumsatz) ist gleich der Differenz zwischen der Summe der molaren Bildungsenthalpien der Reaktionsprodukte und der Summe der molaren Bildungsenthalpien der Ausgangsstoffe.**
>
> $\Delta H_R = \Sigma n\, \Delta H_{B\,\text{Reaktionsprodukte}} - \Sigma n\, \Delta H_{B\,\text{Ausgangsstoffe}}$

4.3. Weitere Übungsaufgaben

A 4.7. Berechnen Sie die Reaktionsenthalpie für die Umsetzung:

CO + H$_2$O$_{(g)}$ → CO$_2$ + H$_2$

A 4.8. Um in den Heizungsanlagen unserer Betriebe Wasserdampf zu erzeugen, sind erhebliche Energiemengen erforderlich. Die technischen Angaben beziehen sich dabei auf 1 kg zu verdampfenden Wassers. Errechnen Sie zunächst aus

$\Delta H_{B\,H_2O_{(fl)}}$ und $\Delta H_{B\,H_2O_{(g)}}$

die molare Verdampfungsenthalpie des Wassers. Ermitteln Sie daraus den Wert für 1 kg Wasser.

A 4.9. Bei der Roheisengewinnung im Hochofen wird u. a. in einer Teilreaktion Eisen(III)-oxid Fe$_2$O$_3$ mittels Kohlenmonoxid zu Eisen(II)-oxid reduziert. Die Reaktionsenthalpie ist zu ermitteln.

Fe$_2$O$_3$ + CO → 2 FeO + CO$_2$

A 4.10. In der technischen Synthese verschiedener Farbstoffe und Sprengstoffe spielt die Nitrierung von Benzen als Zwischenreaktion eine wichtige Rolle. Diese Reaktion verläuft entsprechend folgender Reaktionsgleichung:

C$_6$H$_6$ + HNO$_3$ → C$_6$H$_5$NO$_2$ + H$_2$O$_{(g)}$

Errechnen Sie die Reaktionsenthalpie.

A 4.11. Reagiert Natriumchlorid mit konzentrierter Schwefelsäure, entsteht Chlorwasserstoffgas nach folgender Reaktionsgleichung:

2 NaCl + H$_2$SO$_4$ → Na$_2$SO$_4$ + 2 HCl$_{(g)}$

Die Reaktionsenthalpie ist zu ermitteln.

A 4.12. Das technisch wichtige Zwischenprodukt Glycol (Ethan-1,2-diol) wird u. a. aus Ethin (Acetylen) und Wasserdampf synthetisiert:

C$_2$H$_2$ + 2 H$_2$O$_{(g)}$ → C$_2$H$_4$(OH)$_2$

Verläuft diese Synthese exotherm, so daß die Anlage zu kühlen ist?

A 4.13. Im chemischen Praktikum werden u. a. Ionen durch einfache Fällungsreaktionen nachgewiesen. Auch hierfür lassen sich Reaktionsenthalpien errechnen:

a) $NaCl + AgNO_3 \rightarrow AgCl_{(f)} + NaNO_3$
b) $Na_2SO_4 + BaCl_2 \rightarrow BaSO_{4(f)} + 2\ NaCl$

A 4.14. Beim Thermitschweißen entsteht metallisches Eisen durch eine Redoxreaktion aus Aluminium und Eisen(II)-oxid.
Entwickeln Sie die Redoxgleichung (einfacher Formelumsatz!) und berechnen Sie die molare Reaktionsenthalpie.

A 4.15. Die molaren Bildungsenthalpien sind zu berechnen für:

a) Ethan   b) Propan   c) Ethin   d) Benzen

($\Delta H_{B\ H_2O_{(fl)}}$!)

Vergleichen Sie Ihre Ergebnisse mit den Tabellenwerten im Wissensspeicher!

A 4.16. Formulieren Sie die Synthesegleichung für Ethansäure (Essigsäure) aus den Elementen und leiten Sie daraus die molare Bildungsenthalpie dieser Säure ab.

($\Delta H_{V\ Essigsäure} = -872{,}0\ kJ \cdot mol^{-1}$)

5. Chemisches Gleichgewicht

5.1. Der Gleichgewichtszustand

Bei der Durchführung chemischer Reaktionen wird eine kontrollierte und zielgerichtete Umwandlung von Ausgangsstoffen in Reaktionsprodukte angestrebt. Dabei müssen, neben Art und Konzentration der Reaktionspartner, eine Anzahl weiterer Einflußgrößen berücksichtigt werden, wie z. B. Temperatur, Druck, Katalysatoren usw. Das Zusammenwirken aller physikalisch-chemischen Bedingungen bestimmt schließlich den Ablauf der Reaktion, ihre Richtung, Geschwindigkeit und Ausbeute und damit auch wesentliche Seiten der Produktionsprozesse in der chemischen Industrie. Einige allgemeine Gesetzmäßigkeiten des Reaktionsablaufs werden im folgenden besprochen.

5.1.1. Umkehrbarkeit chemischer Reaktionen

Dazu zunächst ein Beispiel: Bei technischen Verbrennungs- und vielen anderen Redoxprozessen, z. B. in der Metallurgie, bei der Gaserzeugung usw., reagiert überschüssiger Kohlenstoff (Koks) mit Sauerstoff (Luft) zu einem Kohlenmonoxid-Kohlendioxid-Gemisch. Unter der Voraussetzung, daß der Luftsauerstoff vollständig umgesetzt ist, gilt für die im Reaktionsraum vorhandenen Stoffe, also Kohlenstoff, Kohlenmonoxid, Kohlendioxid:

Bei hoher Temperatur bildet sich Kohlenmonoxid,

$$CO_2 + C \xrightarrow{1000\,°C} 2\,CO \tag{1}$$

bei tieferer Temperatur wird die Reaktion rückläufig, es entsteht Kohlendioxid.

$$2\,CO \xrightarrow{450\,°C} CO_2 + C \tag{2}$$

Ob also (und mit welchem Anteil) Kohlenmonoxid oder Kohlendioxid im Reaktionsraum vorhanden sind, hängt im vorliegenden Beispiel bei sonst gleichen Bedingungen von der Temperatur ab. Das wird später noch genauer erläutert.

Wichtig ist zunächst:

Chemische Reaktionen sind umkehrbar.
Die Richtung des Reaktionsablaufs hängt von äußeren Bedingungen ab und ist beeinflußbar.

Die Umkehrbarkeit von Reaktionen wird durch einen Doppelpfeil ausgedrückt:

$CO_2 + C \rightleftarrows 2\,CO$

Weitere Beispiele einfacher umkehrbarer Reaktionen sind:

Kalkbrennen und die Rückreaktion von Calciumoxid mit Kohlendioxid

$CaCO_3 \underset{\text{Abbinden}}{\overset{\text{Kalkbrennen}}{\rightleftarrows}} CaO + CO_2$

Oxydation von Kupferatomen und die Reduktion von Kupferionen bei der Elektrolyse

$Cu \underset{\text{Reduktion}}{\overset{\text{Oxydation}}{\rightleftarrows}} Cu^{2+} + 2\,e^-$

Säure-Base-Gleichgewichte

Säure $\rightleftarrows$ Base + Proton

5.1.2. Reaktionsgeschwindigkeit, Hin- und Rückreaktion

Generelle Voraussetzung für einen chemischen Vorgang ist, daß die Teilchen der Reaktionspartner, das sind Atome, Moleküle oder Ionen, mit einer für die jeweilige Reaktion notwendigen, genügend hohen Energie zusammenstoßen. Die *kinetische Energie* ist abhängig von Masse und Geschwindigkeit der Teilchen entsprechend $W_{kin} = \frac{1}{2}\,mv^2$.

Des leichteren Verständnisses wegen werden zunächst *homogene Reaktionen* betrachtet: Die Reaktionsteilnehmer sind alle gasförmig oder alle gelöst. Außerdem wird ein geschlossenes System (abgeschlossener Reaktionsraum, s. 4.1.) vorausgesetzt. Eine solche technisch wichtige homogene Reaktion ist z. B. das *Wassergasgleichgewicht*, das für die Synthesegaserzeugung wichtig ist. Wasser liegt bei den Reaktionsbedingungen gasförmig (g) vor. In den Gaserzeugern (Generatoren) reagieren Kohlenmonoxid, Kohlendioxid, Wasserdampf und Wasserstoff nach folgender Reaktionsgleichung:

$CO + H_2O_{(g)} \rightleftarrows CO_2 + H_2$

Dieses Wassergasgleichgewicht dient für die anschließenden Überlegungen als Beispiel und wird immer wieder herangezogen.
Zunächst läßt sich in ganz allgemeiner Form schreiben:

$A + B \underset{\text{Rückreaktion}}{\overset{\text{Hinreaktion}}{\rightleftarrows}} C + D$

A und B sind die Ausgangsstoffe, C und D die Reaktionsprodukte. Die Reaktion von links nach rechts, die Bildung von C und D, wird als *Hinreaktion*, die umgekehrte Reaktion, die wieder zur Bildung der Ausgangsstoffe A und B führt, wird als *Rückreaktion* bezeichnet.

Zur Charakterisierung des zeitlichen Ablaufs von Reaktionen dient die Reaktionsgeschwindigkeit v, das ist die Änderung der Konzentration c in der Zeit t.

$$v = \frac{dc}{dt} \qquad \text{Maßeinheit z. B. mol} \cdot l^{-1} \cdot s^{-1}$$

Wenn zu einem Zeitpunkt t ein Reaktionspartner die Konzentration c besitzt, dann ist zur Zeit $t + dt$ seine Konzentration $c \pm dc$, je nach Zunahme ($+dc$) oder Abnahme ($-dc$) der Konzentration. Zu verschiedenen Zeitpunkten t des Reaktionsablaufes gibt es verschiedene Konzentrationen c der Reaktionsteilnehmer mit unterschiedlichen Geschwindigkeiten v von Hin- und Rückreaktion.

Reaktionsbeginn:

Es liegen nur die Ausgangsstoffe A und B vor (hohe Konzentration), und nur diese können miteinander reagieren. Die *Geschwindigkeit der Hinreaktion ist maximal*. Die Reaktionsprodukte C und D sind noch nicht (oder erst in ganz geringer Konzentration) vorhanden, die *Geschwindigkeit der Rückreaktion ist Null* bzw. *sehr klein*.
Für das Beispiel Wassergasgleichgewicht bedeutet das: Aus Kohlenmonoxid und Wasserdampf bilden sich mit großer Geschwindigkeit Kohlendioxid und Wasserstoff. Die Rückbildung der Ausgangsstoffe erfolgt noch nicht in nennenswertem Umfang.

Fortgeschrittene Reaktion:

Die Konzentrationen der Ausgangsstoffe A und B haben sich verringert (weil sie zu C und D reagiert haben), die *Geschwindigkeit der Hinreaktion ist kleiner* geworden. Die Konzentrationen der Reaktionsprodukte C und D haben sich erhöht, die *Geschwindigkeit der Rückreaktion ist größer* geworden als bei Reaktionsbeginn (weil mehr Moleküle der Reaktionsprodukte vorhanden sind und miteinander reagieren können).

Gleichgewicht:

Es wird ein Zustand erreicht, wo in der Zeiteinheit so viele Teilchen der Reaktionsprodukte entstehen, wie umgekehrt durch die Rückreaktion wieder in die Ausgangsstoffe zurückverwandelt werden. *Die Geschwindigkeiten von Hin- und Rückreaktion sind gleich groß*. Die Reaktion ist scheinbar beendet.

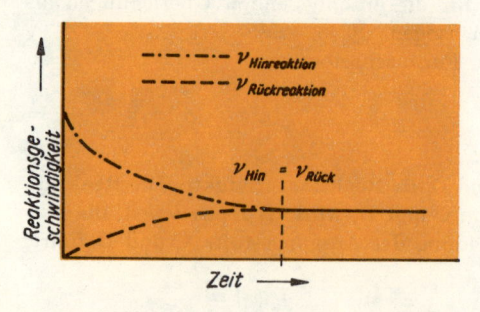

Bild 5.1. Änderung der Geschwindigkeiten von Hin- und Rückreaktion

Gleichgewicht: $v_{Hin} = v_{Rück}$

Im Gleichgewichtszustand verlaufen Hin- und Rückreaktion mit gleicher Geschwindigkeit, die Konzentrationen der Reaktionsteilnehmer ändern sich nicht mehr, die Reaktion ist scheinbar zum Stillstand gekommen (Bild 5.1).
Konkret heißt das beim Wassergas: Im abgeschlossenen Reaktor werden in der Zeiteinheit so viel Kohlendioxid und Wasserstoff gebildet, wie sich durch die Rückreaktion Kohlenmonoxid und Wasserdampf zurückbilden.

5.1.3. Beeinflussung der Reaktionsgeschwindigkeit

Die Reaktionsgeschwindigkeit gibt Antwort auf die Frage, ob eine Reaktion für einen bestimmten Zweck schnell (oder langsam) genug abläuft.
Die Korrosion eines Werkstoffes (an der Luft, im Seewasser) darf z. B. nur sehr langsam ablaufen, die Verbrennung eines Raketentreibstoffes muß schnell genug, darf aber nicht explosionsartig erfolgen, und in den Synthesereaktoren der chemischen Industrie muß eine beabsichtigte Umsetzung in für den Anlagenbetrieb angemessener Zeit (Minuten bis Stunden) mit guter Ausbeute möglich sein.
In Abschnitt 5.1.2. war als elementare Voraussetzung einer Reaktion der Zusammenstoß der Teilchen mit einer jeweils spezifischen Mindestenergie genannt worden. Wenn man die Anzahl der Teilchen im gegebenen Volumen, ihre Stoßenergie oder die Art des Zusammenstoßes verändert — letzteres ist z. B. durch Zugabe eines Katalysators möglich, der Reaktionsweg und Reaktionsenergie beeinflußt —, dann verändert man die Reaktionsgeschwindigkeit. Daraus folgt, daß

Konzentrationsänderungen (Teilchenzahl)

Temperaturänderungen (kinetische Energie)

Katalysatoren (Reaktionsweg)

Möglichkeiten zur Beeinflussung der Reaktionsgeschwindigkeit sind.

Konzentrationsänderung:

Die Anzahl der Teilchenzusammenstöße (Stoßzahl) ist dem Produkt der Teilchenzahl direkt proportional. Eine größere Anzahl von Teilchen der Reaktionspartner in der Raumeinheit — höhere Konzentration — erhöht also die Reaktionsgeschwindigkeit.

Beispiele:

— Das ruhige Verbrennen einer Kerze an der Luft (21 Vol.-% Sauerstoff) wird in reinem Sauerstoff zu einer attraktiven, sehr hellen Lichterscheinung.

— Die Kompression des Benzindampf-Luft-Gemischs im Zylinder des Ottomotors erhöht die Konzentration der Reaktionspartner (kleineres Volumen) —

und auch ihre Temperatur — und ist damit Voraussetzung für die folgende schnelle Oxydation.

Für abgeschlossene homogene Systeme wurde der Zusammenhang zwischen Konzentrationsänderung und Geschwindigkeit beim Ablauf der Reaktion bereits dargestellt (5.1.2.), und für heterogene Reaktionen gibt es noch eine weitere Besonderheit (Abschnitt 5.3.):
Der Grad der Verteilung fester Reaktionsteilnehmer kann verändert werden z. B. durch Mahlung, und eine solche Änderung von Teilchenzahl und Oberfläche wirkt sich auf die Reaktionsgeschwindigkeit genauso wie Konzentrationsänderungen aus.

Temperaturänderung:

Temperaturänderung verändert die kinetische Energie der Teilchen und damit ihre mittlere Geschwindigkeit. Es gibt immer langsamere und schnellere Teilchen, wegen der Geschwindigkeitsänderungen beim Zusammenstoß.

A 5.1. Die Molekülgeschwindigkeit läßt sich berechnen $\left(W_{kin} = \frac{1}{2} mv^2\right)$ und ergibt z. B. für Sauerstoff bei 273 K (20 °C) und normalem Luftdruck eine mittlere Geschwindigkeit von 478 m·s^{-1}.
Überlegen Sie, ob die Geschwindigkeit von Wasserstoffmolekülen unter gleichen Bedingungen (Temperatur, Druck) größer, gleichgroß oder kleiner als die von Sauerstoffmolekülen ist, und begründen Sie das!

Bei höherer Temperatur bewegen sich die Teilchen schneller, ihr Impuls vergrößert sich, und die beim Zusammenstoß übertragene Energie wächst an. Nicht jeder Stoß führt zur chemischen Reaktion, aber mit der größeren Stoßenergie wächst auch die Zahl solcher Zusammenstöße, bei denen die zur Reaktionsauslösung erforderliche Mindestenergie übertragen wird (Anregungsenergie, Ionisierungsenergie).

Temperaturerhöhung vergrößert die Reaktionsgeschwindigkeit.

Als Faustregel gilt: Temperaturerhöhung um jeweils 10 Kelvin führt zur Verdoppelung der Reaktionsgeschwindigkeit. (20 Kelvin Temperaturerhöhung ergeben also eine viermal so hohe Geschwindigkeit usw.)

A 5.2. Um wieviel erhöht sich die Geschwindigkeit, wenn eine Reaktion statt bei Zimmertemperatur (293 K) beim Siedepunkt des Wassers (373 K) durchgeführt wird?

Die Geschwindigkeitsänderung der Teilchen infolge Temperaturänderung ist von der Teilchenmasse abhängig. Weil Ausgangsstoffe und Reaktionsprodukte aus Teilchen unterschiedlicher Masse bestehen, wird durch Temperaturänderung die

Geschwindigkeit von Hin- und Rückreaktion unterschiedlich verändert und damit die Gleichgewichtslage verschoben. Das wird im nächsten Abschnitt behandelt.

Katalysatoren:

Katalysatoren beeinflussen die Reaktionsgeschwindigkeit durch Adsorption an Oberflächen oder durch Bildung von Zwischenverbindungen.
Feste Katalysatoren, wie z. B. die Edelmetalle Platin, Rhodium und Metalloxide bzw. Metalloxidgemische wie Aluminiumoxid, Eisen(III)-oxid, Chrom(III)-oxid, wirken durch nicht abgesättigte Bindungen an ihrer Oberfläche auf die Reaktionspartner aktivierend:
Die Reaktionspartner werden am Katalysator angelagert (Adsorption), reagieren miteinander und diffundieren wieder vom Katalysator fort (Desorption).

$$\begin{aligned} \text{Ohne Katalysator:} \quad & A + B \rightleftarrows C + D \\ \text{Mit Katalysator K:} \quad & A + K \rightleftarrows (AK) \quad &(1) \\ & \underline{(AK) + B \rightleftarrows C + D + K} \quad &(2) \\ & A + B \rightleftarrows C + D \end{aligned}$$

Die Klammer um (AK) soll andeuten, daß neben einer echten chemischen Bindung häufig nur relativ lockere *Anlagerungsverbindungen* (Nebenvalenzbindungen) mit dem Katalysator entstehen. Beide Teilreaktionen verlaufen schneller — oft sehr viel schneller — als die direkte Reaktion ohne Katalysator. Ursache ist die *Herabsetzung der Aktivierungsenergie* durch die freien Valenzen an der Oberfläche und die Konzentrationserhöhung bei der Anlagerung.

Bei homogenen Reaktionen müssen die Katalysatoren echt gelöst oder gasförmig sein. Ihre Wirkung beruht meist auf der Bildung von Zwischenverbindungen. Die Aktivierungsenergien beider Teilreaktionen — Bildung von AK und Weiterreaktion mit dem anderen Ausgangsstoff zum Endprodukt unter Freisetzung von K — liegen wiederum unter der für die direkte Umsetzung notwendigen Energie. Bild 5.2 zeigt das schematisch. Durch Herabsetzung der Energieschwelle wirken Katalysatoren in gleicher Weise auf die Geschwindigkeiten von Hin- und Rückreaktion. Sie beeinflussen also die Gleichgewichtslage nicht.

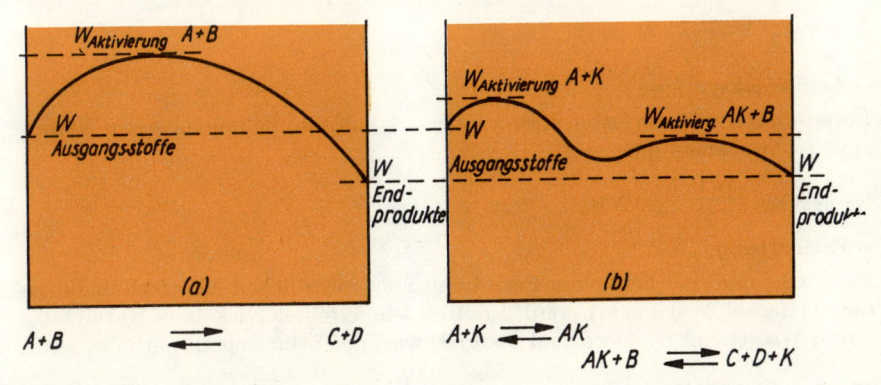

Bild 5.2. Energieniveaus einer exothermen Reaktion ohne (a) und mit Katalysator (b)

A 5.3. Woran erkennt man im Bild 5.2 die exotherme Reaktion? Wie müßte das bei einer endothermen Reaktion dargestellt werden?

Das bisher Dargestellte ermöglicht die folgende Definition:

> **Ein Katalysator ist ein Stoff, der die Geschwindigkeit einer chemischen Reaktion verändert, ohne selbst dabei verbraucht zu werden.**

Katalysatoren, die die Reaktionsgeschwindigkeit herabsetzen, werden Inhibitoren genannt.

Katalytische Reaktionen haben große praktische Bedeutung. Viele großtechnische Reaktionen werden vor allem durch heterogene Katalyse beschleunigt und damit überhaupt erst in ökonomisch vertretbaren Zeiten durchführbar.

Beispiele:

— Schwefelsäureherstellung

Beim Turmverfahren wird Schwefeldioxid mittels Stickstoffdioxids als Katalysator zu Schwefeltrioxid oxydiert. (Homogene Katalyse.)

$$SO_2 + NO_2 \rightleftarrows SO_3 + NO$$

$$NO + \frac{1}{2} O_2 \rightleftarrows NO_2$$

$$\overline{SO_2 + \frac{1}{2} O_2 \xrightarrow{NO_2} SO_3}$$

Beim Kontaktverfahren wird Schwefeltrioxid mit anderer Technologie an einem festen Katalysator — Vanadiumpentoxid — erzeugt. (Heterogene Katalyse.)

$$SO_2 + V_2O_5 \rightleftarrows SO_3 + V_2O_4$$

$$V_2O_4 + \frac{1}{2} O_2 \rightleftarrows V_2O_5$$

$$\overline{SO_2 + \frac{1}{2} O_2 \xrightarrow{V_2O_5} SO_3}$$

— Ammoniaksynthese

Luftstickstoff wird am festen Katalysator — Eisen/Aluminiumoxid — mit Wasserstoff zu Ammoniak umgesetzt.

$$N_2 + 3 H_2 \xrightarrow{Fe/Al_2O_3} 2 NH_3$$

— Fetthärtung

Fette Öle, das sind Ester von Fettsäuren mit einem hohen Mehrfachbindungsanteil (Rapsöl, Walöl usw.), werden mittels feinverteilten Nickels als Katalysator durch Wasserstoff hydriert, und dadurch wird der Schmelzpunkt erhöht, z. B.:

$$(C_{17}H_{33} \cdot COO)_3C_3H_5 + 3 H_2 \xrightarrow{Ni} (C_{17}H_{35} \cdot COO)_3C_3H_5$$

5.1.4. Beeinflussung der Gleichgewichtslage

Auch die Gleichgewichtslage beeinflußt den Reaktionsablauf: Je weiter das Gleichgewicht auf der Seite der Reaktionsprodukte liegt, um so vollständiger verläuft die Umsetzung.

A 5.4. Nennen Sie andere für den Reaktionsablauf entscheidende Einflußgrößen!

Die Gleichgewichtslage läßt sich verschieben. Dazu ist es notwendig, den Ablauf von Hin- und Rückreaktion in entgegengesetzter Weise zu beeinflussen. Wenn z. B. die Geschwindigkeit der Hinreaktion erhöht wird und gleichzeitig die der Rückreaktion verringert, verschiebt sich die Gleichgewichtslage nach rechts.
Eine qualitative Aussage zur Richtung der Verschiebung macht das *Prinzip des kleinsten Zwangs:*

> Übt man auf ein im Gleichgewicht befindliches System durch Änderung der äußeren Bedingungen einen Zwang aus, so ändert sich die Gleichgewichtslage so, daß das System dem Zwang ausweicht.

Fast immer geht es um Verschiebung des Gleichgewichts nach der Seite der Reaktionsprodukte, also um das Erzielen höherer Ausbeute.

Temperatur:
Im Abschnitt 4. sind die Energieumsetzungen und die damit zusammenhängenden Begriffe behandelt. Verläuft bei Gleichgewichtsreaktionen die Hinreaktion z. B. exotherm (Wärmefreisetzung), so ist die Rückreaktion mit dem gleichen Betrag der Reaktionsenthalpie endotherm.

Hinreaktion: $\quad CO + H_2O_{(g)} \rightarrow CO_2 + H_2 \quad\quad \Delta H_R = -40\ kJ \cdot mol^{-1}$

Rückreaktion: $\quad CO_2 + H_2 \rightarrow CO + H_2O_{(g)} \quad\quad \Delta H_R = +40\ kJ \cdot mol^{-1}$

Nach dem Gesetz vom kleinsten Zwang führt
Wärmezufuhr (Temperaturerhöhung) zur Gleichgewichtsverschiebung in Richtung der endothermen Reaktion,
Wärmeentzug (Temperatursenkung) zur Begünstigung der exothermen Reaktion. Beim Wassergasgleichgewicht wird durch niedrigere Temperatur die Kohlendioxid- und Wasserstoffbildung begünstigt, durch hohe Temperatur die Bildung von Kohlenmonoxid und Wasser. Messungen bzw. Rechnungen ergeben die folgenden Gleichgewichtskonzentrationen:

Bei 800 K (527 °C) liegen z. B. vor (c = Konzentration)

$c_{CO} = 1\ mol \cdot l^{-1} \quad\quad\quad\quad c_{CO_2} = 2\ mol \cdot l^{-1}$
$c_{H_2O} = 1\ mol \cdot l^{-1} \quad\quad\quad\quad c_{H_2} = 2\ mol \cdot l^{-1}$

Bei 2000 K (1 727 °C) liegen vor

$c_{CO} = 2{,}24\ mol \cdot l^{-1} \quad\quad\quad c_{CO_2} = 1\ mol \cdot l^{-1}$
$c_{H_2O} = 2{,}24\ mol \cdot l^{-1} \quad\quad\quad c_{H_2} = 1\ mol \cdot l^{-1}$

Tabelle 5.1. Temperaturabhängigkeit des Ammoniakgleichgewichts bei 20 MPa (≈ 200 atm)

Temperatur in K	Ammoniak in Vol.-%
573	63
673	36
773	18
873	8
973	4

Die Ammoniaksynthese aus Luftstickstoff und Wasserstoff folgt der Reaktionsgleichung

$$N_2 + 3 H_2 \rightleftarrows 2 NH_3 \qquad \Delta H_R = -92 \text{ kJ} \cdot \text{mol}^{-1}$$

Die Temperaturabhängigkeit des Gleichgewichts zeigt die Tabelle 5.1.

A 5.5. Welchen Einfluß hat die Temperatur auf die Stickstoffoxydation?

$$N_2 + O_2 \rightleftarrows 2 NO \qquad \Delta H_R = +180 \text{ kJ} \cdot \text{mol}^{-1}$$

Druck:

Druckänderung beeinflußt die Gleichgewichtslage dann, wenn das Volumen der Reaktionsprodukte vom Volumen der Ausgangsstoffe verschieden ist. Das setzt *Gasreaktionen* voraus und trifft zu bei unterschiedlich großer Summe der Molzahlen von Reaktionsprodukten und Ausgangsstoffen.
(1 Mol eines idealen Gases hat bei *Normalbedingungen* [293 K, 0,1 MPa] immer ein Volumen von 22,4 l.)
Beim Ammoniakgleichgewicht

$$\underset{(1 \text{ Mol})}{N_2} + \underset{(3 \text{ Mol})}{3 H_2} \rightleftarrows \underset{(2 \text{ Mol})}{2 NH_3}$$

reagieren 4 Mol Ausgangsstoffe zu 2 Mol Ammoniak, das Ausgangsvolumen vermindert sich also um die Hälfte.
Nach dem Gesetz vom kleinsten Zwang gilt:

Druckerhöhung führt zur Gleichgewichtsverschiebung nach dem kleineren Volumen,
Drucksenkung zur Begünstigung der Reaktion mit der größeren Molzahl.

Bei der Ammoniaksynthese wird also durch höheren Druck das Gleichgewicht zur Ammoniakbildung hin verschoben, die *Ausbeute* wird verbessert. Umgekehrt verschlechtert sich bei niedrigerem Druck die Ausbeute, wie Tabelle 5.2 zeigt.

Tabelle 5.2. Druckabhängigkeit des Ammoniakgleichgewichts bei 673 K

Druck in MPa	in atm	Ammoniak in Vol.-%
0,1	(≈ 1)	0,4
10	(≈ 100)	26
20	(≈ 200)	36
30	(≈ 300)	46
60	(≈ 600)	66
100	(≈ 1000)	80

Die technische Ammoniaksynthese wird immer bei erhöhtem Druck durchgeführt. Dabei ist ein Kompromiß zu finden zwischen dem größeren Nutzen durch bessere Ausbeute und den höheren Anlagenkosten für Hochdruckapparaturen.
Für die Oxydation von Schwefeldioxid

$$2\,SO_2 + O_2 \rightleftarrows 2\,SO_3$$
(2 Mol) (1 Mol) (2 Mol)

gilt wie bei der Ammoniaksynthese:
Druckerhöhung verbessert die Ausbeute an Schwefeltrioxid.

A 5.6.   In welcher Weise verändert sich die Gleichgewichtslage durch Druckerhöhung bei den folgenden Reaktionen?

a) $N_2O_4 \rightleftarrows 2\,NO_2$

b) $CO + H_2O_{(g)} \rightleftarrows CO_2 + H_2$

Zusammenwirken von Katalysator, Temperatur- und Druckänderung

Das Zusammenspiel dieser drei Einflüsse wird am Beispiel der Ammoniaksynthese besprochen:

$N_2 + 3\,H_2 \rightleftarrows 2\,NH_3 \qquad \Delta H_R = -92\;kJ \cdot mol^{-1}$
(1 Mol) (3 Mol) (2 Mol)

— Eine geringe Reaktionsgeschwindigkeit erfordert Katalysatoren, die aber erst von 573 K (300 °C) an merklich wirksam sind.
— Die exotherme Reaktion ergibt für niedrige Temperatur ein nach rechts verschobenes Gleichgewicht, aber die Reaktionsgeschwindigkeit ist sehr klein.
— Die Volumenverringerung bei der Ammoniakbildung erfordert für einen günstigen Stoffumsatz (Gleichgewicht rechts) erhöhten Druck.

Bild 5.3 zeigt diese Abhängigkeiten.

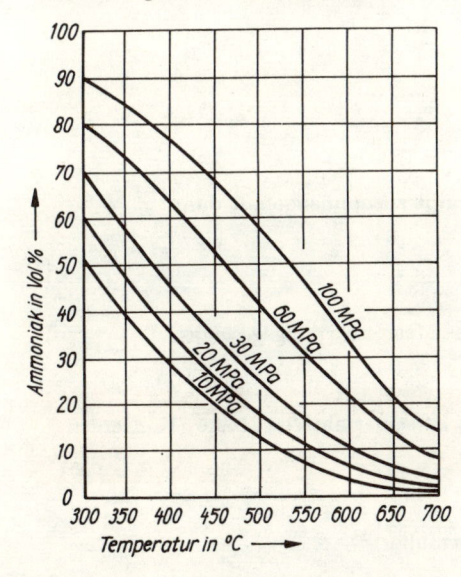

Bild 5.3. Ammoniakanteil im Gleichgewichtszustand in Abhängigkeit von Temperatur und Druck

Sehr häufig werden technisch folgende Parameter realisiert: Temperatur 773 K (500 °C), Druck 22 bis 23 MPa. Dabei bilden sich im Gleichgewicht 18 Vol.-% Ammoniak. Prozeßbedingt erweist sich aber eine Verweilzeit des Gasgemisches von nur ca. $1/2$ Minute im Hochdruckreaktor als am günstigsten. Das genügt nicht zur vollen Einstellung des Gleichgewichts, es wird nur ein Ammoniakanteil von ca. 11 Vol.-% erreicht. Das wird wegen des schnelleren Gaskreislaufes in Kauf genommen.

5.2. Das Massenwirkungsgesetz

5.2.1. Reaktionskinetische Ableitung

Ebenso wie Temperatur und Druck als »äußere« Einflußgrößen haben die Reaktionspartner selbst, ihre Konzentrationen, als »innere« Größen Einfluß auf die Gleichgewichtslage.
Wegen $v \sim c$ (siehe 5.1.2.) gilt für die Reaktion

$$A + B \rightleftarrows C + D$$

$v_{Hin} \sim c_A \cdot c_B \qquad v_{Rück} \sim c_C \cdot c_D$

(c_A, c_B, c_C, c_D sind die Konzentrationen der Reaktionspartner A, B, C, D.)

Mit einem Proportionalitätsfaktor k (Geschwindigkeitskonstante, für jede Reaktion charakteristisch) wird

$$v_{Hin} = k_1 \cdot c_A \cdot c_B \tag{1}$$

$$v_{Rück} = k_2 \cdot c_C \cdot c_D \tag{2}$$

Im Gleichgewicht $v_{Hin} = v_{Rück}$ ist dann

$$k_1 \cdot c_A \cdot c_B = k_2 \cdot c_C \cdot c_D$$

und $\quad \dfrac{c_C \cdot c_D}{c_A \cdot c_B} = \dfrac{k_1}{k_2}$

Der Quotient der beiden Konstanten ergibt zusammengefaßt dann

$$\frac{c_C \cdot c_D}{c_A \cdot c_B} = K_c \qquad (t = \text{const.}) \tag{3}$$

Das ist der mathematische Ausdruck des Massenwirkungsgesetzes:

> **Die chemische Wirkung eines Stoffes ist seiner aktiven Masse (Konzentration) proportional.**

oder, der Gleichung (3) entsprechend formuliert:

> Im Gleichgewichtszustand ist der Quotient aus dem Produkt der Konzentrationen der Reaktionsprodukte und dem Produkt der Konzentrationen der Ausgangsstoffe konstant.

Der Zahlenwert des Quotienten aus dem Produkt der Konzentrationen heißt *Gleichgewichtskonstante* K_c. Wegen der Temperaturabhängigkeit der Gleichgewichtslage ist K_c temperaturabhängig, Bedingung ist also konstante Temperatur. Für Gase sind Konzentration und Druck einander proportional ($c \sim p$). Deshalb läßt sich für Gasreaktionen der gleiche mathematische Ansatz des MWG mit den Partialdrücken bilden. Partialdrücke p_A, p_B, p_C usw. sind die Teildrücke der Komponenten A, B, C im gesamten gasförmigen Reaktionsgemisch.

Daß beim Quotienten der Gleichung (3) die Reaktionsprodukte in den Zähler kommen, ist eine Festlegung. Je größer der Zahlenwert der Konstanten, um so vollständiger verläuft die Umsetzung.

Treten in einer Reaktionsgleichung von 1 verschiedene Molzahlen auf, so erscheinen diese im mathematischen Ansatz des MWG als Exponenten der Konzentration des betreffenden Reaktionspartners:

$$N_2 + 3\,H_2 \rightleftarrows 2\,NH_3$$

$$N_2 + H_2 + H_2 + H_2 \rightleftarrows NH_3 + NH_3$$

$$\frac{c_{NH_3} \cdot c_{NH_3}}{c_{N_2} \cdot c_{H_2} \cdot c_{H_2} \cdot c_{H_2}} = \frac{(c_{NH_3})^2}{c_{N_2} \cdot (c_{H_2})^3} = K_c$$

Zur Vereinfachung der Schreibweise wird die Konzentration statt durch c_{H_2}, c_{NH_3} usw. durch eine eckige Klammer um die Formel ausgedrückt, also $[H_2]$, $[NH_3]$ usw.

Man schreibt demnach für das Ammoniakgleichgewicht

$$\frac{[NH_3]^2}{[N_2] \cdot [H_2]^3} = K_c$$

5.2.2. Anwendung des MWG auf homogene Reaktionen

Für einige der bisher besprochenen Gleichgewichtsreaktionen hat das MWG folgende Form:

$$N_2O_4 \rightleftarrows 2\,NO_2 \qquad \frac{[NO_2]^2}{[N_2O_4]} = K_c$$

$$2\,SO_2 + O_2 \rightleftarrows 2\,SO_3 \qquad \frac{[SO_3]^2}{[SO_2]^2 \cdot [O_2]} = K_c$$

$$CO + H_2O_{(g)} \rightleftarrows CO_2 + H_2 \qquad \frac{[CO_2] \cdot [H_2]}{[CO] \cdot [H_2O_{(g)}]} = K_c$$

Die Werte der Gleichgewichtskonstanten sind für fast alle wichtigen Reaktionen tabelliert. Mit ihrer Hilfe lassen sich für das Gleichgewicht die Konzentrationen der Reaktionspartner berechnen.

Lehrbeispiel 5.1.:

Für das Wassergasgleichgewicht gibt Tabelle 5.3 die Temperaturabhängigkeit der Gleichgewichtskonstanten an.

Tabelle 5.3. Temperaturabhängigkeit von K_c für das Wassergasgleichgewicht

Temperatur in K	K_c
300	8700
400	1670
600	24,2
800	4,05
1000	1,39
2000	0,20

Demnach ist bei 800 K $\dfrac{[CO_2] \cdot [H_2]}{[CO] \cdot [H_2O_{(g)}]} = 4$

Das wird durch folgende Konzentrationen erfüllt:

$[CO_2] = 2 \text{ mol} \cdot l^{-1}$ $[CO] = 1 \text{ mol} \cdot l^{-1}$
$[H_2] = 2 \text{ mol } l^{-1}$ $[H_2O_{(g)}] = 1 \text{ mol} \cdot l^{-1}$

Durch Einsetzen in die Gleichung ist das sofort nachprüfbar.
Noch anschaulicher werden die Verhältnisse durch folgende Überlegung: Die angegebenen Konzentrationen ergeben als Summe (2 + 2 + 1 + 1) 6 Mol je Liter im Gasgemisch des Gleichgewichts, davon

$2/6 = 1/3 = 33 1/3$ Vol.-% CO_2

$2/6 = 1/3 = 33 1/3$ Vol.-% H_2

$1/6 = 16 2/3$ Vol.-% CO

$1/6 = 16 2/3$ Vol.-% $H_2O_{(g)}$

$6/6 = 100$ Vol.-%

A 5.7. Überlegen Sie und begründen Sie verbal (ohne Rechnung), welche Veränderungen durch eine Erhöhung der Wasserdampfkonzentration auf 2 mol·l^{-1} hervorgerufen werden!

Lehrbeispiel 5.2.:

Wasser dissoziiert in einer Gleichgewichtsreaktion in Hydronium- und Hydroxidionen — Autoprotolyse —, siehe 8.3.

$2 H_2O \rightleftarrows H_3O^+ + OH^-$

Das Gleichgewicht liegt weit auf der linken Seite, die Konzentrationen der beiden Ionenarten betragen in reinem Wasser nur je 10^{-7} mol·l^{-1} bei 22 °C, also:

$[H_3O^+] = 10^{-7}$ mol·l^{-1}, $[OH^-] = 10^{-7}$ mol·l^{-1}

Nach dem MWG ergibt sich

$$\frac{[H_3O^+] \cdot [OH^-]}{[H_2O]^2} = K_c$$

Weil $[H_2O]$ praktisch konstant ist — nur 10^{-7} Mol Wassermoleküle sind pro Liter Wasser dissoziiert bei einer Konzentration von 55 mol·l^{-1} —, kann man diesen Wert mit in K_c einbeziehen. (1 l Wasser hat bei 22 °C eine Masse von 998 g, die Molmasse beträgt 18,02 g·mol^{-1}, ein Liter sind also 998 : 18,02 = 55,4 Mol.)

$[H_3O^+] \cdot [OH^-] = K_c \cdot [H_2O]^2$
$[H_3O^+] \cdot [OH^-] = K_w$

Die neue Konstante K_w nennt man *Protolysekonstante* oder *Ionenprodukt des Wassers*. Sie hat den Wert von

10^{-7} mol·l^{-1} · 10^{-7} mol·l^{-1} = 10^{-14} mol^2·l^{-2}

Die Protolysekonstante des Wassers hat sehr große Bedeutung für Reaktionen in verdünnten wäßrigen Lösungen (Abschnitt 8.3. und folgende).

A 5.8. Im Hinblick auf möglichst hohe Ausbeute sind die günstigsten Bedingungen für die folgenden Reaktionen einzuschätzen:

a) $2\,SO_2 + O_2 \rightleftarrows 2\,SO_3$ $\Delta H_R = -184$ kJ·mol^{-1}
b) $N_2 + O_2 \rightleftarrows 2\,NO$ $\Delta H_R = +176$ kJ·mol^{-1}
c) $CO + 2\,H_2 \rightleftarrows CH_3OH_{(g)}$ $\Delta H_R = -91$ kJ·mol^{-1}

Überlegen Sie jeweils

— Konsequenzen aus der Reaktionsenthalpie?
— Einfluß des Druckes (Molzahländerung Δn)?
— Einfluß der Konzentration (Überschuß eines Ausgangsstoffes unter Kostengesichtspunkten)?

5.3. Heterogene Reaktionen, offene Systeme

Für die bisher besprochenen Reaktionen waren eine Phase (Homogenität) und ein geschlossener Reaktionsraum ausdrückliche Bedingung. Das Prinzip vom kleinsten Zwang und das Massenwirkungsgesetz lassen sich aber auch auf mehrphasige — heterogene — und auf offene Systeme anwenden.

BOUDOUARD-*Gleichgewicht:*
Die in 5.1.1. angegebene Reaktion der Verbrennung von Kohlenstoff ist heterogen, sie heißt BOUDOUARD-Gleichgewicht:

$CO_2 + C \rightleftarrows 2\,CO$ $\Delta H_R = 171$ kJ·mol^{-1}

Kohlendioxid und Kohlenmonoxid sind gasförmig, Koks ist fest, es liegen also zwei Phasen vor. Außerdem ist Koks bei den technischen Prozessen, denen diese Reaktion zugrunde liegt (Generatorgaserzeugung, Hochofen usw.), immer im Überschuß vorhanden, seine Konzentration daher praktisch konstant. Da die Reaktion unter Volumenzunahme abläuft, wird durch Druckverminderung die Kohlenmonoxidbildung erhöht.

$$CO_2 + C \rightleftarrows 2\,CO$$
1 Mol   2 Mol

Es ist also günstig, wenn im Reaktor kein erhöhter Druck herrscht. Da die Kohlenmonoxidbildung außerdem endotherm ist ($\Delta H_R = +171$ kJ $\cdot$ mol^{-1}), bewirkt hohe Temperatur im Reaktionsraum ebenfalls Gleichgewichtsverschiebung nach rechts. Die Temperaturabhängigkeit des Gleichgewichts zeigt Bild 5.4.

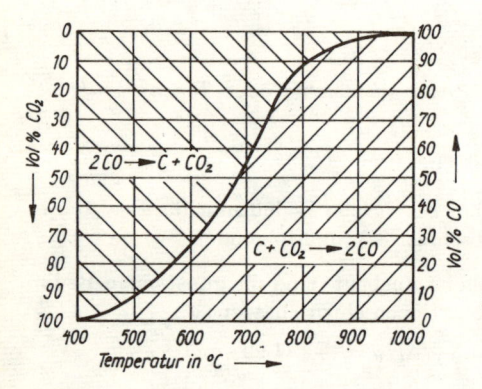

Bild 5.4. BOUDOUARD-Gleichgewicht bei normalem Druck

Nach dem Massenwirkungsgesetz ist

$$\frac{[CO]^2}{[CO_2]} = K_c$$

(Die praktisch konstante Konzentration des im Überschuß vorhandenen Kohlenstoffs wird im Ansatz der Gleichung nicht berücksichtigt.) Die Gleichung läßt erkennen, daß eine Konzentrationsänderung des Kohlenmonoxids die Reaktion viel stärker — mit dem Quadrat der Konzentration — beeinflußt als die Konzentration des Kohlendioxids.

A 5.9.   Was geschieht bei Abnahme der Kohlenmonoxidkonzentration (z. B durch Reaktion des CO mit einem oxidischen Erz)?

Lösungsgleichgewichte:

Bei Reaktionen gelöster Ionen entsteht häufig eine schwerlösliche Verbindung, die aus der homogenen Lösung als fester Bodenkörper ausfällt — *Fällungsreaktion* — und nun mit der Lösung ein heterogenes Gleichgewicht bildet:

$AgCl \rightleftarrows Ag^+ + Cl^-$
$BaSO_4 \rightleftarrows Ba^{2+} + SO_4^{2-}$

Silberchlorid und Bariumsulfat sind schwer löslich, im Überschuß vorhanden und daher, wie im vorhergehenden Beispiel der Koks, in ihrer »aktiven Masse« konstant.

Bei stark verdünnten Lösungen ($c = 0{,}01$ mol · l^{-1}) wird in Rechnungen, wie bei den Gasen, die Konzentration in Ansatz gebracht: Die Ladung der Ionen führt auf Grund der starken Verdünnung zu keiner wesentlichen gegenseitigen Beeinflussung. Solche Lösungen werden als *ideale Lösungen* bezeichnet. Bei höheren Konzentrationen — *reale Lösungen* — ist infolge des geringeren Abstands der gelösten Teilchen ihre Beweglichkeit und damit ihre chemische Wirkung (Teilchenstöße) eingeschränkt. Die Konzentration scheint geringer zu sein, als sie wirklich ist. Die effektive (wirksame) Konzentration wird als *Aktivität (a)* bezeichnet.

$$a = c \cdot f_a$$

Der Faktor f_a heißt Aktivitätskoeffizient und ist für reale Lösungen stets kleiner als 1. Die Werte sind tabelliert.

Lehrbeispiel 5.3.:

Die Aktivität einer 0,01 molaren Schwefelsäure soll berechnet werden. Aktivitätskoeffizient laut Tabelle 5.1 (Wissensspeicher) = 0,543.

$a = f_a \cdot c$

$a = 0{,}543 \cdot 0{,}01$ mol · l^{-1}

$a = 0{,}00543$ mol · l^{-1}

Für das Gleichgewicht der Silberchlorid- und Bariumsulfatfällung lautet der Ansatz des MWG:

$$\frac{a_{Ag} \cdot a_{Cl^-}}{a_{AgCl}} = K_a, \text{ und}$$

$$a_{Ag^+} \cdot a_{Cl^-} = K_a \cdot a_{AgCl} = K_L$$

$$\frac{a_{Ba^{2+}} \cdot a_{SO_4^{2-}}}{a_{BaSO_4}} = K_a, \text{ und}$$

$$a_{Ba^{2+}} \cdot a_{SO_4^{2-}} = K_a \cdot a_{BaSO_4} = K_L$$

Bei 25 °C ist für AgCl $\quad K_L = 2 \cdot 10^{-10}$ mol^2 · l^{-2},

für BaSO$_4$ $\quad K_L = 1 \cdot 10^{-10}$ mol^2 · l^{-2}.

Die Löslichkeitskonstanten K_L zeigen eine sehr geringe Löslichkeit beider Verbindungen an. Die Gleichgewichte sind weitgehend nach links verschoben.

Gleichgewicht fest–flüssig–gasförmig:

Hier handelt es sich meist um Reaktionen fester Stoffe mit Lösungen unter Gasentwicklung, z. B.:

$$Zn + 2\,HCl \rightleftarrows ZnCl_2 + H_2\uparrow$$
$$CaCO_3 + 2\,HCl \rightleftarrows CaCl_2 + H_2O + CO_2\uparrow$$

Wenn die gasförmigen Stoffe aus dem System ständig entweichen können, läuft die Reaktion praktisch vollständig von links nach rechts ab, es bildet sich kein Gleichgewichtszustand aus.

A 5.10. Diskutieren Sie das Gleichgewicht beim Kalkbrennen:

$$CaCO_3 \rightleftarrows CaO + CO_2 \qquad \Delta H_R = 179\ kJ \cdot mol^{-1}$$

6. Abbau und Aufbau von Ionengittern

Reaktionstypen

Die Klassifizierung anorganisch-chemischer Reaktionen kann nach unterschiedlichen Gesichtspunkten vorgenommen werden, so z. B. nach dem Aggregatzustand der beteiligten Stoffe in *Gasreaktionen, Reaktionen in Lösung, Feststoffreaktionen,* oder nach der Art der reagierenden Teilchen in *Ionenreaktionen, Molekülreaktionen, Radikalreaktionen.*
Der Behandlung in den folgenden Abschnitten ist eine Einteilung in vier Reaktionstypen zugrunde gelegt:

> **Abbau und Aufbau von Ionengittern**
> **Komplexreaktionen**
> **Säure-Base-Reaktionen (Protonenaustausch)**
> **Redoxreaktionen   (Elektronenaustausch)**

Diese Systematisierung ermöglicht es, ausgehend von allgemeinen Gesetzmäßigkeiten für jeden Reaktionstyp, Aussagen über den qualitativen und quantitativen Ablauf spezieller Reaktionen zu machen.
Der erstgenannte Reaktionstyp umfaßt z. B. die technisch wichtigen Prozesse beim Lösen von Kalisalzen zur Gewinnung von Düngemitteln, die für qualitative und quantitative chemische Analysen wesentlichen Fällungsreaktionen, das Ausfällen von Silbersalzen für fotografische Schichten und von Pigmentfarbstoffen sowie Vorgänge bei der Entfernung von Metall-Ionen aus Wässern und Abwässern.

6.1. Qualitative Betrachtung

6.1.1. Abbau von Ionengittern

Schmelzen

Ionenverbindungen bilden im festen Aggregatzustand Ionengitter; in ihnen sind die Ionen dreidimensional periodisch angeordnet und führen Schwingungen aus, deren Amplituden temperaturabhängig sind. Beim Erwärmen vergrößern sich die Amplituden, die Teilchenabstände nehmen zu; makroskopisch zeigt sich das als Wärmeausdehnung.

Mit wachsenden Teilchenabständen verringern sich die elektrostatischen Wechselwirkungskräfte zwischen den positiven und negativen Ionen (s. 6.3.). Bei einer für jeden Stoff charakteristischen Temperatur, der *Schmelztemperatur F*, sind die Kräfte so gering geworden, daß Ionen den Gitterverband verlassen können: Es bildet sich als neue, flüssige Phase die Schmelze. In ihr nehmen die Ionen keine festen Plätze mehr ein, sondern bewegen sich regellos (mit unterschiedlichen Geschwindigkeiten und in alle Raumrichtungen). Durch Zusammenstöße mit anderen Teilchen oder mit den Gefäßwandungen ergeben sich ständige Geschwindigkeits- und Richtungsänderungen für jedes einzelne Ion.

> Die Schmelztemperatur F einer Verbindung liegt um so höher, je geringer die Teilchenabstände im Gitter und je größer die Ionenladungen sind (Tabelle 6.1).

Tabelle 6.1. Schmelzpunkte von Ionenverbindungen in Abhängigkeit von Ionenabstand und Ionenladung
(Alle Verbindungen haben Natriumchlorid-Struktur)

Verbindung	Kernabstand in 10^{-10} m	Schmelzpunkt in K	Schmelzpunkt in °C
NaF	2,31	1261	988
NaCl	2,79	1074	801
NaBr	2,94	1020	747
NaI	3,18	933	660
KF	2,66	1130	857
RbF	2,82	1048	775
CsF	2,98	956	683
MgO	2,10	3073	2800
CaO	2,40	2843	2570
SrO	2,57	2703	2430
BaO	2,77	2193	1920

A 6.1. Erklären Sie aus dem Atombau (PSE) die Zunahme der Kernabstände in den Reihen

NaF—NaCl—NaBr—NaI
NaF—KF—RbF—CsF

Lösen

Der Abbau eines Kristallgitters kann auch — im allgemeinen ohne Energiezufuhr — bei Einwirkung eines Lösungsmittels erfolgen. Für Ionenverbindungen ist Wasser das wichtigste Lösungsmittel, weil

- die Wassermoleküle Dipole sind, wodurch eine gerichtete Anlagerung an Ionen — die Hydratation — stattfinden kann,

- die Wassermoleküle klein sind, wodurch ein teilweises Eindringen in die äußeren Ionenschichten des Gitters möglich ist,

- Wasser eine hohe Dielektrizitätskonstante[1]) hat, wodurch eine entscheidende Schwächung der Wechselwirkungskräfte zwischen den Ionen bewirkt wird.

Der Lösungsvorgang soll am Beispiel der Auflösung von Natriumchlorid in Wasser erläutert werden.

Im Inneren eines Kristalls ist das von der Ionenladung verursachte kugelförmige elektrische Feld nach allen Seiten durch die sechs Gegen-Ionen ausgeglichen, die jedes Ion im Natriumchlorid-Gitter umgeben (s. Bild 3.27). An den Kristallflächen, -kanten und -ecken sind dagegen nach außen hin elektrostatische Restfelder wirksam. Dadurch werden die Dipolmoleküle des Wassers angezogen und gerichtet angelagert, infolge ihrer geringen Größe schieben sie sich teilweise zwischen die Ionen der äußeren Gitterschichten. Die durch die hohe Dielektrizitätskonstante des Wassers bewirkte Senkung der Anziehungskräfte zwischen den entgegengesetzt geladenen Ionen ermöglicht die Ablösung von Ionen aus dem Gitter. Das führt von der Oberfläche der Kristalle aus zu einem Abbau des Kristallgitters. Mit zunehmender Größe der Oberfläche — bei feinkristalliner Form des Stoffes — steigt demzufolge die Geschwindigkeit des Lösungsvorganges; in gleicher Weise wirkt sich eine Temperaturerhöhung aus.

Vergleicht man den Teilchenzustand vor und nach dem Lösen, dann zeigen sich folgende Veränderungen:

- der Übergang von einer gesetzmäßigen Anordnung im Gitter zu einer regellosen Verteilung,
- der Übergang von einer periodischen zu einer ungeordneten Bewegung
- der Übergang vom Ion zum hydratisierten Ion.

Für das Schmelzen treffen die ersten beiden Aussagen ebenfalls zu. Betrachtet man Schmelzen und Lösen nur hinsichtlich der Reaktionsprodukte, dann kann man begrifflich zusammenfassen: Es ist Dissoziation eingetreten.

> **Als elektrolytische Dissoziation bezeichnet man Vorgänge, bei denen freibewegliche Ionen entstehen.**

A 6.2. Begründen Sie am Beispiel des Tetrachlormethans CCl_4 und des Benzens C_6H_6, weshalb sich diese organischen Lösungsmittel nicht zum Lösen von Ionenverbindungen eignen.

6.1.2. Aufbau von Ionengittern

Die Bildung eines Kristallgitters setzt die Entstehung eines *Kristallkeims* voraus, d. h. die gesetzmäßige Anordnung einer zunächst geringen Anzahl der gitter-

---

[1]) Die Dielektrizitätskonstante eines Stoffes gibt an, auf welchen Bruchteil im Vergleich zum Vakuum die elektrostatischen Wechselwirkungskräfte zurückgehen, wenn sich der betrachtete Stoff zwischen den Ladungen befindet. Für Wasser gilt bei 293 K (20 °C) $\varepsilon = 81$

bildenden Ionen. Das tritt in einer Schmelze eines Stoffes ein, wenn ihr bei Schmelztemperatur Wärme entzogen wird. Die Keimbildung ist häufig gehemmt, deshalb kommt es meist erst beträchtlich unterhalb der Schmelztemperatur zur Erstarrung; als ‚*unterkühlte Schmelze*‘ befindet sich das System dann in einem metastabilen Zustand, der bei geringfügigen äußeren Einwirkungen in den stabilen übergeht.

In Lösungen führt die Überschreitung der Sättigungskonzentration — wie sie z. B. auch durch Temperaturänderung bewirkt wird — zur Keimbildung (siehe 6.2.2.). Die ebenfalls meist verzögerte Keimbildung in einer ‚*übersättigten Lösung*‘ wird vielfach durch ‚*Impfen*‘ eingeleitet: Kristalle der gelösten Substanz werden als Keime eingebracht.

Bei der *Elektrokristallisation* bilden sich Kristallkeime, wenn die angelegte Elektrolysespannung die Zersetzungsspannung des gelösten Stoffes übersteigt (s. 10.4.3.).

An die Keime lagern sich Ionen in regelmäßiger Anordnung an; durch diesen Wachstumsprozeß entstehen Kristalle, die bei vielen Substanzen charakteristische Formen aufweisen.

Die Geschwindigkeiten der Keimbildung und des Kristallwachstums hängen stark von den äußeren Bedingungen ab. Schnelle Abkühlung einer Schmelze führt zur Bildung vieler Keime und bewirkt feinkristalline Struktur. Auch in stark verdünnten Lösungen verläuft die Keimbildung schneller als das Kristallwachstum (s. 11.). Bei geringer Abkühlungsgeschwindigkeit bilden sich dagegen weniger Keime, so daß größere Kristalle entstehen können (grobkristalline Struktur).

6.2. Quantitative Betrachtung

6.2.1. Löslichkeit

Eine bestimmte Menge Lösungsmittel kann nur eine begrenzte Menge des zu lösenden Stoffes aufnehmen. Wird weiterhin Feststoff zugegeben, so bleibt der Überschuß ungelöst (als *Bodenkörper*) auf dem Boden des Gefäßes liegen.

Eine Lösung, welche die bei einer gegebenen Temperatur maximal mögliche Menge des gelösten Stoffes enthält, heißt *gesättigt*, Lösungen mit geringeren Mengen des gelösten Stoffes *verdünnt*. Angaben über die lösliche Menge eines Stoffes bezieht man meist auf 100 g Lösungsmittel; für diesen Fall gilt die Definition:

> **Die Löslichkeit ist die in 100 g Lösungsmittel bei gegebener Temperatur maximal lösliche Masse eines Stoffes.**

Tabelle 6.1 im Wissensspeicher gibt für eine größere Anzahl anorganischer Verbindungen die Löslichkeiten in Wasser bei Zimmertemperatur an.

A 6.3. Leiten Sie Aussagen ab über die Abstufung der Löslichkeiten bei
— den Halogeniden von Natrium, Kalium, Ammonium,

- den Hydrogencarbonaten und Carbonaten von Kalium und Natrium
- den Dihydrogenphosphaten, Hydrogenphosphaten und Phosphaten von Natrium und Kalium.

(Werte nach Tabelle 6.1 des Wissensspeichers tabellarisch zusammenstellen!)

Die für Lösungen gebräuchlichen *Konzentrationsangaben* beziehen sich — im Gegensatz zur Löslichkeit — auf die Menge der gelösten Substanz in der Volumen- bzw. Masseneinheit der Lösung, also nicht des Lösungsmittels.

$$\text{Molarität} = \frac{\text{Stoffmenge des gelösten Stoffes}}{\text{Volumen der Lösung}} \quad \text{in mol} \cdot \text{l}^{-1}$$

$$\text{Masse-\%} = \frac{\text{Masse des gelösten Stoffes}}{\text{Masse der Lösung}} \cdot 100 \quad \text{in \%}$$

$$\text{Volumen-\%} = \frac{\text{Volumen des gelösten Stoffes}}{\text{Volumen der Lösung}} \cdot 100 \quad \text{in \%}$$

Zur Umrechnung der Löslichkeit (in g/100 g Lösungsmittel) in die Molarität muß die Dichte der Lösung bekannt sein.

Lehrbeispiel 6.1.:

Die Molarität und die Konzentration in Masse-% einer bei 293 K gesättigten Lösung von Kaliumsulfat in Wasser sind zu berechnen. Die Lösung hat eine Dichte $\varrho = 1{,}081 \text{ g} \cdot \text{cm}^{-3}$, die Löslichkeit beträgt 11,15 g (in 100 g Wasser).

In 111,15 g der gesättigten Lösung sind enthalten
    11,15 g Kaliumsulfat
    100,00 g Wasser.

Ein Liter dieser Lösung hat eine Masse von 1081 g, die Masse des darin enthaltenen Kaliumsulfats errechnet sich aus der Proportion

11,15 g : 111,15 g = m : 1081 g
$m = 108{,}44$ g

Die Stoffmenge n ist der Quotient aus der Masse m und der molaren Masse M

Für Kaliumsulfat (K_2SO_4: $M = 174{,}26 \text{ g} \cdot \text{mol}^{-1}$) gilt für die Molarität der Lösung folglich

$$c_m = \frac{\text{Masse}}{\text{molare Masse} \cdot \text{Volumen}}$$

$$c_m = \frac{108{,}44 \text{ g mol}}{174{,}26 \text{ g } 1 \text{ l}} = 0{,}622 \text{ mol} \cdot \text{l}^{-1}.$$

Die Konzentrationsangabe in Masse-% ergibt sich zu

$$\frac{11{,}15 \text{ g}}{111{,}15 \text{ g}} \cdot 100\% = 10{,}03 \text{ Masse-\%}.$$

A 6.4. Eine bei 298 K gesättigte Lösung von Natriumnitrat enthält 92,7 g Natriumnitrat in 100 g Wasser; die Dichte beträgt $1{,}389 \text{ g} \cdot \text{cm}^{-3}$. Wie groß sind Molarität und Konzentration in Masse-%?

Die Löslichkeiten der Stoffe sind temperaturabhängig: Bild 6.1 zeigt, daß es Stoffe mit sehr stark steigender (Kaliumnitrat), zunehmender (Ammoniumsulfat), abnehmender (Natriumsulfat) und auch solche mit annähernd konstanter Löslichkeit (Natriumchlorid) gibt. Tabelle 6.2 im Wissensspeicher bringt dazu weitere Zahlenbeispiele.

A 6.5. Weshalb ist es sinnvoll, zur Herstellung einer Natriumchlorid-Lösung heißes Wasser zu verwenden, obwohl die Löslichkeit nicht zunimmt?

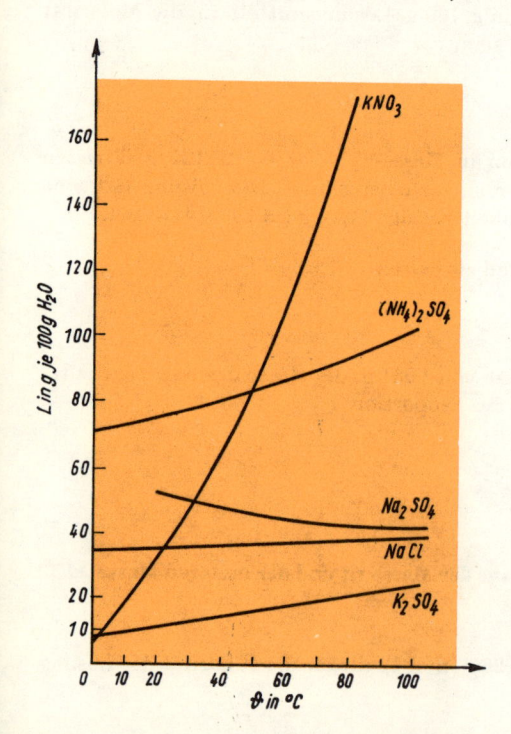

Bild 6.1. Temperaturabhängigkeit der Löslichkeit

Lehrbeispiel 6.2.:

Die Temperaturabhängigkeit der Löslichkeit läßt sich zur Reinigung löslicher Stoffe ausnutzen. Ein mit 5% Kaliumsulfat verunreinigtes Kaliumnitrat sei zu reinigen. Das Salzgemisch wird in 100 g Wasser von 353 K (80 °C) bis zur Sättigung eingetragen. Nach Bild 6.1 lösen sich etwa 170 g Kaliumnitrat, die darin enthaltenen 8,5 g Kaliumsulfat (5%) werden mitgelöst. Bei Abkühlung der an Kaliumnitrat gesättigten Lösung auf 293 K (20 °C) müssen 140 g dieses Salzes auskristallisieren, da die Löslichkeit bei dieser Temperatur nur 30 g beträgt. Die Löslichkeit des Kaliumsulfats ist aber noch so hoch, daß die gesamte Menge von 8,5 g in Lösung bleibt. Als Endprodukte erhält man also 140 g reines Kaliumnitrat als Bodenkörper und eine *Mutterlauge*, die in 100 g Wasser 30 g Kaliumnitrat und 8,5 g Kaliumsulfat enthält.

6.2.2. Löslichkeitskonstante

Am Beispiel des Bariumsulfats soll das Gleichgewicht diskutiert werden, das sich zwischen einem gelösten Stoff und seinem Bodenkörper einstellt. Die Dissoziationsgleichung (dynamisches Gleichgewicht) lautet

$$BaSO_4 \rightleftharpoons Ba^{2+} + SO_4^{2-}. \tag{1}$$

Wendet man das Massenwirkungsgesetz an, dann gilt

$$\frac{a_{Ba^{2+}} \cdot a_{SO_4^{2-}}}{a_{BaSO_4}} = K_a.$$

Die Aktivität des undissoziierten Bariumsulfats kann als konstant betrachtet werden, da Bodenkörper vorhanden ist; man faßt sie mit der Dissoziationskonstanten K_a zusammen zur Löslichkeitskonstante K_L

$$a_{BaSO_4} \cdot K_a = K_L.$$

Daraus ergibt sich

$$a_{Ba^{2+}} \cdot a_{SO_4^{2-}} = K_L. \tag{2}$$

> **In einer gesättigten Lösung hat das Produkt der Ionenaktivitäten des gelösten Stoffes einen konstanten Wert K_L.**

Für Bariumsulfat wurde experimentell ermittelt

$K_L = 10^{-10} \text{ mol}^2 \cdot \text{l}^{-2}.$

Da nach (1) beide Ionenaktivitäten in einer reinen Bariumsulfat-Lösung gleich sind

$a_{Ba^{2+}} = a_{SO_4^{2-}},$

ergibt sich aus Gl. (2)

$a^2_{Ba^{2+}} = a^2_{SO_4^{2-}} = K_L$ und

$a_{Ba^{2+}} = a_{SO_4^{2-}} = \sqrt{K_L} = 10^{-5}$ mol · l⁻¹.

Die Lösung enthält also beide Ionenarten in der Aktivität 10^{-5} mol · l⁻¹. Gleichbedeutend ist die Aussage, daß 10^{-5} mol · l⁻¹ Bariumsulfat gelöst sind, das sind 2,33 mg · l⁻¹.

Lehrbeispiel 6.3.:

Aus der Löslichkeitskonstante des Zinkhydroxids $Zn(OH)_2$

$$K_L = 1{,}78 \cdot 10^{-17} \text{ mol}^3 \cdot \text{l}^{-3} = a_{Zn^{2+}} \cdot a^2_{OH^-} \tag{3}$$

ist die Molarität der gesättigten Lösung zu berechnen.

Aus der Dissoziationsgleichung

$Zn(OH)_2 \rightleftharpoons Zn^{2+} + 2\ OH^-$

folgt, daß die Aktivität der Hydroxid-Ionen doppelt so groß ist wie die der Zink-Ionen

$$a_{OH^-} = 2\, a_{Zn^{2+}}. \tag{4}$$

Setzt man in Gl. (3) anstelle a_{OH^-} nach Gl. (4) $2\, a_{Zn^{2+}}$ ein, dann ergibt sich

$K_L = a_{Zn^{2+}} \cdot (2\, a_{Zn^{2+}})^2 = 4\, a^3_{Zn^{2+}}.$

Daraus erhält man

$a_{Zn^{2+}} = \sqrt[3]{\dfrac{K_L}{4}} = 1{,}645 \cdot 10^{-6}$ mol · l⁻¹.

Nach Gl. (4) ist dann

$a_{OH^-} = 3{,}29 \cdot 10^{-6}$ mol · l⁻¹.

Ein Liter der gesättigten Lösung enthält $1{,}645 \cdot 10^{-6}$ mol Zinkhydroxid in dissoziierter Form, das sind 0,16 mg.

Auch die Löslichkeitskonstanten sind temperaturabhängig; meist nimmt der Zahlenwert mit steigender Temperatur zu.

Allgemein gilt für die Löslichkeitskonstante eines Elektrolyten der Zusammensetzung $A_m B_n$

$K_L = a_A^m \cdot a_B^n.$

Die Löslichkeitskonstante gestattet eine Einteilung in leicht und schwer lösliche Stoffe:

$K_L > 1$	leicht löslicher Stoff
$K_L < 1$	schwer löslicher Stoff

Zur Charakterisierung gesättigter Lösungen verwendet man bei leicht löslichen Stoffen die Löslichkeit, bei schwer löslichen Stoffen die Löslichkeitskonstante. Tabelle 6.3 des Wissensspeichers enthält die Löslichkeitskonstanten für eine Anzahl anorganischer Verbindungen.

A 6.6. Berechnen Sie aus der Löslichkeitskonstanten die Molarität einer gesättigten Lösung von Kaliumperchlorat $KClO_4$.

6.2.3. Fällungsreaktionen

> **Fällungsreaktionen sind chemische Reaktionen, bei denen aus einer Lösung ein oder mehrere Stoffe als feste Phase ausgeschieden werden.**

Die entstandene feste Phase ist der *Niederschlag*; er kann durch *Filtration* von der Lösung abgetrennt werden, die man dann als *Filtrat* bezeichnet. Zur Darstellung von Fällungsreaktionen benutzt man Ionengleichungen, wie z. B.

$Ag^+ + Cl^- \rightleftharpoons AgCl$.

A 6.7. Geben Sie die Ionengleichungen an für die Fällung von Eisen(III)-hydroxid, Calciumcarbonat, Kupfer(II)-hydroxid, Zinksulfid.

> **Fällung tritt ein, wenn das Produkt der Ionenaktivitäten einer schwerlöslichen Verbindung in einer Lösung den Zahlenwert der Löslichkeitskonstante dieser Verbindung überschreitet.**

Das ist der Fall
- bei Vereinigung zweier Lösungen, welche die Ionen der Verbindung in entsprechend hohen Aktivitäten enthalten,
- wenn einer Lösung eine zweite Lösung zugesetzt wird, welche eine schon in der Lösung vorhandene Ionenart enthält *(gleichioniger Zusatz)*, und dadurch das Löslichkeitsprodukt überschritten wird,
- wenn durch Entzug von Lösungsmittel die Ionenaktivitäten ansteigen (z. B. durch Verdunsten oder Eindampfen),
- wenn bei Zusatz eines zweiten, mit Wasser mischbaren Lösungsmittels die Löslichkeitskonstante herabgesetzt wird.

Die ersten beiden Möglichkeiten werden in den folgenden Lehrbeispielen näher betrachtet.

Lehrbeispiel 6.4.:

Es ist die Menge des ausfallenden Niederschlags von Bleisulfat zu berechnen, die beim Zusammengießen von 0,5 l einer 0,2 molaren Blei(II)-nitrat-Lösung und

0,5 l einer 0,2 molaren Schwefelsäure ausfällt. Die Löslichkeitskonstante des Bleisulfats hat den Wert $K_L = 10^{-8}$ mol² · l⁻².

In 0,5 l einer 0,2 molaren Lösung ist 0,1 mol der gelösten Verbindung enthalten; nach dem Zusammengießen ist das Gesamtvolumen der Lösung 1 l, die Konzentrationen betragen also 0,1 mol · l⁻¹. Bei Annahme vollständiger Dissoziation in beiden Lösungen gilt zunächst

$$a_{Pb^{2+}} \cdot a_{SO_4^{2-}} = 0{,}1 \text{ mol} \cdot l^{-1} \cdot 0{,}1 \text{ mol} \cdot l^{-1} = 10^{-2} \text{ mol}^2 \cdot l^{-2}$$

Dieser Wert liegt weit über dem Zahlenwert von K_L, daher fällt Bleisulfat als Niederschlag aus

$$Pb^{2+} + SO_4^{2-} \rightarrow PbSO_4 \qquad (5)$$

Nach Einstellung des Gleichgewichts muß gelten

$$a_{Pb^{2+}} \cdot a_{SO_4^{2-}} = K_L,$$

wegen

$$a_{Pb^{2+}} = a_{SO_4^{2-}}$$

ergeben sich schließlich die Aktivitäten der in Lösung verbleibenden Ionen

$$a_{Pb^{2+}} = a_{SO_4^{2-}} = \sqrt{K_L} = 10^{-4} \text{ mol} \cdot l^{-1}.$$

Von den ursprünglich vorhandenen 0,1 mol Blei- und Sulfat-Ionen liegen im Gleichgewicht noch 0,0001 mol in Lösung vor, demzufolge sind 0,0999 mol als Niederschlag ausgefallen, das sind 99,9% der Ionen.

Lehrbeispiel 6.5.:

Durch Zusatz von Schwefelsäure zu der an Bleisulfat gesättigten Lösung (s. Lehrbeispiel 6.4.) wird $a_{SO_4^{2-}} = 10^{-1}$ mol · l⁻¹ (gleichioniger Zusatz, da bereits Sulfat-Ionen in der Lösung anwesend waren). Die sich einstellenden Aktivitäten der Blei- und Sulfat-Ionen sind zu berechnen.

Das Produkt der Ionenaktivitäten ergibt sich zunächst zu

$$a_{Pb^{2+}} \cdot a_{SO_4^{2-}} = 10^{-4} \text{ mol} \cdot l^{-1} \cdot 10^{-1} \text{ mol} \cdot l^{-1} = 10^{-5} \text{ mol}^2 \cdot l^{-2},$$

ist also wiederum größer als die Löslichkeitskonstante; erneut muß Niederschlag ausfallen. Nach (5) gehen von beiden Ionenarten gleiche Mengen in den Niederschlag über. Im Unterschied zum ersten Beispiel sind nach Einstellung des Gleichgewichts die Aktivitäten der beiden Ionenarten nicht gleich: Annähernd 10^{-7} mol · l⁻¹ Blei-Ionen und etwa 10^{-1} mol · l⁻¹ Sulfat-Ionen sind noch in Lösung, da sich für das Produkt der Ionenaktivitäten wieder der Wert $K_L = 10^{-8}$ mol² · l⁻² ergeben muß.

Die mathematische Betrachtung zeigt, daß bei weiterer Erhöhung der Aktivität der Sulfat-Ionen die der Blei-Ionen immer weiter sinken muß, aber niemals den Wert Null erreicht. Es gelingt durch Fällung also nicht, eine Ionenart vollständig aus einer Lösung zu entfernen. Vielfach betrachtet man eine Aktivität von 10^{-5} mol · l⁻¹ als Grenze: Unterhalb dieses Wertes wird eine Ionenart als ‚quantitativ gefällt' angesehen, d. h. als praktisch nicht mehr vorhanden.

A 6.8. Stellen Sie in einer Tabelle zusammen, welche Aktivitäten von Silber-Ionen in gesättigten Lösungen von Silberchlorid vorhanden sind, wenn die Aktivitäten der Chlorid-Ionen 10^{-8}, $10^{-7} \ldots 10^0$ mol $\cdot$ l^{-1} betragen.

6.3. Energetische Betrachtung

Die zwischen zwei Ionen auftretende Kraft ist nach dem COULOMBschen Gesetz dem Produkt der Ladungen proportional und dem Quadrat des Abstands ihrer Schwerpunkte umgekehrt proportional

$$F \sim \frac{Q_1 \cdot Q_2}{r^2}$$

Das bei gleichsinnig geladenen Ionen auftretende positive Vorzeichen steht für Abstoßung, negatives Vorzeichen für Anziehung. Für die Energieumsetzung bei Annäherung aus unendlicher Entfernung auf den Abstand r gilt die Beziehung

$$W \sim \frac{Q_1 \cdot Q_2}{r},$$

wobei positives Vorzeichen aufzuwendende Arbeit, negatives Vorzeichen freiwerdende Energie bedeutet.

In einem Kristallgitter überlagern sich Anziehung — zwischen einem Ion und den es umgebenden Gegen-Ionen — und Abstoßung — zwischen dem betrachteten Ion und gleichartigen Ionen (s. Bild 3.28). Wegen der Vielzahl der Wechselwirkungen in einem Kristallgitter ist weder für ein einzelnes Ion noch für das gesamte Gitter der Energiezustand durch direkte Berechnung zu ermitteln. Aus theoretischen Ansätzen läßt sich aber für den stabilen Zustand eines Kristallgitters aus anderen, meßbaren Größen die *molare Gitterenthalpie* ΔH_G berechnen.

> Die molare Gitterenthalpie ΔH_G ist die Energie, die aufgewendet werden muß, um ein Mol eines kristallinen Stoffes in seine gasförmigen Ionen zu überführen.

Diese im allgemeinen verhältnismäßig große Energie muß auch beim Lösungsvorgang aufgebracht werden (s. Tab. 6.2).
Die Anlagerung von Wassermolekülen an die Ionen, die *Hydratation*, ist dagegen ein energieliefernder (exothermer) Vorgang; die Berechnung der freiwerdenden *molaren Hydratationsenthalpie* ΔH_{Hydr} ist wegen der nicht sicher bekannten Anzahl der an ein Ion angelagerten Wassermoleküle ebenfalls nicht exakt möglich. Es ergibt sich aber ohne weiteres, daß die bei einem Lösungsvorgang insgesamt auftretende Wärmetönung — die molare Lösungsenthalpie ΔH_L — die Summe aus molarer Gitterenthalpie und molarer Hydratationsenthalpie ist.

> $\Delta H_L = \Delta H_G + \Delta H_{Hydr}$

Tabelle 6.2. Gitter-, Hydratations- und Lösungsenthalpien der Alkalihalogenide in kJ · mol⁻¹

Verbindung	H_G	H_{Hydr}	H_L
LiF	1039	−1040	− 1
LiCl	850	− 893	−43
LiBr	802	− 851	−49
LiI	742	− 807	−65
NaF	920	− 919	1
NaCl	780	− 776	4
NaBr	740	− 741	− 1
NaI	692	− 701	− 9
KF	816	− 837	−21
KCl	710	− 692	18
KBr	680	− 660	20
KI	639	− 619	20

Der Lösungsvorgang verläuft exotherm (unter Erwärmung der Lösung), d. h., die Lösungsenthalpie hat negatives Vorzeichen, wenn der Betrag der Hydratationsenthalpie größer ist als der Betrag der Gitterenthalpie. Im umgekehrten Fall wird bei einem kleinen Differenzbetrag die benötigte Energie der inneren Energie des Systems entnommen: Die Lösung kühlt sich ab. Ist der Differenzbetrag groß, kann sich der Stoff nicht lösen.
Ein gesetzmäßiger Zusammenhang zwischen Lösungsenthalpie und Löslichkeit existiert allerdings nicht.

A 6.9. Ist die Auflösung von Magnesiumbromid MgBr₂ in Wasser ein exothermer oder ein endothermer Vorgang? Vergleichen Sie das Ergebnis der Berechnung und die gegebenen Zahlenwerte für ΔH_G und ΔH_{Hydr} mit Werten aus Tabelle 6.2!

$\Delta H_G = 2402$ kJ · mol⁻¹

$\Delta H_{Hydr} = -2587$ kJ · mol⁻¹

6.4. Weitere Übungsaufgaben

A 6.10. Wieviel Wasser ist erforderlich, um aus 1 kg Kaliumnitrat bei 293 K eine gesättigte Lösung herzustellen?

A 6.11. Eine 5,3 molare Lösung von Natriumchlorid hat bei 293 K die Dichte 1,1972 g · cm⁻³. Ist sie gesättigt?

A 6.12. Stellen Sie in einer Tabelle die Löslichkeitsprodukte der Sulfate und Carbonate der Elemente der zweiten Hauptgruppe des PSE zusammen (Tabelle 6.3 im Wissensspeicher). Formulieren Sie die erkennbare Gesetzmäßigkeit in Worten.

A 6.13. Für Magnesiumiodid MgI₂ gelten folgende Werte:

$\Delta H_G = 2293$ kJ · mol⁻¹

$\Delta H_L = -217$ kJ · mol⁻¹

Berechnen Sie die Hydratationsenthalpie und begründen Sie den Unterschied dieses Wertes und der Gitterenthalpie gegenüber denen von Magnesiumbromid (A 6.9.).

7. Komplexreaktionen

Die Grundlagen der Komplexchemie wurden durch Arbeiten von ALFRED WERNER (1866—1919) geschaffen. Inzwischen haben komplexchemische Reaktionen und Verbindungen in vielen Industriezweigen Eingang gefunden und Bedeutung erlangt. So findet man derartige Reaktionen z. B. beim Bauxitaufschluß in der Aluminiumgewinnung, bei Wasseranalysen im Labor, bei der Wasserenthärtung im Haushalt, beim Fixieren in der Fototechnik sowie bei der Produktion bestimmter Farbstoffe und Arzneimittel.

> Als Komplexreaktion bezeichnet man chemische Reaktionen, die zwischen Komplexverbindungen ablaufen oder zur Bildung bzw. zum Zerfall solcher Verbindungen führen.

7.1. Nomenklatur von Komplexverbindungen

> Komplex-Ionen im engeren Sinne sind Kationen oder Anionen, die aus einem Metall-Zentral-Ion oder -Atom und daran gebundenen Liganden bestehen.

Derartige Komplex-Ionen sind innerhalb einer Komplexformel durch eckige Klammern gekennzeichnet und besitzen ein Gegen-Ion (s. 3.2.11.), z. B.:

$[Ag(NH_3)_2]Cl$ Komplexverbindung mit komplexem Kation und Gegenanion

$Na[Al(OH)_4]$[1]   Komplexverbindung mit komplexem Anion und Gegenkation

Beide Formelbeispiele besitzen Liganden, die aus mehreren Atomen zusammengesetzt und in runder Klammer eingeschlossen sind. Die Ligandenanzahl ist durch tiefgestellte Ziffer hinter dieser Klammer angegeben. Bei einatomigen Liganden (Halogenatome) entfällt die Klammer.

Für die *Nomenklatur* gilt folgende Festlegung:

1. Anzahl der Liganden: 2 = di, 3 = tri, 4 = tetra, 6 = hexa

---

[1]) Die Koordinationszahl von Aluminium ist 6; anstelle der exakten Formel für diese Verbindung $Na[Al(H_2O)_2(OH)_4]$ wird bei Berechnungen häufig die angegebene vereinfachte Formel verwendet.

2. Art der Liganden: OH = -hydroxo, NH₃ = -ammin, Cl = -chloro, Br = -bromo, I = -iodo, S₂O₃ = -thiosulfato, CN = -cyano
3. Komplexe Anionen tragen die Endung »-at«.

Daraus ergeben sich für die genannten Komplexverbindungen die Bezeichnungen:

[Ag(NH₃)₂]Cl = Diamminsilber-chlorid
Na[Al(OH)₄] = Natrium-tetrahydroxoaluminat

A 7.1. Entwickeln Sie aus den Namen die entsprechenden Formeln: Hexamminkobalt(II)-chlorid, Natrium-dicyanoargentat
Benennen Sie nachstehende Komplexverbindungen: [Cu(NH₃)₄](OH)₂, Na₃[Ag(S₂O₃)₂]

7.2. Bildung und Stabilität von Komplexverbindungen

Aus Aluminium-Ionen und Hydroxid-Ionen entsteht entsprechend der Löslichkeitskonstante ein Niederschlag von weißem Aluminiumhydroxid, der sich bei weiterer Hydroxid-Ionen-Zugabe wieder auflöst (Bauxitaufschluß).

$$Al^{3+} + 3\,OH^- \rightleftarrows Al(OH)_3 \tag{1}$$

$$Al(OH)_3 + OH^- \rightleftarrows [Al(OH)_4]^- \tag{2}$$

Das Tetrahydroxoaluminat-Komplex-Ion steht im chemischen Gleichgewicht mit den Ionen, aus denen es entstanden ist. Dabei unterscheidet man die Reaktionsrichtung der *Komplexbildung* von der des *Komplexzerfalls*.

$$Al^{3+} + 4\,OH^- \underset{\text{Komplexzerfall}}{\overset{\text{Komplexbildung}}{\rightleftarrows}} [Al(OH)_4]^- \tag{3}$$

In das Massenwirkungsgesetz einformuliert ergibt sich:

$$\frac{a_{[Al(OH)_4]^-}}{a_{Al^{3+}} \cdot a^4_{OH^-}} = K_B = 8 \cdot 10^{32}\ l^4\ mol^{-4}$$

Die Gleichgewichtskonstante K_B heißt in diesem Falle *Komplexbildungskonstante*. Bei hier vorliegendem großem Zahlenwert liegt das Gleichgewicht weit auf der rechten Seite. Der Zahlenwert der Komplexbildungskonstante K_B drückt somit die *Stabilität* eines Komplex-Ions aus. Beständige Komplex-Ionen heißen auch *starke*, weniger beständige *schwache Komplexe*. Tabelle 7.1 (bis 5. Aufl. 7.4) des Wissensspeichers enthält einige Komplexbildungskonstanten.

A 7.2. Ordnen Sie die folgenden Komplex-Ionen nach ihrer Beständigkeit: Tetramminzink-Ion, Hexacyanoferrat(III)-Ion, Tetrahydroxoaluminat-Ion, Diamminsilber-Ion

7.3. Abbau von Ionengittern unter Bildung löslicher Komplex-Ionen

Die Anzahl der Reaktionen, bei denen ein Fällungsmittelüberschuß zur Wiederauflösung des Niederschlags unter Komplexbildung führt, ist gering. Häufiger entstehen Komplexe dadurch, daß andersartige komplexbildende Liganden schwerlösliche Verbindungen auflösen. Als Beispiel sollen die Komplexbildungen aus Silberchlorid bzw. Kupfer(II)-carbonat nach folgenden Gleichungen dienen:

$$AgCl + 2\,CN^- \rightleftarrows [Ag(CN)_2]^- + Cl^- \tag{4}$$

$$CuCO_3 + 4\,NH_3 \rightleftarrows [Cu(NH_3)_4]^{2+} + CO_3^{2-} \tag{5}$$

Ob und in welchem Umfang die Reaktion im gewünschten Sinne abläuft, hängt von den Zahlenwerten der *Komplexbildungskonstante* K_B einerseits und der *Löslichkeitskonstante* K_L (s. 6.2.2.) andererseits ab. Ein Beispiel soll das erläutern:

Lehrbeispiel 7.1.:

Können Cyanid-Ionen Silberchlorid unter Komplexbildung auflösen?

Lösungsweg:

Die Gesamtreaktion ist aus Gleichung (4) bekannt. Daraus werden die beiden Teilreaktionen abgeleitet und die dazu gehörigen Zahlenwerte für die Konstanten dem Wissensspeicher entnommen:

$Ag^+ + 2\,CN^- \rightleftarrows [Ag(CN)_2]^-$ $K_B = 1{,}0 \cdot 10^{21}\,l^2\,mol^{-2}$
$AgCl \rightleftarrows Ag^+ + Cl^-$ $K_L = 1{,}1 \cdot 10^{-10}\,mol^2\,l^{-2}$

Durch Multiplikation beider Zahlenwerte ergibt sich die *Gleichgewichtskonstante für die Gesamtreaktion* K. Zum Abschätzen der Gleichgewichtslage genügt dabei die Überschlagsrechnung mit Zehnerpotenzen.

$K_B \cdot K_L \approx 10^{21} \cdot 10^{-10}$
$K \approx 10^{11}$

Das Gleichgewicht liegt weit auf der rechten Seite, Silberchlorid löst sich durch Cyanid-Ionen unter Komplexbildung auf.

A 7.3. Kann Ammoniak Kupfer(II)-carbonat (Gleichung (5)) unter Komplexbildung ebenfalls auflösen?

Auch für den Fall, daß die Gleichgewichtskonstante für die Gesamtreaktion $K < 1$ ist, läßt sich u. U. eine Auflösung unter Komplexbildung noch erzwingen. Hierzu ist ein Überschuß an ligandenbildenden Substanzen erforderlich. (Prinzip vom kleinsten Zwang!)

Aquokomplexe

Beim Auflösen eines Salzes in Wasser lagern sich Wasserdipolmoleküle gerichtet an (s. Abschnitt 6.). Dabei können Wasserdipolmoleküle als komplexbildende Liganden wirken, wobei die Anzahl der Wassermoleküle zunächst der jeweiligen Ligandenkoordinationszahl entspricht. So bilden z. B. Silber-Ionen ein Diaquosilber-Komplex-Ion $[Ag(H_2O)_2]^+$, das, wie die meisten Aquokomplex-Ionen, recht unbeständig ist und eine vergleichsweise niedrige Komplexbildungskonstante besitzt. Bei Verdünnung lagern sich weitere Wasserdipolmoleküle an. Es entsteht ein *hydratisiertes* Silber-*Ion* $[Ag(H_2O)_x]^+$.

7.4. Fällungsreaktionen aus löslichen Komplexverbindungen

Bei entsprechendem Zahlenwertverhältnis zwischen *Löslichkeitskonstante* K_L und *Komplexbildungskonstante* K_B kann eine Reaktion auch unter *Komplexzerfall* verlaufen. Durch Fällungsreaktion (Bildung eines schwerlöslichen Niederschlags) werden Ionengitter aufgebaut.

Lehrbeispiel 7.2.:

Kann Silberiodid durch Ammoniak unter Komplexbildung in Lösung gehen?

$$AgI + 2\,NH_3 \rightleftarrows [Ag(NH_3)_2]^+ + I^- \tag{6}$$

Lösungsweg:

Die beiden Teilreaktionen werden abgeleitet, die dazugehörigen Konstanten dem Wissensspeicher entnommen:

$Ag^+ + 2\,NH_3 \rightleftarrows [Ag(NH_3)_2]^+ \qquad K_B = 1{,}3 \cdot 10^7\ l^2\ mol^{-2}$

$AgI \qquad\qquad \rightleftarrows Ag^+ + I^- \qquad K_L = 1{,}0 \cdot 10^{-16}\ mol^2\ l^{-2}$

Durch Multiplikation der Zehnerpotenzen ergibt sich als Zahlenwert für $K = 10^{-9}$. Da das Gleichgewicht (6) weit auf der linken Seite liegt, kann Silberiodid durch Ammoniak nicht in Lösung gehen. Ein durch andere Reaktion gebildetes Diamminsilberiodid-Komplex-Ion würde umgehend zerfallen.

A 7.4. Untersuchen Sie, ob Kupfer(II)-sulfid durch Ammoniak unter Bildung von Tetramminkupfer(II)-Komplex-Ionen und Sulfid-Ionen in Lösung geht.
Stellen Sie die Gesamtreaktionsgleichung auf und begründen Sie Ihre Entscheidung.

7.5. Gekoppelte Komplexreaktionen

> Chemische Umsetzungen, bei denen aus Komplex-Ionen die Liganden ausgetauscht werden, heißen gekoppelte Komplexreaktionen.

Die Reaktion verläuft vornehmlich so, daß der schwache Komplex dabei zerstört wird.

Lehrbeispiel 7.3.:

Können Cyanid-Ionen Diamminsilber-Komplex-Ionen unter Bildung eines Dicyanoargentat-Komplexes zerstören?

Lösungsweg:

Entsprechend der Frage sollten der Dicyanoargentat-Komplex gebildet und der Diamminsilber-Komplex zerstört werden. Es müssen somit die Komplexbildungskonstante K_B des erwünschten mit der Komplexzerfallskonstante $\dfrac{1}{K_B}$ des unerwünschten Komplexes multipliziert werden.
Die Überschlagsrechnung mit Zehnerpotenzen ergibt für K:

$$K \approx 10^{21} \cdot \frac{1}{10^7} = 10^{14}$$

Die Reaktion verläuft weitestgehend in der gefragten Richtung.

$$[Ag(NH_3)_2]^+ + 2\,CN^- \rightarrow [Ag(CN)_2]^- + 2\,NH_3 \tag{7}$$

A 7.5. Für folgende gekoppelte Komplexreaktion sind Gleichgewichtskonstante und Gleichgewichtslage zu ermitteln.

$$[Cd(NH_3)_4]^{2+} + 4\,CN^- \rightleftarrows [Cd(CN)_4]^{2-} + 4\,NH_3$$

Weitere Anwendungsbeispiele für Komplexreaktionen bringt der Baustein ‚Chemisches Praktikum'.

7.6. Weitere Übungsaufgaben

A 7.6. Erklären Sie, weshalb sich Silberchlorid zu Diamminsilber-Komplex-Ion erst durch Ammoniaküberschuß bilden kann.

    a) Formulieren Sie die Reaktionsgleichung.
    b) Berechnen Sie die Gleichgewichtskonstante für die Gesamtreaktion.
    c) Begründen Sie den erwähnten Ammoniaküberschuß.

A 7.7. Berechnen Sie, ob aus Hexamminkobalt(II)-Komplex-Lösung das Kobalt(II)-hydroxid ausgefällt werden kann.

A 7.8. Nach welcher Gleichungsseite sind bei annähernd gleicher Ionenaktivität die folgenden Gleichgewichtsreaktionen verlagert? Entsteht jeweils eine Komplexverbindung oder ergibt sich eine Fällungsreaktion?

    a) $CdCO_3 + 4\,NH_3 \rightleftarrows [Cd(NH_3)_4]^{2-} + CO_3^{2-}$
    b) $Co(OH)_2 + 6\,NH_3 \rightleftarrows [Co(NH_3)_6]^{2+} + 2\,OH^-$
    c) $AgCl + 2\,S_2O_3^{2-} \rightleftarrows [Ag(S_2O_3)_2]^{3-} + Cl^-$
    d) $AgI + 2\,S_2O_3^{2-} \rightleftarrows [Ag(S_2O_3)_2]^{3-} + I^-$
    e) $AgBr + 2\,NH_3 \rightleftarrows [Ag(NH_3)_2]^+ + Br^-$

8. Säure-Base-Reaktionen

8.1. BRÖNSTEDsche Säure-Base-Definition

Nach einem Vorschlag des dänischen Chemikers BRÖNSTED aus dem Jahre 1923 werden alle chemischen Reaktionen, die mit einem *Protonenübergang* verbunden sind, zu einem *Reaktionstyp* zusammengefaßt.
Solche Reaktionen sind zum Beispiel die Umsetzungen, die in wäßrigen Lösungen von *Chlorwasserstoff* HCl und *Ammoniak* NH_3 stattfinden:

$$HCl \rightleftarrows Cl^- + H^+ \qquad \text{(Protonenabgabe)}$$
$$\underline{H_2O + H^+ \rightleftarrows H_3O^+ \qquad \text{(Protonenaufnahme)}}$$
$$HCl + H_2O \rightleftarrows Cl^- + H_3O^+ \qquad (1)$$

(Das dabei entstehende Hydronium-Ion H_3O^+ ist aus dem Abschnitt 3.2.8. bekannt.)

$$H_2O \rightleftarrows OH^- + H^+ \qquad \text{(Protonenabgabe)}$$
$$\underline{NH_3 + H^+ \rightleftarrows NH_4^+ \qquad \text{(Protonenaufnahme)}}$$
$$H_2O + NH_3 \rightleftarrows OH^- + NH^+_4 \qquad (2)$$

Während das Chlorwasserstoffmolekül in wäßriger Lösung ein Proton (Wasserstoff-Ion) abgibt, nimmt das Ammoniakmolekül in wäßriger Lösung ein Proton (Wasserstoff-Ion) auf und wird zum Ammonium-Ion NH_4^+. Dabei handelt es sich um *Gleichgewichtsreaktionen* (s. Abschn. 5.), was der Doppelpfeil zum Ausdruck bringt.
Alle Reaktionen, die auf einer Abgabe und einer Aufnahme von Protonen beruhen, werden nach BRÖNSTED als

— *protolytische Reaktionen* (kurz *Protolysen*) oder auch als
— *Säure-Base-Reaktionen*

bezeichnet. Dabei wird von folgenden Definitionen ausgegangen:

> ● **Säuren sind Protonendonatoren**[1]**),**
>   das heißt Moleküle und Ionen, die Protonen abgeben können.
> ● **Basen sind Protonenakzeptoren**[1]**),**
>   das heißt Moleküle und Ionen, die Protonen aufnehmen können.

---

[1]) von lat. donare = geben; acceptare = empfangen

A 8.1. Ordnen Sie die in den Gleichungen (1) und (2) auftretenden Moleküle und Ionen nach Protonendonatoren und Protonenakzeptoren!

Bemerkenswert ist dabei, daß das Wassermolekül einmal als Protonenakzeptor und einmal als Protonendonator auftritt.

Die Verwendung der Begriffe Säure und Base durch BRÖNSTED weicht ab von den Definitionen dieser Begriffe, die vom Begründer der Ionentheorie, dem holländischen Chemiker ARRHENIUS, in den Jahren 1884/87 erarbeitet wurden:

- Säuren sind Stoffe, die in wäßriger Lösung Wasserstoff-Ionen H^+ abspalten.
- Basen sind Stoffe, die in wäßriger Lösung Hydroxid-Ionen OH^- abspalten.

Zwischen beiden Definitionen bestehen folgende wesentliche Unterschiede:

1. Nach ARRHENIUS sind Säuren und Basen chemische Verbindungen, deren Moleküle in Ionen dissoziieren.
   BRÖNSTED betrachtet nicht nur Moleküle, sondern auch Ionen, die Protonen abgeben bzw. aufnehmen können, als Säuren bzw. Basen.

2. Die saure Reaktion einer wäßrigen Lösung von Chlorwasserstoff (Salzsäure) ist nach ARRHENIUS auf die elektrolytische Dissoziation der Chlorwasserstoffmoleküle
   $$HCl \rightleftarrows Cl^- + H^+,$$
   nach BRÖNSTED auf deren Reaktion mit Wassermolekülen
   $$HCl + H_2O \rightleftarrows Cl^- + H_3O^+$$
   zurückzuführen. Da die Hydronium-Ionen H_3O^+ auch als hydratisierte Wasserstoff-Ionen $H^+ \cdot H_2O$ aufgefaßt werden können, besteht in dieser Hinsicht kein grundsätzlicher Widerspruch zwischen den beiden Säurebegriffen.

3. Nach BRÖNSTED ist das Ammoniakmolekül NH_3 eine Base, da es ein Proton aufnehmen kann:
   $$NH_3 + H^+ \rightleftarrows NH_4^+$$
   Das weicht völlig ab von der Definition ARRHENIUS', nach der die basische Reaktion einer wäßrigen Ammoniaklösung auf die bei der elektrolytischen Dissoziation der — frei nicht existierenden — Verbindung Ammoniumhydroxid NH_4OH entstehenden Hydroxid-Ionen OH^- zurückgeführt wird:
   $$NH_4OH \rightleftarrows NH_4^+ + OH^-$$
   Nach BRÖNSTED ist das Ammoniakmolekül NH_3 die Base, nach ARRHENIUS dagegen das Ammoniumhydroxid NH_4OH.

4. Die BRÖNSTEDsche Säure-Base-Definition trägt der Tatsache Rechnung, daß es Moleküle und Ionen gibt, die als Säure und Base reagieren können. In dieser Einheit der Gegensätze zeigt sich die in der Natur herrschende objektive Dialektik. Aussagen über den sauren oder basischen Charakter von Stoffen können nur in bezug auf bestimmte Reaktionspartner getroffen werden. Das ist ein Beispiel dafür, daß Dinge und Erscheinungen stets in ihrem allgemeinen Zusammenhang zu betrachten sind, wie es der dialektische Materialismus lehrt.

A 8.2. Ermitteln Sie, in welcher der Reaktionen (1) und (2) das Wassermolekül a) als Säure, b) als Base auftritt.

Da Protonen (Wasserstoff-Ionen) entgegen den Auffassungen ARRHENIUS' in wäßriger Lösung nicht frei existieren können, müssen bei Säure-Base-Reaktionen stets ein Protonendonator und ein Protonenakzeptor gegenüberstehen. Das Wasserstoffmolekül ist in Gleichung (1) Base (Protonenakzeptor) und in Gleichung (2) Säure (Protonendonator).

8.2. Protolytische Reaktionen (Protolysen)

Protolysen sind chemische Reaktionen, die unter Protonenübergang (Abgabe und Aufnahme von Protonen) ablaufen.

Zur Behandlung der protolytischen Reaktionen bedarf es der Einführung einiger neuer Begriffe.
Die an einer protolytischen Reaktion beteiligten Moleküle und Ionen werden als *protolytisches System* bezeichnet. Jedes protolytische System setzt sich aus zwei *protolytischen Halbsystemen* zusammen. Wenden wir das auf die Gleichungen (1) und (2) an:

$HCl \rightleftarrows Cl^- + H^+$ (1. Halbsystem)
$H_2O + H^+ \rightleftarrows H_3O^+$ (2. Halbsystem)
$HCl + H_2O \rightleftarrows Cl^- + H_3O^+$ (protolytisches System)

$H_2O \rightleftarrows OH^- + H^+$ (1. Halbsystem)
$NH_3 + H^+ \rightleftarrows NH_4^+$ (2. Halbsystem)
$H_2O + NH_3 \rightleftarrows OH^- + NH_4^+$ (protolytisches System)

A 8.3. Kennzeichnen Sie in den Halbsystemen die Säuren mit S, die Basen mit B!

Es fällt auf, daß in jedem dieser Halbsysteme auf der einen Seite eine Säure, auf der anderen Seite eine Base sowie ein Proton stehen:

Säure $\rightleftarrows$ Base + Proton

Säuren und Basen, die in dieser Weise zusammengehören, sich also nur durch ein Proton voneinander unterscheiden, werden auch als *korrespondierende Säure-Base-Paare* bezeichnet. (In den folgenden Darlegungen wird meist kurz von *Säure-Base-Paaren* gesprochen werden.)

A 8.4. Schreiben Sie die in den vorstehenden Gleichungen enthaltenen Säure-Base-Paare (Halbsysteme) so nieder, daß jeweils die Säure links, die Base rechts steht.

Als weitere Beispiele werden folgende korrespondierende Säure-Base-Paare herangezogen:

$H_2SO_4 \rightleftarrows HSO_4^- + H^+$

$HSO_4^- \rightleftarrows SO_4^{2-} + H^+$

$NH_3 \rightleftarrows NH_2^- + H^+$

$N_2H_6^{2+} \rightleftarrows N_2H_5^+ + H^+$ [1])

Die Beispiele lassen erkennen, daß an jedem Säure-Base-Paar höchstens ein Molekül beteiligt ist und daß auch beide Partner Ionen sein können. Dabei ist die Ladung der Base infolge der Abgabe eines Protons jeweils um 1 niedriger als die Ladung der Säure.

Nach dem Ladungszustand der als Säuren oder als Basen reagierenden Teilchen wird unterschieden zwischen:

Molekülsäuren (Neutralsäuren)	**Molekülbasen** (Neutralbasen)
Kationsäuren	**Kationbasen**
Anionsäuren	**Anionbasen**

A 8.5. Ordnen Sie die in den bisherigen Beispielen auftretenden Säuren und Basen danach ein!

Alle Moleküle und Ionen, die imstande sind, Protonen abzugeben oder aufzunehmen, werden als Protolyte bezeichnet.

Protolyt ist der Oberbegriff

- für Protonendonator und Protonenakzeptor bzw.
- für Säure und Base (im Sinne BRÖNSTEDS).

Moleküle und Ionen, die sowohl als Säure als auch als Base aufzutreten vermögen, werden *Ampholyte*[2]) genannt. In Bild 8.1 sind diese von BRÖNSTED eingeführten Begriffe vom Standpunkt der Mengenlehre dargestellt.

A 8.6. Welche der bisher als Beispiele verwendeten Protolyte sind Ampholyte?

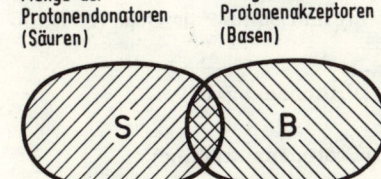

Bild 8.1. Die Menge der Protolyte und ihre Teilmengen

Menge der Protonendonatoren (Säuren)
Menge der Protonenakzeptoren (Basen)
Menge der Protolyte $S \cup B$
Menge der Ampholyte $S \cap B$

---

[1]) Hydrazinium(II)- bzw. -(I)-Ion
[2]) ampho (griech.) = beide zugleich

In Verallgemeinerung der bisher behandelten Beispiele läßt sich zusammenfassen:
Eine protolytische Reaktion (ein protolytisches System) kommt zustande, wenn
von zwei korrespondierenden Säure-Base-Paaren (protolytischen Halbsystemen)

- das eine als Säure (Protonendonator),
- das andere als Base (Protonenakzeptor)

reagiert. Die Protonen, die vom Säure-Base-Paar 1 abgegeben werden, nimmt das
Säure-Base-Paar 2 auf.

Die Säuren und Basen der beiden Säure-Base-Paare können wie folgt gekennzeichnet werden:

HCl	$\rightleftarrows Cl^- + H^+$	Säure-Base-Paar 1
Säure 1	$\rightleftarrows$ Base 1 + Proton	
$H_2O + H^+$	$\rightleftarrows H_3O^+$	Säure-Base-Paar 2
Base 2 + Proton	$\rightleftarrows$ Säure 2	
HCl + H_2O	$\rightleftarrows Cl^- + H_3O^+$	
Säure 1 + Base 2	$\rightleftarrows$ Base 1 + Säure 2	

Durch Addition der beiden Säure-Base-Paare erhalten wir die allgemeine Gleichung für alle protolytischen Reaktionen (protolytischen Systeme):

> **Säure 1 + Base 2 $\rightleftarrows$ Base 1 + Säure 2**

A 8.7. Stellen Sie die protolytische Reaktion zwischen Ammoniak und Wasser nach Gleichung (2) in der gleichen Weise dar!

Bei den protolytischen Reaktionen in wäßriger Lösung, auf deren Behandlung wir uns beschränken, tritt meist das Wassermolekül in einem der beiden Säure-Base-Paare auf.

A 8.8. Formulieren Sie die Protolyse des Schwefelsäuremoleküls in wäßriger Lösung.

8.3. Autoprotolyse des Wassers

In allen wäßrigen Lösungen liegt ein protolytisches System vor, in dem das Wassermolekül einmal als Säure (1. Halbsystem) und einmal als Base (2. Halbsystem) auftritt:

H_2O	$\rightleftarrows OH^- + H^+$	(Protonenabgabe)
Säure 1	Base 1	
$H_2O + H^+$	$\rightleftarrows H_3O^+$	(Protonenaufnahme)
Base 2	Säure 2	
$H_2O + H_2O$	$\rightleftarrows OH^- + H_3O^+$	
Säure 1 Base 2	Base 1 Säure 2	

Diese protolytische Reaktion

$$2\,H_2O \rightleftarrows H_3O^+ + OH^-$$

wird als *Autoprotolyse*[1]) des Wassers bezeichnet. Das chemische Gleichgewicht liegt weit auf der linken Seite. Nur $2 \cdot 10^{-7}$ mol·l^{-1} der Wassermoleküle setzen sich zu Hydronium-Ionen und Hydroxid-Ionen um, deren Konzentration damit je 10^{-7} mol·l^{-1} ist. Diese sehr gering erscheinende Konzentration darf aber nicht darüber hinwegtäuschen, daß — da 1 Mol rund $6 \cdot 10^{23}$ elementare Einheiten umfaßt — in jedem Liter Wasser $6 \cdot 10^{16}$ Ionen beider Arten enthalten sind, die eine große chemische und physiologische Wirkung ausüben.

Nach dem Massenwirkungsgesetz ergibt sich für die Autoprotolyse des Wassers die Gleichung:

$$\frac{c_{H_3O^+} \cdot c_{OH^-}}{c^2_{H_2O}} = K$$

Da die Konzentration des Wassers bei Reaktionen in verdünnten wäßrigen Lösungen praktisch unverändert bleibt, wird sie in die Gleichgewichtskonstante einbezogen:

$$c_{H_3O^+} \cdot c_{OH^-} = K \cdot c^2_{H_2O}$$

$$c_{H_3O^+} \cdot c_{OH^-} = K_W$$

Die Gleichgewichtskonstante K_W wird als *Protolysekonstante des Wassers* oder auch als *Ionenprodukt des Wassers* bezeichnet. Durch Einsetzen der Konzentrationen der Hydronium- und Hydroxid-Ionen erhält man für 22 °C [2]):

$$10^{-7}\,\text{mol}\cdot l^{-1} \cdot 10^{-7}\,\text{mol}\cdot l^{-1} = 10^{-14}\,\text{mol}^2\cdot l^{-2}$$

> **Die Protolysekonstante (das Ionenprodukt) des Wassers**
> $$K_W = 10^{-14}\,\text{mol}^2\cdot l^{-2}$$

gilt nicht nur für das Wasser selbst, sondern auch für alle wäßrigen Lösungen, auch für solche, die sauer oder basisch reagieren. Soweit es sich dabei nicht um sehr verdünnte Lösungen handelt, müssen allerdings die Wechselwirkungen zwischen den Ionen berücksichtigt werden. Das geschieht, indem statt der (wirklichen) Konzentrationen die *Aktivitäten* (die wirksamen Konzentrationen, siehe Abschn. 5., S. 107) zugrunde gelegt werden.

$$a_{H_3O^+} \cdot a_{OH^-} = K_W$$

---

[1]) autos (griech.) = selbst
[2]) K_W wird mit steigender Temperatur größer, bei 65 °C $K_W = 10^{-13}$ mol$^2 \cdot l^{-2}$

Mit der Aktivität der Hydronium-Ionen $a_{H_3O^+}$ ist stets auch die Aktivität der Hydroxid-Ionen a_{OH^-} gegeben, da diese beiden Größen einander umgekehrt proportional sind:

Für saure Lösungen ist

$a_{H_3O^+} > 10^{-7}$ mol·l^{-1}

und demnach

$a_{OH^-} < 10^{-7}$ mol·l^{-1}.

Für basische Lösungen ist

$a_{OH^-} > 10^{-7}$ mol·l^{-1}

und demnach

$a_{H_3O^+} < 10^{-7}$ mol·l^{-1}.

A 8.9. Berechnen Sie a_{OH^-} aus folgenden $a_{H_3O^+}$: 10^{-4} mol·l^{-1}; $2 \cdot 10^{-7}$ mol·l^{-1}; $2,5 \cdot 10^{-10}$ mol·l^{-1}; $4 \cdot 10^{-3}$ mol·l^{-1}.
Berechnen Sie $a_{H_3O^+}$ aus folgenden a_{OH^-}: 10^{-5} mol·l^{-1}; $5 \cdot 10^{-8}$ mol·l^{-1}; $1,25 \cdot 10^{-4}$ mol·l^{-1}; $2 \cdot 10^{-13}$ mol·l^{-1}.
Geben Sie zu jedem Beispiel an, ob die Lösung sauer oder basisch reagiert!

8.4. *p*H-Wert

Da die Handhabung der in Zehnerpotenzen mit negativen Exponenten angegebenen Wasserstoffionenaktivitäten $a_{H_3O^+}$ recht umständlich ist, wird an deren Stelle — nach einem Vorschlag des dänischen Chemikers SÖRENSEN — der *p*H-Wert[1]) verwendet.

> **Der *p*H-Wert ist der negative dekadische Logarithmus des Zahlenwertes der Hydroniumionenaktivität:**
>
> $p\text{H} = -\lg a_{H_3O^+}$

Unter a wird hier und im folgenden der Zahlenwert der Aktivität verstanden, der sich bei Verwendung der Maßeinheit mol·l^{-1} ergibt. Danach gelten folgende *p*H-Werte:

reines Wasser bzw. neutrale Lösung	$a_{H_3O^+} = 10^{-7}$	$p\text{H} = 7$
saure Lösungen	$a_{H_3O^+} > 10^{-7}$	$p\text{H} < 7$
basische Lösungen	$a_{H_3O^+} < 10^{-7}$	$p\text{H} > 7$

---

[1]) potentia hydrogenii (lat.) = Wirksamkeit des Wasserstoffs

Beispiele:

Die Aktivität der Hydronium-Ionen $a_{HO^+} = 8 \cdot 10^{-11}$ mol·l^{-1} ist in den pH-Wert umzurechnen.

$p\text{H} = -\lg 8 \cdot 10^{-11}$ $-\lg 8 = -0,9$
$\phantom{p\text{H} = -\lg 8 \cdot 10^{-11}\ \ \ }-\lg 10^{-11} = 11$
$p\text{H} = 11 - 0,9$
$p\text{H} = 10,1$

Der pH-Wert 9,1 ist in die Aktivität der Hydronium-Ionen $a_{H_3O^+}$ umzurechnen.

$a_{H_3O^+} = 10^{-p\text{H}}$

$a_{H_3O^+} = 10^{-9,1}$

$a_{H_3O^+} = 10^{0,9-10}$

$a_{H_3O^+} = 10^{0,9} \cdot 10^{-10}$ $0,9 = \lg 7,9$

$a_{H_3O^+} = 7,9 \cdot 10^{-10}$

A 8.10. Errechnen Sie aus den in A 8.9. angegebenen Werten die pH-Werte!

Der pH-Wert ist für den Ablauf vieler chemischer Reaktionen nicht nur in der chemischen Industrie, sondern in vielen Industriezweigen und in der Landwirtschaft ausschlaggebend, aber ebenso für alle Lebensvorgänge. So beträgt der pH-Wert der Blutflüssigkeit 7,33, der des Darmsaftes liegt bei 8,3 (also im basischen Bereich), der des Magensaftes zwischen 0,9 und 1,6 (also im sauren Bereich). Die als Sodbrennen bekannte Erscheinung kann sowohl auf einem zu niedrigen als auch auf einem zu hohen pH-Wert des Magensaftes beruhen.

Für Trinkwasser ist nach TGL 22433 der pH-Bereich 6···9 zulässig, angestrebt wird der Bereich 6,8···8,6. Auch der pH-Wert der Abwässer muß etwa in diesem Bereich liegen und im Interesse des Umweltschutzes erforderlichenfalls durch Zugabe berechneter Mengen Säure oder Lauge korrigiert werden.

Von volkswirtschaftlicher Bedeutung ist vor allem der Einfluß, den der pH-Wert auf die Korrosion von Rohrleitungen und Behältern ausübt. Unterhalb des pH-Wertes 4 kommt es zur Wasserstoffkorrosion, oberhalb zur Sauerstoffkorrosion von Metallen (s. Abschn. 10.5.1.). In galvanischen Bädern sind bestimmte pH-Werte einzuhalten. So muß er in einem Nickelbad 4,5 betragen, andernfalls kommt es zur Ausfällung von Nickelhydroxid oder zur verstärkten Mitabscheidung von Wasserstoff.

Die pH-Wert-Bestimmung gehört daher zu den gebräuchlichsten Untersuchungen von Betriebslaboratorien. Dabei ist zu unterscheiden zwischen

- der pH-Wert-Bestimmung mittels Farbindikatoren und
- der elektrochemischen pH-Wert-Messung.

Als *Indikatoren* werden organische Farbstoffe eingesetzt, die in einem bestimmten pH-Wert-Bereich *(Umschlagbereich)* ihre Farbe ändern (Bild 8.2). Mit Universalindikatorpapieren, die mit speziellen Farbstoffmischungen getränkt sind, lassen sich sehr rasch pH-Wert-Bestimmungen durchführen, die zum Teil schon bis zur 1. Stelle nach dem Komma reichen.

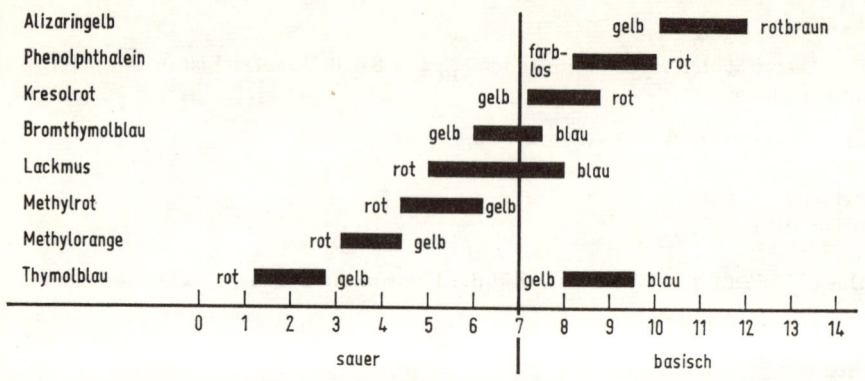

Bild 8.2. Umschlagbereiche einiger Indikatoren

Die elektrochemische pH-Wert-Messung liefert genauere Werte. Sie beruht auf der Messung der Potentialdifferenz zwischen einer in die Untersuchungslösung tauchenden Elektrode, deren Potential pH-abhängig ist, und einer Bezugselektrode. Hierfür gibt es Meßgeräte, deren Skalen die unmittelbare Ablesung des pH-Wertes gestatten.

A 8.11. Welche Farbe weisen Lackmus, Phenolphthalein, Methylorange, Methylrot, Thymolblau und Bromthymolblau
a) beim pH-Wert 3; b) beim pH-Wert 11 auf?

Da das vorliegende Lehrbuch für die Ausbildung in sehr unterschiedlichen Fachrichtungen bestimmt ist, konnten hier nur einige Anregungen zum selbständigen Aufsuchen von Anwendungsgebieten gegeben werden. Es gehören dazu Untersuchungen von Betriebswasser, Kesselspeisewasser und Abwässern, Bodenuntersuchungen sowie die Überwachung von Verfahren der Lebensmittelindustrie und der Textilveredelung.

8.5. Stärke der Protolyte

Die einzelnen Säuren und Basen unterliegen in ganz unterschiedlichem Maße der Protolyse, d. h., sie setzen sich in wäßriger Lösung in unterschiedlichem Maße unter Abgabe bzw. Aufnahme von Protonen mit Wasser um.

> **Säuren und Basen, die in starkem Maße der Protolyse unterliegen, werden als starke Protolyte bezeichnet.**
> **Säuren und Basen, die in geringem Maße der Protolyse unterliegen, werden als schwache Protolyte bezeichnet.**

In den korrespondierenden Säure-Base-Paaren steht einem starken Protolyt jeweils ein schwacher Protolyt gegenüber. Es können aber auch beide Protolyte mittelstark sein (s. Tab. 8.1).

Tabelle 8.1. Korrespondierende Säure-Base-Paare

pK_S		Säure	$\xrightarrow{\text{Protonen-abgabe}}$	Base + Proton		pK_B
~ -10		$HClO_4$		$ClO_4^- + H^+$		~ 24
~ -10		HI		$I^- + H^+$		~ 24
~ -9		HBr		$Br^- + H^+$		~ 23
~ -7	sehr stark	HCl		$Cl^- + H^+$	sehr schwach	~ 21
~ -3		H_2SO_4		$HSO_4^- + H^+$		~ 17
$-1,32$		HNO_3		$NO_3^- + H^+$		$15,32$
~ 0		$HClO_3$		$ClO_3^- + H^+$		~ 14
0		H_3O^+		$H_2O + H^+$		14
$1,42$		$HOOC-COOH$		$HOOC-COO^- + H^+$		$12,58$
$1,92$		H_2SO_3		$HSO_3^- + H^+$		$12,08$
$1,92$		HSO_4^-		$SO_4^{2-} + H^+$		$12,08$
$1,96$		H_3PO_4		$H_2PO_4^- + H^+$		$12,04$
$2,22$		$[Fe(H_2O)_6]^{3+}$		$[FeOH(H_2O)_5]^{2+} + H^+$	schwach	$11,78$
$3,14$	stark	HF		$F^- + H^+$		$10,86$
$3,35$		HNO_2		$NO_2^- + H^+$		$10,65$
$3,7$		$HCOOH$		$HCOO^- + H^+$		$10,3$
$4,75$		CH_3COOH		$CH_3COO^- + H^+$		$9,25$
$4,85$		$[Al(H_2O)_6]^{3+}$		$[AlOH(H_2O)_5]^{2+} + H^+$		$9,15$
$6,52$		H_2CO_3		$HCO_3^- + H^+$		$7,48$
$6,92$	mittelstark	H_2S		$HS^- + H^+$	mittelstark	$7,08$
$7,12$		$H_2PO_4^-$		$HPO_4^{2-} + H^+$		$6,88$
$7,25$		$HClO$		$ClO^- + H^+$		$6,75$
$9,25$		NH_4^+		$NH_3 + H^+$		$4,75$
$9,40$		HCN		$CN^- + H^+$		$4,60$
$9,5$		H_4SiO_4		$H_3SiO_4^- + H^+$		$4,5$
$9,61$		$[Zn(H_2O)_6]^{2+}$		$[ZnOH(H_2O)_5]^+ + H^+$		$4,39$
$10,4$	schwach	HCO_3^-		$CO_3^{2-} + H^+$	stark	$3,6$
~ 12		$H_3SiO_4^-$		$H_2SiO_4^{2-} + H^+$		~ 2
$12,32$		HPO_4^{2-}		$PO_4^{3-} + H^+$		$1,68$
~ 13		HS^-		$S^{2-} + H^+$		~ 1
14		H_2O		$OH^- + H^+$		0
~ 23	sehr schwach	NH_3		$NH_2^- + H^+$	sehr stark	~ -9
~ 24		OH^-		$O^{2-} + H^+$		~ -10
$38,6$		H_2		$H^- + H^+$		$-24,6$

pK_S	Säure $\xleftarrow{\text{Protonen-aufnahme}}$	Base + Proton	pK_B

Beispiele:

Das Chlorwasserstoffmolekül HCl ist eine starke Säure, ihm steht im korrespondierenden Säure-Base-Paar

$HCl \rightleftarrows Cl + H^+$

das Chlorid-Ion Cl^- als schwache Base gegenüber.
Das Cyanwasserstoffmolekül HCN ist eine schwache Säure, ihm steht im korrespondierenden Säure-Base-Paar

$HCN \rightleftarrows CN^- + H^+$

das Cyanid-Ion CN^- als starke Base gegenüber.

Im Säure-Base-Paar

$$H_2S \rightleftarrows HS^- + H^+$$

sind beide Partner mittelstarke Protolyte (s. Tab. 8.1).
In Tabelle 8.1 sind die wichtigsten korrespondierenden Säure-Base-Paare so angeordnet, daß oben die stärksten Säuren, unten die stärksten Basen stehen. Auch das Wassermolekül wurde in diese Tabelle eingeordnet. Es kann als sehr schwache Base auftreten, dann steht ihm die sehr starke Säure Hydronium-Ion H_3O^+ gegenüber. Ebenso kann es als sehr schwache Säure wirken, dann steht ihm die sehr starke Base Hydroxid-Ion OH^- gegenüber:

sehr starke Säure	$H_3O^+ \rightleftarrows H^+ + H_2O$	sehr schwache Base
sehr schwache Säure	$H_2O \rightleftarrows H^+ + OH^-$	sehr starke Base

Nach BRÖNSTED sind die Hydronium-Ionen H_3O^+ die wichtigste Säure, die Hydroxid-Ionen OH^- die wichtigste Base in der Chemie der wäßrigen Lösungen. Die Gleichgewichte liegen in beiden korrespondierenden Säure-Base-Paaren — wie die dicken Pfeile andeuten — weit auf der Seite der Wassermoleküle (s. Abschnitt 8.3.).
Was hier am Beispiel des Wassers gezeigt wurde, gilt allgemein:

Von den beiden Protolyten eines korrespondierenden Säure-Base-Paares ist der schwächere die beständigere Form.

In Tabelle 8.1 stehen demnach oben die Säure-Basen-Paare, die leicht unter Protonenabgabe, unten die Säure-Base-Paare, die leicht unter Protonenaufnahme reagieren.

Dadurch wird es möglich, mit Hilfe der Tabelle 8.1 die Lage des chemischen Gleichgewichts von protolytischen Reaktionen abzuschätzen.
Das chemische Gleichgewicht eines protolytischen Systems liegt mehr oder weniger weit

- auf der rechten Seite, wenn das Säure-Base-Paar 1 über dem Säure-Base-Paar 2,
- auf der linken Seite, wenn das Säure-Base-Paar 1 unter dem Säure-Base-Paar 2 steht.

Beispiele:

$$H_2SO_4 \rightleftarrows HSO_4^- + H^+ \qquad \text{In Tabelle 8.1: oben}$$
$$H_2O + H^+ \rightleftarrows H_3O^+ \qquad \qquad \qquad \text{unten}$$
$$\overline{H_2SO_4 + H_2O \rightleftarrows HSO_4^- + H_3O^+}$$

HCN $\rightleftarrows$ CN$^-$ + H$^+$ unten
H$_2$O + H$^+$ $\rightleftarrows$ H$_3$O$^+$ oben
___
HCN + H$_2$O $\rightleftarrows$ CN$^-$ + H$_3$O$^+$

Das Schwefelsäuremolekül unterliegt als sehr starke Säure in wäßriger Lösung fast vollständig der Protolyse. Das Gleichgewicht liegt weit auf der rechten Seite. Das Cyanwasserstoffmolekül HCN unterliegt als schwache Säure in wäßriger Lösung nur in geringem Maße der Protolyse. Das Gleichgewicht liegt weit auf der linken Seite.

Gegenüber diesen beiden Säuren tritt das Wassermolekül als Base auf. Gegenüber einer Base, z. B. dem Ammoniakmolekül, wirkt es als Säure.

A 8.12. Formulieren Sie das protolytische System für eine wäßrige Lösung von Ammoniak und schätzen Sie die Gleichgewichtslage ab!

8.6. pK_S-Wert und pK_B-Wert

Ein Maß für die Stärke der Säuren und Basen läßt sich aus dem Massenwirkungsgesetz ableiten.

Für die Protolyse einer Säure, z. B. des Cyanwasserstoffmoleküls HCN, mit dem Wassermolekül:

HCN + H$_2$O $\rightleftarrows$ CN$^-$ + H$_3$O$^+$,

gilt nach dem Massenwirkungsgesetz

$$\frac{a_{CN^-} \cdot a_{H_3O^+}}{a_{HCN} \cdot a_{H_2O}} = K$$

Indem wir die in verdünnter wäßriger Lösung praktisch konstant bleibende Aktivität des Wassers in die Gleichgewichtskonstante einbeziehen, ergibt sich:

$$\frac{a_{CN^-} \cdot a_{H_3O^+}}{a_{HCN}} = K_S$$

Die als Säurekonstante bezeichnete Größe K_S ergibt sich für jedes korrespondierende Säure-Base-Paar aus:

$$\frac{a_{Base} \cdot a_{H_3O^+}}{a_{Säure}} = K_S \qquad (3)$$

Für die Protolyse einer Base, z. B. des Cyanid-Ions CN$^-$, mit dem Wassermolekül,

H$_2$O + CN$^-$ $\rightleftarrows$ OH$^-$ + HCN,

gilt nach dem Massenwirkungsgesetz:

$$\frac{a_{OH^-} \cdot a_{HCN}}{a_{H_2O} \cdot a_{CN^-}} = K$$

$$\frac{a_{OH^-} \cdot a_{HCN}}{a_{CN^-}} = K_B$$

Die als Basekonstante bezeichnete Größe K_B ergibt sich für eine beliebige Base und deren korrespondierende Säure aus:

$$\frac{a_{OH^-} \cdot a_{Säure}}{a_{Base}} = K_B \qquad (4)$$

A 8.13. Stellen Sie Gleichungen für die Säurekonstante und für die Basekonstante des korrespondierenden Säure-Base-Paares $NH_4^+ \rightleftharpoons NH_3 + H^+$ auf!

Zwischen der Säurekonstante K_S und der Basekonstante K_B eines korrespondierenden Säure-Base-Paares besteht eine Beziehung, die hier weiter verfolgt werden soll.
Durch Multiplikation der Gleichungen (3) und (4) ergibt sich:

$$K_S \cdot K_B = \frac{a_{Base} \cdot a_{H_3O^+} \cdot a_{OH^-} \cdot a_{Säure}}{a_{Säure} \cdot a_{Base}}$$

und daraus durch Kürzen:

$$K_S \cdot K_B = a_{H_3O^+} \cdot a_{OH^-}$$

Das Produkt der rechten Seite dieser Gleichung ist als Protolysekonstante bzw. Ionenprodukt des Wassers bereits bekannt (s. Abschn. 8.3.). Demnach gilt:

> **Das Produkt aus Säurekonstante und Basekonstante eines korrespondierenden Säure-Base-Paares ist gleich dem Ionenprodukt des Wassers.**

$$K_S \cdot K_B = K_W \qquad (5)$$

$K_W = 10^{-14} \, mol^2 \cdot l^{-2}$ (bei 22 °C)

Analog zum pH-Wert (s. Abschn. 8.4.) wird statt der Säurekonstante und der Basekonstante meist der pK_S-Wert verwendet.

> **Der pK_S-Wert ist der negative dekadische Logarithmus des Zahlenwertes der Säurekonstante K_S, wenn diese in $mol \cdot l^{-1}$ angegeben ist.**
>
> $pK_S = -\lg K_S$

In gleicher Weise ergibt sich aus der Basekonstante K_B der pK_B-Wert:

> $pK_B = -\lg K_B$

Auf Grund dieser Festlegungen und der Logarithmengesetze tritt an die Stelle der Multiplikation von K_S und K_B (Gleichung 5) die Addition von pK_S und pK_B:

$$pK_S + pK_B = -\lg K_W$$

Da der Zahlenwert für K_W (bei 22 °C) 10^{-14} ist (s. Abschn. 8.4.), ergibt sich zwischen dem pK_S- und dem pK_B-Wert eines korrespondierenden Säure-Base-Paares die einfache Beziehung:

$$pK_S + pK_B = 14$$

Mit dem pK_S-Wert ist also jeweils auch der pK_B-Wert gegeben, und es ist üblich, sowohl die Stärke der Säure als auch die Stärke der Base mit dem pK_S-Wert zu kennzeichnen:

Je niedriger der pK_S-Wert,
- um so stärker ist die Säure und
- um so schwächer ist die Base

eines korrespondierenden Säure-Base-Paares.

Ist der pK_S-Wert eines korrespondierenden Säure-Base-Paares < 7, ist die Säure stärker, ist er > 7, ist die Base stärker (vgl. Tabelle 8.1).
Mit Hilfe der pK_S-Werte läßt sich die Gleichgewichtslage protolytischer Reaktionen ermitteln, wie an einem Beispiel gezeigt werden soll:
Für die Reaktion von Schwefelwasserstoff mit Ammoniak in wäßriger Lösung ergibt sich als protolytisches System:

H_2S	$\rightleftarrows$	$HS^- + H^+$		Säure-Base-Paar 1	$pK_S = 6{,}92$
$NH_3 + H^+$	$\rightleftarrows$	NH_4^+		Säure-Base-Paar 2	$pK_S = 9{,}25$

$H_2S + NH_3 \rightleftarrows HS^- + NH_4^+$
$\quad S_1 \qquad B_2 \qquad\quad B_1 \qquad S_2$

Durch Subtraktion des pK_S-Wertes des Säure-Base-Paares 2 vom pK_S-Wert des Säure-Base-Paares 1 erhalten wir einen pK-Wert, der ein Abschätzen der Gleichgewichtslage ermöglicht:

$pK_{S1} - pK_{S2} = pK$
$6{,}92 \; - 9{,}25 \; = -2{,}33$

Dieser pK-Wert gilt für das protolytische System (Gesamtsystem). Ist er negativ, liegt das chemische Gleichgewicht auf der rechten Seite, also auf der Seite der Reaktionsprodukte; ist er positiv, liegt das Gleichgewicht auf der linken Seite, auf der Seite der Ausgangsstoffe.

Im vorstehenden Beispiel liegt das Gleichgewicht rechts, es bildet sich also Ammoniumhydrogensulfid NH_4HS. Es ist nun noch zu überprüfen, ob nach dem folgenden protolytischen System eine weitere Umsetzung zu Ammoniumsulfid $(NH_4)_2S$ stattfindet:

$$HS^- \rightleftarrows S^{2-} + H^+ \qquad \text{Säure-Base-Paar 1} \quad pK_S = 13$$
$$NH_3 + H^+ \rightleftarrows NH_4^+ \qquad \text{Säure-Base-Paar 2} \quad pK_S = 9{,}25$$
$$\overline{HS^- + NH_3 \rightleftarrows S^{2-} + NH_4^+}$$
$$\quad S_1 \qquad B_2 \qquad\; B_1 \qquad S_2$$

$13 - 9{,}25 = 3{,}75$

Da der pK-Wert dieses protolytischen Systems positiv ist, liegt das Gleichgewicht auf der linken Seite der Gleichung, es sind nur in äußerst geringem Maße Sulfid-Ionen S^{2-} in der wäßrigen Lösung enthalten. Es bildet sich praktisch kein Ammoniumsulfid.

A 8.14. Ermitteln Sie in gleicher Weise die Gleichgewichtslage für die Reaktion von Kohlensäure H_2CO_3 und Ammoniak in wäßriger Lösung!

8.7. Weitere protolytische Reaktionen

8.7.1. Reaktionen zwischen Säuren und Basen

Die Reaktion zwischen Salzsäure und Natronlauge, die nach ARRHENIUS als typisches Beispiel für eine Neutralisation galt, ist nach BRÖNSTED wie folgt zu behandeln:
Der Chlorwasserstoff ($pK_S = -7$) liegt in wäßriger Lösung im folgenden protolytischen System vor:

$$HCl \rightleftarrows Cl^- + H^-$$
$$H_2O + H^+ \rightleftarrows H_3O^+$$
$$\overline{HCl + H_2O \rightleftarrows Cl^- + H_3O^+}$$

Entsprechend dem stark negativen pK_S-Wert liegt das Gleichgewicht weit auf der rechten Seite. Es findet praktisch eine vollständige Protolyse statt. Als Säure wirkt demnach in dieser wäßrigen Lösung nicht das HCl-Molekül, sondern das Hydronium-Ion. Das ist bei allen in Tabelle 8.1 über dem Hydronium-Ion stehenden Säuren der Fall.
Die Metallhydroxide sind nach BRÖNSTED — im Gegensatz zu ARRHENIUS — keine Basen, sondern Salze. Sie liegen wie andere Salze in wäßrigen Lösungen in Kationen und Anionen dissoziiert vor:

$$NaOH \rightleftarrows Na^+ + OH^-$$

Das Natrium-Ion Na^+ nimmt nicht an der protolytischen Reaktion teil, da es weder Protonen aufnehmen noch abgeben kann. Das Hydroxid-Ion OH^- ist mit dem pK_S-Wert 14 (pK_B-Wert 0) eine sehr starke Base, die mit dem aus der Protolyse des Chlorwasserstoffmoleküls stammenden Hydronium-Ion ein protolytisches System ergibt:

$$\begin{array}{l} H_3O^+ \rightleftarrows H_2O + H^+ \\ \underline{OH^- + H^+ \rightleftarrows H_2O} \\ H_3O^+ + OH^- \rightleftarrows 2\,H_2O \end{array}$$

Es stellt sich das von der Autoprotolyse des Wassers bekannte Gleichgewicht ein (s. Abschn. 8.3.). Äquivalente Mengen an Salzsäure und Natronlauge vorausgesetzt, reagiert die entstehende Lösung neutral. Sie enthält Chlorid-Ionen und Natrium-Ionen, es handelt sich also um eine Natriumchloridlösung. Umsetzungen anderer sehr starker Säuren mit der sehr starken Base Hydroxid-Ion OH^- verlaufen analog. Umsetzungen zwischen mittelstarken Säuren und Basen wurden im Abschnitt 8.6. als Beispiele behandelt. Auf solchen protolytischen Reaktionen zwischen Säuren und Basen beruhen die als *Acidimetrie* und *Alkalimetrie* bezeichneten Titrationsverfahren (s. Baustein »Chemisches Praktikum«).

8.7.2. Saure und basische Reaktionen wäßriger Salzlösungen

Auch der Erscheinung, daß nicht alle Salzlösungen neutral, sondern manche basisch, andere sauer reagieren (im Rahmen der ARRHENIUSschen Ionentheorie als *Hydrolyse* bezeichnet), liegen protolytische Reaktionen zugrunde.
Die Salze dissoziieren in wäßriger Lösung in Kationen und Anionen (s. Abschn. 7.).

Beispiel: Ammoniumcyanid

$$NH_4CN \rightleftarrows NH_4^+ + CN^-$$

Das Ammonium-Ion NH_4^+ ist eine Kationsäure, das Cyanid-Ion CN^- eine Anionbase im Sinne BRÖNSTEDS. Beide Ionen ergeben mit den Molekülen des Wassers protolytische Systeme:

$$\begin{array}{llll} NH_4^+ & \rightleftarrows NH_3 + H^+ \\ \underline{H_2O + H^+ \rightleftarrows H_3O^+} \\ NH_4^+ + H_2O \rightleftarrows NH_3 + H_3O^+ \\ S_1 \quad\quad B_2 \quad B_1 \quad\quad S_2 \end{array}$$

$$\begin{array}{llll} H_2O & \rightleftarrows OH^- + H^+ \\ \underline{CN^- + H^+ \rightleftarrows HCN} \\ H_2O + CN^- \rightleftarrows OH^- + HCN \\ S_1 \quad\quad B_2 \;\; B_1 \quad\quad S_2 \end{array}$$

Die Anionen von Salzen reagieren allgemein analog dem Cyanid-Ion als Anionbasen (Beispiele s. Tab. 8.1). Als Kationsäuren treten außer dem Ammonium-Ion einige hydratisierte Metallionen auf, bei denen die relativ hohe Ladung bei geringem Radius hinreichend abstoßend auf Protonen der Hydrathülle wirkt, z. B.:

$$[Al(H_2O)_6]^{3+} \rightleftarrows [Al(H_2O)_5OH]^{2+} + H^+$$

Weitere Beispiele sind Eisen(III)- und Zink-Ionen (s. Tab. 8.1). Dagegen wirken die Ionen der Alkali- und Erdalkalimetalle nicht als Säuren, da die abstoßende Wirkung auf Protonen der Hydrathülle bei ihnen zu gering ist. (Sie würden in Tabelle 8.1 noch unter H_2/H^- stehen.) Diese Ionen nehmen nicht an protolytischen Reaktionen teil.

Andererseits sind auch die Anionen der sehr starken Säuren so außerordentlich schwache Basen (Tab. 8.1 oben), daß sie praktisch nicht der Protolyse unterliegen. In wäßrigen Lösungen solcher Salze wie Natriumchlorid NaCl und Kaliumsulfat K_2SO_4 kommt es also zu keinen protolytischen Reaktionen, diese Lösungen reagieren daher neutral (pH = 7).

Anders verhalten sich die wäßrigen Lösungen der Salze, bei denen das Kation oder das Anion ein mittelstarker *oder* starker Protolyt ist und als solcher teilweise der Protolyse unterliegt.

Beispiele:

Aluminiumchlorid $AlCl_3 \rightleftarrows Al^{3+} + 3\ Cl^-$ reagiert in wäßriger Lösung sauer, da die Kationsäure $[Al(H_2O)_6]^{3+}$ (pK_S = 4,85) der Protolyse unterliegt, nicht aber die Anionbase Cl^-.

Natriumcarbonat $Na_2CO_3 \rightleftarrows 2\ Na^+ + CO_3^{2-}$ reagiert in wäßriger Lösung basisch, da die Anionbase CO_3^{2-} (pK_B = 3,6) der Protolyse unterliegt, nicht aber das Kation Na^+.

Etwas schwieriger ist es, die saure bzw. basische Reaktion einer Salzlösung zu ermitteln, wenn sowohl das Kation als auch das Anion mittelstarke Protolyte sind und damit beide teilweise der Protolyse unterliegen (z. B. im Ammoniumcyanid NH_4CN). In diesen Fällen bestimmt der relativ stärkere Protolyt die Reaktion. Durch Vergleich des pK_S-Wertes der Kationsäure (z. B. NH_4^+) und des pK_B-Wertes der Anionbase (z. B. CN^-) läßt sich das ermitteln:

Die wäßrige Lösung eines Salzes reagiert

- sauer, wenn $pK_S < pK_B$ (also Kationsäure stärker),
- basisch, wenn $pK_S > pK_B$ (also Anionbase stärker).

Beispiel:

Ammoniumcyanid $NH_4CN \rightleftarrows NH_4^+ + CN^-$, $pK_S(NH_4^+)$ = 9,25; $pK_B(CN^-)$ = 4,60; $pK_S > pK_B$, die Salzlösung reagiert basisch.

A 8.15.   Ermitteln Sie in gleicher Weise für eine Aluminiumacetatlösung, wie sie reagiert!

Diese wenigen Beispiele zeigen, daß es die BRÖNSTEDsche Säure-Base-Definition gestattet, verschiedenartig erscheinende Reaktionen, die bisher in der Chemie einzeln behandelt wurden, als einheitlichen Reaktionstyp aufzufassen. Damit leistet die BRÖNSTEDsche Säure-Base-Definition einen wichtigen Beitrag zur Systematisierung der chemischen Erkenntnisse.

8.8. Weitere Übungsaufgaben

A 8.16. Welche protolytischen Reaktionen laufen bei der Neutralisation von Phosphorsäure mit Ammoniak ab?

A 8.17. Wie reagieren wäßrige Lösungen von
 a) Ammoniumacetat $NH_4(CH_3COO)$,
 b) Ammoniumhydrogensulfat?

A 8.18. Aluminiumhydroxid ist ein Ampholyt $[Al(OH)_3(H_2O)_3]$. Formulieren Sie die beiden protolytischen Systeme, in denen es in wäßriger Lösung vorliegt!

9. Redoxreaktionen

9.1. Begriffe

Die *Verbrennung* als sichtbare stoffliche Veränderung war seit vielen Jahrhunderten ein Forschungsobjekt. Der französische Chemiker LAVOISIER (1743 bis 1794) kam zu der Erkenntnis, daß für Verbrennungsvorgänge das Element Sauerstoff vorhanden sein muß. Er nannte alle Vorgänge, bei denen sich ein Stoff mit Sauerstoff verbindet, *Oxydation*. Die Verbrennung wurde als eine sehr heftig verlaufende Oxydation erkannt. Die Abspaltung von Sauerstoff aus einer Verbindung wurde als *Reduktion* bezeichnet.
Die Erkenntnisse über die chemische Bindung (vgl. Abschn. 3.) führten dazu, als gemeinsames Merkmal der *Oxydation* die *Abgabe von Elektronen* festzustellen.

$$Ca| + \overline{O|} \rightarrow Ca^{2+} + |\overline{O}|^{2-} \tag{1}$$

Ein Calciumatom gibt zwei Elektronen ab, es wird oxydiert.

$$Na\cdot + |\overline{Cl}| \rightarrow Na^+ + |\overline{Cl}|^- \tag{2}$$

Ein Natriumatom gibt ein Elektron ab, es wird oxydiert.
Ein Sauerstoffatom nimmt die Außenelektronen von einem Calciumatom; im zweiten Beispiel nimmt ein Chloratom das Außenelektron von einem Natriumatom auf, Sauerstoff- und Chloratom werden reduziert.

> **Oxydation ist Elektronenabgabe**
> **Reduktion ist Elektronenaufnahme**

Oxydation und Reduktion laufen immer gekoppelt ab; ein Teilchen gibt nur dann Elektronen ab, wenn ein anderes Teilchen diese Elektronen aufnimmt.
Diese gekoppelten Reaktionen mit Elektronenaustausch werden *Redoxreaktionen* genannt.

> **Redoxreaktionen sind chemische Reaktionen, die unter Elektronenübergang (Abgabe und Aufnahme von Elektronen) ablaufen.**

Stoffe, die eine Oxydation bewirken, müssen die abgegebenen Elektronen aufnehmen können. In den betrachteten Beispielen nehmen Sauerstoff bzw. Chlor

Elektronen auf; sie wirken in den beschriebenen Reaktionen als Oxydationsmittel. In Analogie zu den Säure-Base-Reaktionen gilt: Der teilchenaufnehmende Stoff heißt Akzeptor.

Oxydationsmittel sind Elektronenakzeptoren, d. h. Atome, Moleküle oder Ionen, die Elektronen aufnehmen können.

In den betrachteten Beispielen geben Calcium bzw. Natrium Elektronen ab; sie wirken in den beschriebenen Reaktionen als Reduktionsmittel. Es gilt: Der teilchenabgebende Stoff heißt Donator.

Reduktionsmittel sind Elektronendonatoren, d. h. Atome, Moleküle oder Ionen, die Elektronen abgeben können.

A 9.1.   Geben Sie für die folgende Redoxreaktion das Oxydationsmittel und das Reduktionsmittel an! Begründen Sie Ihre Aussage!
$2\,K + Br_2 \rightarrow 2\,KBr$

9.2. Korrespondierende Redoxpaare

Aufnahme und Abgabe von Elektronen sind umkehrbare Vorgänge. Ein Calciumatom vermag die zwei Außenelektronen abzugeben und geht dabei in ein Calcium-Kation über.

$Ca| \rightarrow Ca^{2+} + 2\,e^-$
Calcium ist ein Elektronendonator, ein Reduktionsmittel.

Umgekehrt entsteht aus einem Calcium-Kation unter Aufnahme von zwei Elektronen ein Calciumatom.

$Ca^{2+} + 2\,e^- \rightarrow Ca|$
Das Calcium-Kation ist ein Elektronenakzeptor, ein Oxydationsmittel.

Die beiden Vorgänge, Abgabe und Aufnahme von Elektronen, können in einer Gleichung zusammengefaßt werden:

$Ca| \rightleftharpoons Ca^{2+} + 2\,e^-$
Reduk-   Oxyda-
tions-   tions-
mittel   mittel

10 Allgemeine Chemie

Entsprechend können die Oxydation von Chlorid-Ionen und die Reduktion von Chloratomen gleichungsmäßig wie folgt formuliert werden:

$|\overline{\underline{Cl}}|^- \rightleftharpoons |\overline{\underline{Cl}}\cdot + 1\ e^-$ bzw. $2\ |\overline{\underline{Cl}}|^- \rightleftharpoons |\overline{\underline{Cl}} - \overline{\underline{Cl}}| + 2\ e^-$

Reduk-   Oxyda-
tions-   tions-
mittel   mittel

Analog zu den Säure-Base-Paaren gehört zu jedem Oxydationsmittel ein Reduktionsmittel. Beide können durch Aufnahme bzw. Abgabe von Elektronen ineinander übergehen.

Reduktions- und Oxydationsmittel, die in dieser Weise miteinander in Beziehung stehen, werden als *korrespondierendes Redoxpaar* bezeichnet:

$$\text{Red 1} \underset{\text{Reduktion}}{\overset{\text{Oxydation}}{\rightleftharpoons}} \text{Ox 1} + n\ e^-$$

Red 1 — bedeutet reduzierte Form des Reaktionspartners 1
— bedeutet *Reduktionsmittel*

Ox 1 — bedeutet oxydierte Form des Reaktionspartners 1
— bedeutet *Oxydationsmittel*

Gegenüberstellung einiger korrespondierender Säure-Base-Paare und korrespondierender Redoxpaare

HCl $\underset{\text{Protonenaufnahme}}{\overset{\text{Protonenabgabe}}{\rightleftharpoons}}$ $Cl^- + H^+$ Na $\underset{\text{Elektronenaufnahme}}{\overset{\text{Elektronenabgabe}}{\rightleftharpoons}}$ $Na^+ + e^-$

$H_2O \rightleftharpoons OH^- + H^+$ $2\ Cl^- \rightleftharpoons Cl_2 + 2\ e^-$

$NH_4^+ \rightleftharpoons NH_3 + H^+$ $Fe^{2+} \rightleftharpoons Fe^{3+} + e^-$

$OH^- \rightleftharpoons O^{2-} + H^+$ $2\ SO_4^{2-} \rightleftharpoons S_2O_8^{2-} + 2\ e^-$

Säure   Base   Reduk-   Oxyda-
                                       tions-   tions-
                                       mittel   mittel

Die Beispiele lassen erkennen, daß Reduktionsmittel und Oxydationsmittel sowohl in Form von Atomen und Molekülen als auch in Form von Kationen oder Anionen vorliegen können. Infolge der Abgabe von Elektronen ist die Ladung des Oxydationsmittels stets positiver als die des zugehörigen Reduktionsmittels.

A 9.2. Ergänzen Sie jeweils zu einem korrespondierenden Redoxpaar:
a) Zink-Kationen, b) Eisen, c) Oxid-Ionen, d) Wasserstoff-Kationen!

9.3. Oxydationszahl

Die *Oxydationszahl* ist ein Hilfsmittel zur Erkennung und stöchiometrischen Berechnung (d. h. zur Berechnung der Massen-, Volumen- und Ladungsverhältnisse) von Redoxreaktionen. Unabhängig von der realen Bindungsart wird bei der Bestimmung der Oxydationszahl so vorgegangen, daß die Ladungen der Bindungspartner ermittelt werden, die bei vollständiger Ionisation entstehen würden.

> **Die Oxydationszahl eines Atoms innerhalb eines Moleküls oder eines Komplex-Ions gibt die Ladung an, die das Atom tragen würde, wenn das Molekül oder Komplex-Ion aus einfachen Ionen aufgebaut wäre.**

Die Oxydationszahl ist eine ganze Zahl, deren Wert zwischen -4 und $+8$ liegen kann.

Die Oxydationszahlen werden als arabische Ziffern mit dem entsprechenden Vorzeichen über das jeweilige Elementsymbol geschrieben.

$$\overset{+1}{H}\overset{-1}{Cl}; \quad \overset{+2}{Ca}\overset{-2}{O}$$

Die Vorzeichen der Oxydationszahlen folgen aus der *Elektronegativität der Elemente*. Die jeweils höheren Elektronegativitätswerte geben das negative Vorzeichen.

Beispiel:

	H	Cl	K$_2$	O
Elektronegativität der Bindungspartner	2,1	3,0	0,8	3,5
Zuordnung der Bindungselektronen	H	:$\overline{Cl}$|	(2 K)	:$\overline{O}$|
Oxydationszahl	+1	−1	2·(+1)	−2

Vielen Elementen können verschiedene Oxydationszahlen zugeordnet werden, wie Tabelle 9.1 zeigt.

Tabelle 9.1. Wichtige Oxydationszahlen der Elemente 1 bis 18

H	He	Li	Be	B	C	N	O	F	Ne	Na	Mg	Al	Si	P	S	Cl	Ar
+1	0	+1	+2	+3	+4	+5	−1	−1	0	+1	+2	+3	+4	+5	+6	+7	0
−1					+2	+4	−2							+3	+4	+5	
					±0	+3								+1	−2	+3	
					−2	+2								−3			
					−4	+1										+1	
						−1										−1	
						−2											
						−3											

Regeln zum Bestimmen der Oxydationszahl

1. Fluor hat in Verbindungen immer die Oxydationszahl -1.
2. Metalle, Bor und Silicium haben in Verbindungen immer positive Oxydationszahlen.
3. Die Oxydationszahl des Wasserstoffs in Nichtmetallverbindungen ist $+1$

   Beispiele: $\overset{+1}{\text{H}}\overset{-1}{\text{Cl}};\quad \overset{2\cdot(+1)}{\text{H}_2}\overset{-2}{\text{O}};\quad \overset{-4}{\text{C}}\overset{4\cdot(+1)}{\text{H}_4}$

4. Die Oxydationszahl des Sauerstoffs in Verbindungen ist -2.

   Beispiele: $\overset{+2}{\text{Ca}}\overset{-2}{\text{O}};\quad \overset{+2}{\text{C}}\overset{-2}{\text{O}};\quad \overset{2\cdot(+1)}{\text{Cl}_2}\overset{-2}{\text{O}}$

5. Die übrigen Halogene haben in binären Verbindungen die Oxydationszahl -1.
6. Die Summe der Oxydationszahlen ist gleich der Ladung des Teilchens.

   Beispiele: $\overset{\pm 0}{\text{H}_2};\quad \overset{\pm 0}{\text{Fe}};\quad \overset{+1}{\text{Na}^+};\quad \overset{+3}{\text{B}}\overset{3\cdot(-1)}{\text{F}_3}$

Die ersten 5 Regeln bedeuten gleichzeitig eine Rangfolge, die bei der Bestimmung der Oxydationszahl eines Elements beachtet werden muß. Das zeigt zusammengefaßt Tabelle 9.2.

Tabelle 9.2. **Rangfolge einiger Elemente bei der Bestimmung der Oxydationszahlen von Verbindungen**

Element	F	Metall	H	O	übrige Halogene
Rangfolge	1.	2.	3.	4.	5.
Oxydationszahl	-1	positiv	$+1$	-2	-1

Die Angaben in Tabelle 9.2 besagen, daß die Bestimmung der Oxydationszahl für das in der Tabelle am weitesten links stehende Element den Vorrang hat, d. h. zuerst ausgeführt wird.

Beispiele:

Verbindung OF_2 (Sauerstoffdifluorid); Fluor hat in Verbindungen immer die Oxydationszahl -1, deshalb hat Sauerstoff in dieser Verbindung die Oxydationszahl $+2$.

Verbindung Cl_2O (Dichlormonoxid); Sauerstoff hat, vorrangig vor den Halogenen (außer Fluor), in Verbindungen die Oxydationszahl -2, deshalb hat Chlor in dieser Verbindung die Oxydationszahl $+1$.

Verbindung MgH_2 (Magnesiumhydrid); Magnesium hat als Metall in salzartigen Verbindungen (auch im Magnesiumhydrid) eine positive Oxydationszahl, entsprechend seinen zwei Außenelektronen die Oxydationszahl $+2$; deshalb hat Wasserstoff in dieser Verbindung (nur in Metallhydriden) die Oxydationszahl -1.

A 9.3. Bestimmen Sie die Oxydationszahlen von Stickstoff in folgenden Verbindungen!
NH_3, NH_2OH, N_2O, NO, HNO_2, NO_2.

Mit Hilfe der errechneten Oxydationszahlen der Elemente der an einer chemischen Reaktion beteiligten Stoffe kann eine Redoxreaktion erkannt werden. Außerdem wird damit oft die stöchiometrische Berechnung von Redoxreaktionen erleichtert.

$$\overset{\pm 0}{Ca} + \overset{\pm 0}{O} \rightarrow \overset{+2\ -2}{Ca\ O}$$

Vor der Reaktion hat das Element Calcium die Oxydationszahl Null. Nach der Reaktion hat Calcium (als Oxid) die Oxydationszahl $+2$; Calcium gibt während dieser Reaktion zwei Elektronen ab, es wird oxydiert.

> **Erhöhung der Oxydationszahl ist Oxydation**

Vor der Reaktion hat elementarer Sauerstoff die Oxydationszahl Null. Nach der Reaktion hat der Oxidsauerstoff die Oxydationszahl -2. Sauerstoff nimmt während dieser Reaktion zwei Elektronen auf, er wird reduziert.

> **Erniedrigung der Oxydationszahl ist Reduktion**

9.4. Formulierung von Redoxreaktionen

Bei den Säure-Base-Reaktionen wurde darauf hingewiesen, daß die von einer Säure abgegebenen Protonen nicht frei beständig sind. Ebenso sind in Lösungen keine beständigen freien Elektronen bekannt. In Analogie zu den Säure-Base-Reaktionen, bei denen ein Reaktionspartner vorhanden sein muß, der die von der Säure abgegebenen Protonen aufnimmt, ist bei Redoxreaktionen ein Reaktionspartner erforderlich, der die von einem Reduktionsmittel abgegebenen Elektronen aufnimmt.

An einer Redoxreaktion sind zwei miteinander gekoppelte Redox-Paare beteiligt:

> **Red 1 + Ox 2 → Ox 1 + Red 2**

Die reduzierte Form des Reaktionspartners 1 reagiert mit der oxydierten Form des Reaktionspartners 2.

Die beiden an einer Redoxreaktion beteiligten Redox-Paare unterscheiden sich durch die unterschiedliche Tendenz zur Oxydation. Oft muß bei komplizierten Reaktionen, bei denen der Reaktionsablauf noch nicht restlos untersucht ist, mittels einer Analyse festgestellt werden, welche der möglichen Reaktionsprodukte auftreten. Um eine Redoxreaktion als Gleichung formulieren zu können, muß man die Ausgangsstoffe und Endprodukte kennen.
Als Beispiel soll die Kopplung von zwei bekannten Redox-Paaren beschrieben werden.

$Sn^{2+} \rightleftharpoons Sn^{4+} + 2\,e^-$ $Fe^{2+} \rightleftharpoons Fe^{3+} + e^-$ [1])
stärkere Tendenz   schwächere Tendenz
zur Oxydation   zur Oxydation

Auf Grund der stärkeren Tendenz zur Oxydation von Sn^{2+} gegenüber Fe^{2+} wird die Oxydation formuliert:

$Sn^{2+} \rightarrow Sn^{4+} + 2\,e^-$

Zinn(II)-Ionen werden *oxydiert*, sie wirken als *Reduktionsmittel*.

Red 1 $\rightarrow$ Ox 1 + 2 e^-

Aus dem zweiten Redox-Paar wird Fe^{3+} reduziert:

$Fe^{3+} + e^- \rightarrow Fe^{2+}$

Eisen(III)-Ionen werden *reduziert*, sie wirken als *Oxydationsmittel*.

Ox 2 + $e^- \rightarrow$ Red 2

Die *Gesamt-Reaktionsgleichung* erhält man durch Addition der beiden Teilgleichungen, wobei die Anzahl der abgegebenen Elektronen gleich der Anzahl der aufgenommenen Elektronen sein muß:

$Sn^{2+}\quad\quad\quad \rightarrow Sn^{4+} + 2\,e^-$
$Fe^{3+} + e^-\quad \rightarrow Fe^{2+}\quad /\cdot 2$
—————————————————————————
$Sn^{2+} + 2\,Fe^{3+} \rightarrow Sn^{4+} + 2\,Fe^{2+}$

Bei dem betrachteten Beispiel, der Reduktion von Eisen(III)-Ionen zu Eisen(II)-Ionen mittels Zinn(II)-Ionen, die dabei zu Zinn(IV)-Ionen oxydiert werden, handelt es sich um eine Redoxreaktion, an der Ionen beteiligt sind, die während der Reaktion verändert werden. Diese speziellen Redoxreaktionen werden *Ionenumladungen* genannt.
Am Beispiel einer bekannten Reaktion, der Oxydation von Zink mit verdünnter Salzsäure unter Wasserstoffentwicklung, ist ersichtlich, daß sowohl Ionen als auch Moleküle an Redoxreaktionen beteiligt sein können.

---

[1]) Fe^{2+} und Sn^{2+} sind Ionen, die in Abhängigkeit vom Reaktionspartner als Reduktionsmittel oder als Oxydationsmittel auftreten können. Das trifft auf alle Atome und Ionen zu, die sowohl niedrige als auch hohe Oxydationszahlen haben können. Man bezeichnet solche Teilchen als redoxamphoter.

Zur Formulierung der Redoxreaktionsgleichung werden hier die beiden beteiligten korrespondierenden Redox-Paare untereinander geschrieben. Die zuerst genannte Teilgleichung ist wieder die Oxydation. Zur Festlegung der Zahl der ausgetauschten Elektronen werden bei diesem Beispiel die Oxydationszahlen der beteiligten Elemente bestimmt.

$$\pm 0 \quad\quad +2$$
$$Zn \rightarrow Zn^{2+} + 2\ e^-$$

$$2\cdot(+1) \quad\quad\quad \pm 0$$
$$2\ H_3O^+ + 2\ e^- \rightarrow H_2 + 2\ H_2O$$

Die Oxydationszahl von Zink steigt von 0 auf $+2$ (zwei Elektronen werden abgegeben).
Die Oxydationszahl von Wasserstoff sinkt von $2\cdot(+1)$ auf 0 (zwei Elektronen werden aufgenommen). Die Chlorid-Ionen bleiben unverändert (vgl. Abschn. 8.). Ein Vergleich der Anzahl der Atome der beteiligten Elemente und der Anzahl der ausgetauschten Elektronen zeigt eine Übereinstimmung auf beiden Seiten der Oxydations- und der Reduktionsgleichung. Die Gesamtredoxgleichung lautet:

$$Zn + 2\ H_3O^+ \rightarrow Zn^{2+} + H_2 + 2\ H_2O$$

A 9.4. Formulieren Sie die Redoxgleichung für die Oxydation von Iodid-Ionen mit Chlor!

9.5. Redoxpotential

Bei den Säure-Base-Reaktionen wurde die Stärke der Protolyte behandelt. In analoger Weise kann auch von der »Stärke« eines Reduktionsmittels oder eines Oxydationsmittels gesprochen werden. Im Abschnitt 9.4. wurde eine Redoxreaktion zwischen den beiden Redox-Paaren

$$Sn^{2+} \rightleftharpoons Sn^{4+} + 2\ e^- \quad \text{und}$$

$$Fe^{2+} \rightleftharpoons Fe^{3+} + e^- \quad \text{beschrieben.}$$

Es wurde behauptet, das Reduktionsmittel Sn^{2+} hätte eine stärkere Tendenz zur Oxydation als das Reduktionsmittel Fe^{2+}. Diese stärkere Tendenz zur Elektronenabgabe läßt sich messen. Die beiden Teilreaktionen müssen räumlich getrennt ablaufen können, und es muß eine Möglichkeit zum Austausch der Elektronen (Fließen eines elektrischen Stromes) geschaffen werden. Nach der Meßanordnung im Bild 9.1 läuft im *Halbelement 1* eine *Oxydation* ab. Die dabei abgegebenen Elektronen werden durch die Platinelektroden und den Metalldraht zum *Halbelement 2* verschoben und bewirken eine *Reduktion*.
Es kann mittels eines elektrischen Meßinstrumentes die *Potentialdifferenz* zwischen beiden Halbelementen gemessen werden. Sie ist abhängig von der *Stärke* des Reduktionsmittels im Halbelement 1 und von der des Oxydationsmittels im Halbelement 2. Die Stärke eines Reduktionsmittels wird ermittelt, indem man

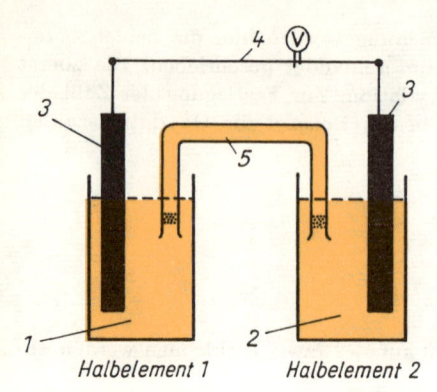

1. $Sn^{2+} \longrightarrow Sn^{4+} + 2e^-$
2. $Fe^{3+} + e^- \longrightarrow Fe^{2+}$
3. Platinelektroden
4. metallischer Leiter
5. Stromschlüssel

Halbelement 1   Halbelement 2

Bild 9.1. Kombination zweier Halbelemente[1])

dessen Halbelement mit der *Wasserstoffnormalelektrode*[2]) 3 nach der Meßanordnung Bild 9.1 kombiniert. Die so gemessenen Potentialdifferenzen werden *Redox-Potentiale* genannt.
Das Redox-Potential von Wasserstoff selbst, als Halbelement mit der Wasserstoffnormalelektrode kombiniert, ist mit 0 Volt definiert.
Da das Redox-Potential von der Aktivität der umgesetzten Ionen und der Temperatur abhängig ist, müssen wegen der Vergleichbarkeit der Werte bestimmte Bedingungen festgelegt werden *(Normalzustand, Standardzustand)*.

Die im Standardzustand gemessenen Potentialdifferenzen [Aktivität der reagierenden Stoffe 1 mol · l⁻¹, Temperatur 25° C] werden Standardpotentiale φ° genannt.

In Tabelle 9.3 sind wichtige Redox-Paare so angeordnet, daß oben links die stärksten Reduktionsmittel, unten rechts die stärksten Oxydationsmittel stehen. Das stärkste der in Tabelle 9.3 aufgeführten Reduktionsmittel ist Kalium. Es hat das niedrigste Standardpotential: $\varphi^\circ = -2{,}92$ Volt. Das stärkste Oxydationsmittel ist in Tabelle 9.3 Fluor mit dem höchsten Standardpotential: $\varphi^\circ = +2{,}85$ Volt.
Analog zu den Säure-Base-Paaren (vgl. Abschn. 8.5.) gehört auch bei den Redoxpaaren zu einem starken Oxydationsmittel ein schwaches Reduktionsmittel und umgekehrt.

---

[1]) Ein Halbelement ist eine Lösung, in der eine Redox-Teilreaktion ablaufen kann; mit einer eintauchenden Elektrode zum Ab- und Zuleiten der ausgetauschten Elektronen.
[2]) Die Wasserstoffnormalelektrode ist ein Halbelement, das eine wäßrige Säurelösung der Hydroniumionenaktivität $a_{H_3O^+} = 1$ mol · l⁻¹ enthält. In diese Lösung taucht eine Platinelektrode, die von Wasserstoffgas mit einem Druck von 0,101325 MPa umspült wird.
$2\,H_3O^+ + 2\,e^- \rightleftharpoons H_2 + 2\,H_2O$

Tabelle 9.3. Korrespondierende Redoxpaare (Spannungsreihe)

Reduktions-mittel	Elektronen-abgabe →	Oxydations-mittel	$+ n\ e^-$	Standard-potentiale $\varphi°$ in Volt
K		K^+	$+1\ e^-$	$-2{,}92$
Ca		Ca^{2+}	$+2\ e^-$	$-2{,}87$
Na		Na^+	$+1\ e^-$	$-2{,}71$
Mg		Mg^{2+}	$+2\ e^-$	$-2{,}34$
Al		Al^{3+}	$+3\ e^-$	$-1{,}66$
Zn		Zn^{2+}	$+2\ e^-$	$-0{,}76$
Cr		Cr^{3+}	$+3\ e^-$	$-0{,}71$
Cr		Cr^{2+}	$+2\ e^-$	$-0{,}56$
S^{2-}		S	$+2\ e^-$	$-0{,}51$
Fe		Fe^{2+}	$+2\ e^-$	$-0{,}44$
Cr^{2+}		Cr^{3+}	$+1\ e^-$	$-0{,}41$
Ni		Ni^{2+}	$+2\ e^-$	$-0{,}25$
$H_3PO_3 + 3\ H_2O$		$H_3PO_4 + 2\ H_3O^+$	$+2\ e^-$	$-0{,}20$
Sn		Sn^{2+}	$+2\ e^-$	$-0{,}14$
Pb		Pb^{2+}	$+2\ e^-$	$-0{,}13$
$H_2 + 2\ H_2O$		$2\ H_3O^+$	$+2\ e^-$	$0{,}00$
Sn^{2+}		Sn^{4+}	$+2\ e^-$	$+0{,}15$
Cu^+		Cu^{2+}	$+1\ e^-$	$+0{,}17$
Cu		Cu^{2+}	$+2\ e^-$	$+0{,}35$
$4\ OH^-$		$O_2 + 2\ H_2O$	$+4\ e^-$	$+0{,}40$
$2\ I^-$		I_2	$+2\ e^-$	$+0{,}54$
$H_2O_2 + 2\ H_2O$		$O_2 + 2\ H_3O^+$	$+2\ e^-$	$+0{,}68$
Fe^{2+}		Fe^{3+}	$+1\ e^-$	$+0{,}77$
Ag		Ag^+	$+1\ e^-$	$+0{,}81$
Hg		Hg^{2+}	$+2\ e^-$	$+0{,}85$
$NO + 6\ H_2O$		$NO_3^- + 4\ H_3O^+$	$+3\ e^-$	$+0{,}96$
$2\ Br^-$		Br_2	$+2\ e^-$	$+1{,}07$
$6\ H_2O$		$O_2 + 4\ H_3O^+$	$+4\ e^-$	$+1{,}23$
$2\ Cl^-$		Cl_2	$+2\ e^-$	$+1{,}36$
$2\ Cr^{3+} + 21\ H_2O$		$Cr_2O_7^{2-} + 14\ H_3O^+$	$+6\ e^-$	$+1\ 36$
$Br^- + 9\ H_2O$		$BrO_3^- + 6\ H_3O^+$	$+6\ e^-$	$+1{,}42$
$Pb^{2+} + 6\ H_2O$		$PbO_2 + 4\ H_3O^+$	$+2\ e^-$	$+1{,}47$
Au		Au^{3+}	$+3\ e^-$	$+1{,}52$
$Mn^{2+} + 12\ H_2O$		$MnO_4^- + 8\ H_3O^+$	$+5\ e^-$	$+1{,}52$
$4\ H_2O$		$H_2O_2 + 2\ H_3O^+$	$+2\ e^-$	$+1{,}77$
$2\ F^-$		F_2	$+2\ e^-$	$+2{,}85$
Reduktions-mittel	← Elektronen-aufnahme	Oxydations-mittel	$+ n\ e^-$	$\varphi°$ in Volt

Sehr starkes Reduktionsmittel $K \rightleftharpoons K^+ + 1\ e^-$ sehr schwaches Oxydationsmittel

sehr schwaches Reduktionsmittel $2\ F^- \rightleftharpoons F_2 + 2\ e^-$ **sehr starkes Oxydationsmittel**

Das chemische Gleichgewicht liegt in beiden korrespondierenden Redox-Paaren — wie die dicken Pfeile andeuten — weit auf der Seite des schwächeren Oxydations- bzw. Reduktionsmittels; denn von den beiden Partnern eines korrespondierenden Redox-Paares ist der schwächere die beständigere Form.

In Tabelle 9.3 stehen demnach oben die Redox-Paare, die leicht unter Elektronenabgabe, unten die Redox-Paare, die leicht unter Elektronenaufnahme reagieren. Es ist üblich, sowohl die Stärke der Reduktionsmittel als auch die Stärke der Oxydationsmittel mit dem Standardpotential anzugeben:

> **Je niedriger das Standardpotential, um so stärker ist das Reduktionsmittel und um so schwächer ist das Oxydationsmittel eines korrespondierenden Redox-Paares.**

Aus den Standardpotentialen zweier gekoppelter korrespondierender Redox-Paare kann das Reduktionsmittel und das Oxydationsmittel der Gesamt-Redoxreaktion abgeleitet werden.

Beispiel:

Redox-Paar 1 $Sn^{2+} \rightleftharpoons Sn^{4+} + 2\,e^-$ $\varphi^\circ = +0{,}15$ Volt
Redox-Paar 2 $Fe^{2+} \rightleftharpoons Fe^{3+} + 1\,e^-$ $\varphi^\circ = +0{,}77$ Volt

Das Standardpotential des Redox-Paares 1 ist niedriger gegenüber dem des Redox-Paares 2. Das Zinn(II)-Ion ist deshalb das Reduktionsmittel der Gesamt-Redoxreaktion dieses Beispiels.
Zur Aufstellung der Gesamtgleichung muß die zweite Gleichung mit 2 multipliziert werden (siehe Abschn. 9.4.).

$Sn^{2+} + 2\,Fe^{3+} \rightarrow Sn^{4+} + 2\,Fe^{2+}$
Red 1   Ox 2   Ox 1   Red 2

A 9.5.   Bestimmen Sie das Reduktionsmittel der Gesamt-Redoxreaktion folgender gekoppelter korrespondierender Redox-Paare:

1. Ni $\rightarrow Ni^{2+} + 2\,e^-$
    Ag $\rightarrow Ag^+ + 1\,e^-$;
2. $Fe^{2+} \rightarrow Fe^{3+} + 1\,e^-$
    Cu $\rightarrow Cu^+ + 1\,e^-$;
3. $2\,Cl^- \rightarrow Cl_2 + 2\,e^-$
    Hg $\rightarrow Hg^{2+} + 2\,e^-$;
4. $2\,Br^- \rightarrow Br_2 + 2\,e^-$
    $2\,Cl^- \rightarrow Cl_2 + 2\,e^-$.

9.6. Aktivitätsabhängigkeit des Redoxpotentials

Da Oxydationen und Reduktionen Gleichgewichtsreaktionen sind, kann die Aktivitätsänderung der reagierenden Stoffe einen entscheidenden Einfluß auf die Lage des chemischen Gleichgewichtes haben.

$Sn^{2+} \rightleftharpoons Sn^{4+} + 2\,e^-$ $\varphi^\circ = +0{,}15$ Volt

Durch Erhöhung der Aktivität von Sn^{2+} verschiebt sich die Lage des Gleichgewichtes nach rechts, in Richtung der oxydierten Form. Die »Stärke« des Reduktionsmittels steigt, das Redoxpotential wird negativer.

Redoxpotentiale von Redox-Paaren anderer Aktivität als die des Standardzustandes werden **Realpotentiale** genannt. Realpotentiale lassen sich mit Hilfe der NERNSTschen Gleichung berechnen.

$$\varphi = \varphi^\circ + \frac{R \cdot T}{n \cdot F} \cdot \ln \frac{a_{Ox}}{a_{Red}} \quad \text{NERNSTsche Gleichung} \tag{3}$$

φ Realpotential in Volt
φ° Standardpotential in Volt
R Gaskonstante $8{,}313 \text{ V} \cdot \text{As} \cdot \text{mol}^{-1} \cdot \text{K}^{-1}$
T Temperatur in K
n Zahl der ausgetauschten Elektronen
F FARADAY-Konstante $96\,487 \text{ A} \cdot \text{s} \cdot \text{mol}^{-1}$
a_{Ox} Aktivität des Oxydationsmittels in $\text{mol} \cdot \text{l}^{-1}$
a_{Red} Aktivität des Reduktionsmittels in $\text{mol} \cdot \text{l}^{-1}$

Für die Berechnungen von Redoxreaktionen, die bei 298 K ablaufen, läßt sich Gleichung (3) vereinfachen, indem R, T, F und der Umrechnungsfaktor $\ln x = 2{,}3 \lg x$ zusammengefaßt werden.
Die allgemeingültige Form der NERNSTschen Gleichung lautet dann:

$$\varphi = \varphi^\circ + \frac{0{,}059 \text{ V}}{n} \cdot \lg \frac{a_{Ox}}{a_{Red}} \tag{4}$$

Das Realpotential eines Redoxpaares ist abhängig von der Anzahl der ausgetauschten Elektronen und den Aktivitäten des Oxydations- bzw. des Reduktionsmittels.

Lehrbeispiel 9.1.:

Für das Redox-Paar $Sn^{2+} \rightleftharpoons Sn^{4+} + 2 e^-$ beträgt bei einer Aktivität beider reagierender Stoffe von $1 \text{ mol} \cdot \text{l}^{-1}$ das Redoxpotential (Standardpotential) $\varphi^\circ = +0{,}15$ Volt. Das Redoxpotential für das gleiche Redox-Paar soll errechnet werden, wenn die Aktivität der Zinn(II)-Ionen $2 \text{ mol} \cdot \text{l}^{-1}$ beträgt.

Gleichung (4): $\varphi = \varphi^\circ + \dfrac{0{,}059 \text{ V}}{n} \lg \dfrac{a_{Ox}}{a_{Red}}$ $a_{Ox} = a_{Sn^{4+}} = 1 \text{ mol} \cdot \text{l}^{-1}$
                                                                                    (unverändert)

$\varphi = +0{,}15 \text{ V} + \dfrac{0{,}059 \text{ V}}{2} \cdot \lg \dfrac{1}{2}$ $a_{Red} = a_{Sn^{2+}} = 2 \text{ mol} \cdot \text{l}^{-1}$

$\varphi = +0{,}15 + \dfrac{0{,}059}{2} (-0{,}301) \text{ V}$

$\varphi = +0{,}14 \text{ V}$

Das Redoxpotential ist durch Erhöhung der Aktivität des Reduktionsmittels niedriger als das Standardpotential geworden, die Stärke des Reduktionsmittels nimmt zu.

Lehrbeispiel 9.2.:

Für das Redox-Paar $Ag \rightleftharpoons Ag^+ + e^-$ beträgt das Standardpotential $\varphi^\circ = +0,81$ Volt.
Das Redoxpotential soll errechnet werden, wenn die Aktivität der Silber-Ionen $5 \cdot 10^{-6}$ mol $\cdot$ l^{-1} beträgt.

Gleichung (4): $\quad \varphi = \varphi^\circ + \dfrac{0,059 \text{ V}}{n} \cdot \lg \dfrac{a_{0x}}{a_{Red}} \qquad a_{0x} = a_{Ag^+} = 5 \cdot 10^{-6}$ mol l^{-1}

$\qquad \varphi = +0,81 \text{ V} + 0,059 \text{ V} \cdot \lg 5 \cdot 10^{-6} \qquad a_{Red} = a_{Ag} = 1$ mol $\cdot$ l^{-1}
(unverändert)

$\qquad \varphi = +0,48 \text{ V}$

Das Redoxpotential ist durch Verminderung der Aktivität des Oxydationsmittels niedriger geworden, die Stärke des Oxydationsmittels nimmt ab.

Lehrbeispiel 9.3.:

Für das Redox-Paar $2\,Br^- \rightleftharpoons Br_2 + 2\,e^-$ beträgt das Standardpotential $\varphi^\circ = +1,07$ Volt. Das Redoxpotential soll errechnet werden, wenn die Aktivität der Bromidionen $2 \cdot 10^{-5}$ mol $\cdot$ l^{-1} beträgt.

Gleichung (4): $\quad \varphi = \varphi^\circ + \dfrac{0,059 \text{ V}}{n} \cdot \lg \dfrac{a_{0x}}{a_{Red}} \qquad a_{0x} = a_{Br_2} = 1$ mol $\cdot$ l^{-1}
(unverändert)

$\qquad \varphi = +1,07 \text{ V} + \dfrac{0,059 \text{ V}}{2} \lg \dfrac{1}{(2 \cdot 10^{-5})^2}$

$a_{Red} = (a_{Br^-})^2 = (2 \cdot 10^{-5})^2$ mol $\cdot$ l^{-1} (siehe Abschn. 6.2.1.)

$\qquad \varphi = +1,35 \text{ V}$

Das Redoxpotential ist durch Verminderung der Aktivität des Reduktionsmittels erhöht worden, die Stärke des Reduktionsmittels nimmt ab.

A 9.6. Berechnen Sie das Redoxpotential für die Wasserstoffelektrode in neutraler Lösung (pH = 7)!

9.7. Gekoppelte Protolyse- und Redoxreaktionen

In den Fällen, in denen Redoxreaktionen mit Protolysen gekoppelt sind, ist die Formulierung der stöchiometrischen Gleichung komplizierter, aber durchaus möglich. Viele starke Oxydationsmittel sind sauerstoffreiche Verbindungen.

Beispiele: Kaliumpermanganat $KMnO_4$, Kaliumdichromat $K_2Cr_2O_7$, Kaliumperchlorat $KClO_4$, Natriumnitrat $NaNO_3$.

Bei der Reduktion dieser Verbindungen in wäßrigen Lösungen wird der komplexgebundene Sauerstoff durch anwesende Protonen in einer Protolyse umgesetzt:

$[O^{2-}] + 2\ H^+ \rightarrow H_2O$ bzw. $[O^{2-}] + 2\ H_3O^+ \rightarrow 3\ H_2O$

Bei der Formulierung von Redoxreaktionen, an denen sauerstoffreiche Oxidationsmittel beteiligt sind, sind Protonen und Wassermoleküle mit einzubeziehen.

Lehrbeispiel 9.4.:

Oxydation von Iodid-Ionen mit Permanganat-Ionen.
Während der Reaktion findet eine Oxydation von Iodid-Ionen zu Iod und eine Reduktion von Permanganat-Ionen zu Mangan(II)-Kationen statt.

$\overset{-1}{2\ I^-} \rightarrow \overset{\pm 0}{I_2} + 2\ e^-$

$\overset{+7\ \ 4\cdot(-2)}{MnO_4^-} + 5\ e^- \rightarrow \overset{+2}{Mn^{2+}}$

Die Oxydationszahl von Iod steigt von $2 \cdot (-1)$ auf 0, das entspricht der Abgabe von zwei Elektronen.
Die Oxydationszahl von Mangan sinkt von $+7$ auf $+2$, das entspricht der Aufnahme von fünf Elektronen.
Nach dem Prinzip der Übereinstimmung der Zahl der abgegebenen Elektronen mit der Zahl der aufgenommenen Elektronen muß die 1. Teilgleichung mit 5 und die 2. Teilgleichung mit 2 multipliziert werden:

$10\ I^- \rightarrow 5\ I_2 + 10\ e^-$

$2\ MnO_4^- + 10\ e^- \rightarrow 2\ Mn^{2+}$

Formulierung der Protolyse:

	$8\ H_3O^+$	$\rightarrow 8\ H_2O + 8\ H^+$
	$8\ [O^{2-}] + 8\ H^+$	$\rightarrow 8\ OH^-$
Protolysen-reaktion I	$8\ H_3O^+ + 8\ [O^{2-}]$	$\rightarrow 8\ H_2O + 8\ OH^-$
	$8\ H_3O^+$	$\rightarrow 8\ H_2O + 8\ H^+$
	$8\ OH^- + 8\ H^+$	$\rightarrow 8\ H_2O$
Protolysen-reaktion II	$8\ H_3O^+ + 8\ OH^-$	$\rightarrow 16\ H_2O$
Gesamt-Protolyse:	$16\ H_3O^+ + 8\ [O^{2-}]$	$\rightarrow 24\ H_2O$
1. Teilgleichung	$10\ I^-$	$\rightarrow 5\ I_2 + 10\ e^-$
2. Teilgleichung	$2\ MnO_4^- + 16\ H_3O^+ + 10\ e^-$	$\rightarrow 2\ Mn^{2+} + 24\ H_2O$
Gesamtgleichung	$10\ I^- + 2\ MnO_4^- + 16\ H_3O^+$	$\rightarrow 5\ I_2 + 2\ Mn^{2+} + 24\ H_2O$

Die für die formulierte Reaktion erforderlichen Hydroniumionen sind z. B. in Schwefelsäure enthalten. Für die beschriebene Oxydation von Iodid mit Kaliumpermanganat wird deshalb eine Schwefelsäurezugabe erforderlich.
Es läßt sich dann eine Stoffgleichung formulieren:

$$10\ KI + 2\ KMnO_4 + 8\ H_2SO_4 \rightarrow 5\ I_2 + 2\ MnSO_4 + 8\ H_2O + 6\ K_2SO_4$$

Es soll noch einmal betont werden, daß diese Reaktionsgleichung keine Aussage über den Verlauf der Reaktion macht. (Es ist bekannt, daß die Reduktion der MnO_4^- Ionen über Zwischenstufen verläuft.) Die Formulierung der Redoxreaktion gibt die am Anfang und am Ende vorhandenen Teilchenarten an und sagt aus, in welchen Massenverhältnissen diese Teilchenarten am Gesamtprozeß teilnehmen.

A 9.7.   Stellen Sie die Redoxgleichung für die Oxydation von Aluminium mit Bromat-Ionen auf! Bromat wird zu Bromid reduziert.

9.8.   Weitere Übungsaufgaben

A 9.8.   Bei der Sauerstoffkorrosion wird Eisen unter Einwirken von Luftsauerstoff und Wasser zu Eisen(II)-hydroxid oxydiert. Entwickeln Sie die Redoxgleichung!

A 9.9.   Chlor wird aus Chloriden hergestellt. Mit welchen Oxydationsmitteln wäre das unter Normalbedingungen möglich?

A 9.10.   Beurteilen Sie das Oxydationsvermögen des Wasserstoffperoxids (H_2O_2) in neutraler Lösung durch Berechnung des Realpotentials!

A 9.11.   Metalle können durch »Reduktionsabscheidung« mit Nickel beschichtet werden, wobei Nickelschichten mit großer Härte und hoher Verschleißfestigkeit entstehen. Nickelsulfat oder Nickelchlorid werden in wäßriger Lösung mit Natriumhypophosphit (NaH_2PO_2) reduziert, das dabei zu NaH_2PO_3 oxydiert wird.
Entwickeln Sie die Redoxgleichung!

10. Elektrochemie

10.1. Gegenstand und Bedeutung

> Die Elektrochemie ist ein Teilgebiet der physikalischen Chemie, in dem die Zusammenhänge zwischen elektrischen und chemischen Erscheinungen behandelt werden.

Grundsätzlich sind zwei Ursache-Wirkungs-Beziehungen möglich:

- beim freiwilligen Ablauf chemischer Reaktionen wandelt sich chemische Energie in elektrische Energie um,
- die Zufuhr elektrischer Energie erzwingt freiwillig nicht ablaufende Reaktionen; dabei wandelt sich elektrische Energie in chemische um.

Vorgänge des ersten Typs finden in galvanischen Elementen statt, die Erscheinung wird als *Galvanismus* bezeichnet. Als netzunabhängige Spannungsquellen dienen galvanische Elemente zur Stromversorgung z. B. in transportablen Rundfunk- und Phonogeräten. In Akkumulatoren sind Vorgänge des ersten und zweiten Typs gekoppelt, wodurch sich die Möglichkeit der Speicherung elektrischer Energie bietet. Das unerwünschte Auftreten galvanischer Elemente – beispielsweise an der Grenzfläche zweier Metalle – ist eine Hauptursache für die Korrosion.

Vorgänge des zweiten Typs heißen *Elektrolysen*. Sie werden technisch angewendet zur Gewinnung von Metallen (Aluminium, Kupfer, Zink), Nichtmetallen (Chlor) und Alkalilaugen (Kali- und Natronlauge), zur Reinigung (Raffination) von Metallen (Aluminium, Kupfer), zur Erzeugung metallischer Niederschläge (Verchromen, Vernickeln, Verzinnen), zur Darstellung von anorganischen und organischen Verbindungen (Chlorate, Peroxodisulfate, Phenylhydroxylamin), zur Metallbearbeitung (Elysieren, Ätzen, Polieren), zur Oberflächenbehandlung (Aloxidieren), zum Entmetallisieren (Entfernen von Metallschichten), Entfetten usw.

Aus der Vielzahl der Anwendungen geht die große Bedeutung elektrochemischer Prozesse für die Volkswirtschaft hervor. Gerade die zuletzt angeführten Beispiele zeigen Möglichkeiten, neuartige chemische Methoden und Wirkprinzipien für die Entwicklung hocheffektiver Verarbeitungstechnologien zu nutzen.

10.2. Galvanische Elemente

10.2.1. Qualitative Betrachtung

Ein galvanisches Element entsteht durch Kopplung zweier korrespondierender Redoxpaare; dabei tauchen entweder beide *Elektroden*[1]) in den gleichen Elektrolyten ein (z. B. bei Akkumulatoren) oder zwischen den (verschiedenen) Elektrolyten befindet sich eine für Ionen durchlässige Verbindung, die aber gleichzeitig die Vermischung der Lösungen durch Diffusion verhindert. Für experimentelle Zwecke wird häufig die Verbindung durch ein Glasröhrchen gebildet, das mit einer Elektrolyt-Lösung (z. B. Kaliumchlorid-Lösung) gefüllt und an beiden Enden mit Filterpapierstopfen verschlossen ist *(Stromschlüssel, elektrolytischer Heber)*. Im Bild 10.1 wird der Aufbau eines Zink/Kupfer-Elements (DANIELL-Element) gezeigt.

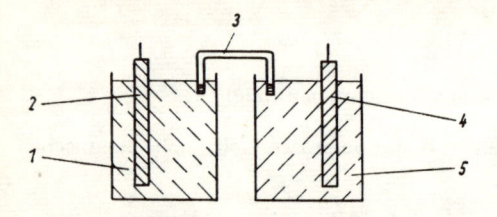

Bild 10.1. Prinzipskizze des DANIELL-Elements

1 Zinksalz-Lösung
2 Zink-Elektrode
3 Stromschlüssel
4 Kupfer-Elektrode
5 Kupfersalz-Lösung

Stellt man mit einem Leiter 1. Klasse zwischen den Elektroden eine äußere Verbindung her, fließt ein Strom. Ursache für den Stromfluß ist der Ablauf einer Redox-Reaktion im galvanischen Element. Reduktion und Oxydation verlaufen zwar gleichzeitig, aber räumlich voneinander getrennt: im Zink-Halbelement die Oxydation

$Zn \rightarrow Zn^{2+} + 2\,e^-$,

im Kupfer-Halbelement die Reduktion

$Cu^{2+} + 2\,e^- \rightarrow Cu$.

Die vom Reduktionsmittel (Zink) zum Oxydationsmittel (Kupfer-Ion) übergehenden Elektronen müssen den Weg durch den äußeren Leiter nehmen. Zur Symbolisierung eines galvanischen Elements setzt man einen Schrägstrich für jede Phasengrenze, einen doppelten Schrägstrich zwischen den Halbelementen. Für das DANIELL-Element ergibt sich also

$Zn/Zn^{2+}//Cu^{2+}/Cu$.

Das elektronenliefernde Zink-Halbelement ist der negative Pol des Elements, das elektronenaufnehmende Kupfer-Halbelement der positive Pol.

---

[1]) Der Begriff »Elektrode« wird sowohl für den metallischen Leiter allein als auch für das gesamte Halbelement verwendet.

> Bei allen elektrochemischen Vorgängen wird die Elektrode, an der eine Oxydation stattfindet, als *Anode*, diejenige, an der eine Reduktion stattfindet, als *Katode* bezeichnet. Die Bewegung der Elektronen im äußeren Leiter erfolgt vom negativen zum positiven Pol.

Da für quantitative Betrachtungen die Aktivitäten der beiden Lösungen wichtig sind, werden auch diese und ggf. noch die Polarität angegeben. Vollständig ist ein DANIELL-Element beispielsweise beschrieben durch (Aktivitäten in $mol \cdot l^{-1}$)

$-Zn / Zn^{2+} // Cu^{2+} / Cu+$
$ a=1 \phantom{^{2+} //} a=1$

10.2.2. Quantitative Betrachtung

Ursache für den Ablauf der Redox-Reaktion im galvanischen Element ist die zwischen den beiden Halbelementen vorhandene Potentialdifferenz $\Delta \varphi$, die sich als Differenz der Normal- bzw. Realpotentiale ergibt (s. 9.). Sie wird bei galvanischen Elementen auch *Ur-* oder *Zellspannung* genannt; die häufig verwendete Bezeichnung ‚elektromotorische Kraft' (EMK) ist physikalisch unrichtig.

A 10.1. Berechnen Sie die Potentialdifferenz für das gegebene DANIELL-Element.
Wie ändern sich die Potentiale der beiden Halbelemente bei Vergrößerung oder Verkleinerung der Aktivität einer oder beider Lösungen?

Tatsächlich ist jedoch nicht die gesamte Zellspannung U_0 nutzbar, da infolge des inneren Widerstandes R_i des galvanischen Elements, der von Art und Aktivität der Lösungen sowie Fläche und Abstand der Elektroden abhängt, ein *innerer Spannungsabfall* $R_i \cdot I$ eintritt. Für den äußeren Verbraucher steht nur die *Klemmenspannung* U_{Kl} zur Verfügung, die bei Stromfluß stets kleiner als die Zellspannung ist (1).

$$U_{Kl} = U_0 - R_i \cdot I \qquad (1)$$

Bei der Entladung eines DANIELL-Elements erhöht sich die Aktivität der Zink-Ionen, während die der Kupfer-Ionen abnimmt. Dadurch verschiebt sich das Potential des Zinks nach positiveren, das des Kupfers nach negativeren Werten; die Potentialdifferenz (Urspannung) nimmt also mit zunehmender Entladung ab.

10.2.3. Technische Ausführungsformen

Das LECLANCHÉ-Element

Das 1868 von dem französischen Chemiker LECLANCHÉ entwickelte galvanische Element besteht aus einem amalgamierten Zinkblechzylinder als negativem und einem Graphitstab, der mit Mangan(IV)-oxid umgeben ist, als positivem Pol. Als Elektrolyt dient 10- bis 20%ige Ammoniumchlorid-Lösung, die mit Stärke oder Mehl zu einer Paste angedickt ist. Symbolisiert wird das Element dargestellt durch

$-\mathrm{Zn}/\,\mathrm{NH_4Cl}/\,\mathrm{C\,(MnO_2)}+$

Elektronenliefernder Vorgang ist die Oxydation von Zink

$\mathrm{Zn} \rightarrow \mathrm{Zn^{2+}} + 2\,\mathrm{e^-}$.

Die für den Katodenvorgang

$\mathrm{MnO_2} + \mathrm{H^+} + \mathrm{e^-} \rightarrow \mathrm{MnOOH}$

erforderlichen Protonen stammen aus dem korrespondierenden Säure-Base-Paar

$\mathrm{NH_4^+} \rightleftharpoons \mathrm{NH_3} + \mathrm{H^+}$;

die Ammoniak-Moleküle reagieren mit Zink-Ionen unter Bildung von Diammin-Zink-Ionen

$\mathrm{Zn^{2+}} + 2\,\mathrm{NH_3} \rightarrow [\mathrm{Zn(NH_3)_2}]^{2+}$,

wodurch die Aktivität der freien Zink-Ionen stets gering (s. 7.3.) und das Potential entsprechend negativ bleiben.
In einer Sekundärreaktion setzt sich Manganoxidhydroxid zum Mangan(III)-oxid um

$2\,\mathrm{MnOOH} \rightarrow \mathrm{Mn_2O_3} + \mathrm{H_2O}$.

A 10.2. Erläutern Sie die Abhängigkeit der Urspannung des LECLANCHÉ-Elements von der Aktivität der Zink-Ionen. Welchem Reaktionstyp ist die Umsetzung des Wasserstoffs mit Mangan(IV)-oxid zuzuordnen?

Die Urspannung des LECLANCHÉ-Elements beträgt etwa 1,5 V, die Klemmenspannung bei Normalbelastung 1,25 V. Die ablaufenden Vorgänge sind irreversibel, d. h., das Element kann nicht wieder aufgeladen werden; solche Elemente werden als *Primärelemente* bezeichnet. Da als Elektrolyt ein Gel — und keine Flüssigkeit — verwendet wird, zählt es zu den *Trockenelementen*.

Der Blei-Akkumulator

> **Akkumulatoren sind galvanische Elemente, in denen bei Stromentnahme reversible chemische Vorgänge ablaufen.**

Andere Bezeichnungen für Akkumulatoren sind *Akku* (Kurzform), *Sammler* oder *Sekundärelement*. Durch Zufuhr elektrischer Energie ist es beliebig oft möglich, die bei der Entladung ablaufenden chemischen Reaktionen in umgekehrter Richtung zu erzwingen und so den Ladungszustand wiederherzustellen, der vor der Stromentnahme bestand.

Der Blei-Akku ist der gebräuchlichste Sammler. Im geladenen Zustand tauchen ein mit feinverteiltem Blei (Bleischwamm) und ein mit Blei(IV)-oxid ausgefülltes Gitter in Schwefelsäure mit einer Dichte von 1,15 bis 1,28 g · cm^{-3} ein (Bild 10.2). Aus

$$Pb \rightleftharpoons Pb^{2+} + 2\,e^-$$

und

$$PbO_2 + 4\,H_3O^+ + 2\,e^- \rightleftharpoons Pb^{2+} + 6\,H_2O$$

ergibt sich die Ionengleichung für den Redox-Vorgang (s. Tab. 9.1)

$$Pb + PbO_2 + 4\,H_3O^+ \rightleftharpoons 2\,Pb^{2+} + 6\,H_2O$$

und die Stoffgleichung

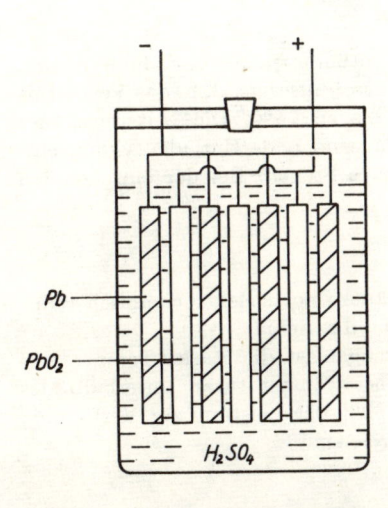

$$Pb + PbO_2 + 2\,H_2SO_4 \underset{\text{Ladung}}{\overset{\text{Entladung}}{\rightleftharpoons}} 2\,PbSO_4 + 2\,H_2O.$$

Bild 10.2. Prinzipskizze einer Zelle eines Bleiakkumulators

A 10.3. Geben Sie den Aufbau eines Blei-Akkus in symbolischer Darstellung wieder. Bezeichnen Sie den positiven und den negativen Pol, die Katode und Anode bei Entladung und Ladung.
Wie ändert sich die Konzentration der Schwefelsäure beim Entladen? Welche Möglichkeit ergibt sich daraus für die Kontrolle des Ladungszustandes des Akkus?

Die Urspannung eines Blei-Akkus errechnet sich zu 2,041 V, die nutzbare Klemmenspannung (s. 10.2.2.) liegt nur wenig darunter und sollte beim Entladen nicht unter 1,8 V sinken (Bild 10.3), da sonst irreversible Vorgänge einsetzen. Die *Ladespannung* muß wegen des größeren Widerstandes der weniger konzentrierten Schwefelsäure im entladenen Zustand und wegen auftretender Überspannungen (s. 10.4.2.) höher liegen als der Gleichgewichtswert. Der steile Anstieg der Spannung in der Ladekurve (Bild 10.3) wird durch die Entladung von Hydronium-Ionen verursacht, die gegen Ende des Ladevorgangs einsetzt und schließlich zum alleinigen Katodenvorgang wird, während anodisch gleichzeitig Sauerstoffentwicklung durch Entladung von Hydroxid-Ionen eintritt *(Gasen)*.

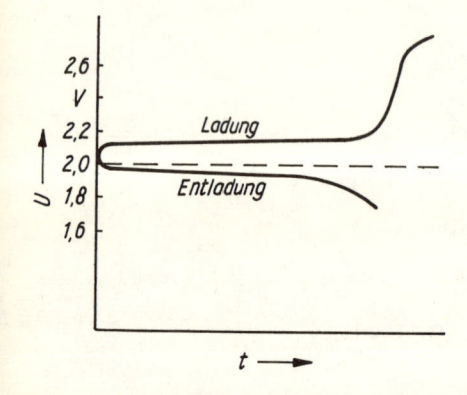

Bild 10.3. Lade/Entlade-Kurve eines Bleiakkumulators

Die *Stromausbeute*, d. h. das Verhältnis der entnommenen zur aufgewendeten Elektrizitätsmenge, beträgt bis zu 95%, die *Energieausbeute*, d. h. das Verhältnis der gelieferten zur aufgewendeten Energie, bis zu 75%. Die Nutzungsdauer eines Blei-Akkumulators liegt bei mehreren Tausend Lade/Entlade-Zyklen; eingeschränkt wird sie durch längeres unbenutztes Stehen. Bei der einsetzenden Selbstentladung nach

$$Pb + H_2SO_4 \rightarrow PbSO_4 + H_2$$

entsteht grobkristallines Bleisulfat, das sich kaum noch elektrochemisch reduzieren läßt; dieser Vorgang wird als *Sulfatierung* bezeichnet.
Besonders bei Starterbatterien in Kraftfahrzeugen ist die starke Temperaturabhängigkeit der Kapazität zu beachten; bei Temperaturen unterhalb des Gefrierpunktes des Wassers stehen u. U. nur 60% der Leistung zur Verfügung, die nicht mehr zum Betrieb des Anlassers ausreichen.

Der Nickel-/Cadmium-Akkumulator

Wegen der geringeren Masse und der höheren Lebensdauer — auch beim Stehen im entladenen Zustand — hat neben dem Blei-Akkumulator der Nickel-/Cadmium-Akkumulator zunehmend an Bedeutung gewonnen.
Für den ablaufenden Gesamtprozeß

$$Cd + 2\,Ni(OH)_3 \underset{\text{Ladung}}{\overset{\text{Entladung}}{\rightleftarrows}} Cd(OH)_2 + 2\,Ni(OH)_2$$

ergibt sich eine Differenz der Normalpotentiale von $\Delta\varphi° = 1{,}29$ V, die praktisch erreichte Urspannung liegt bei 1,35 V.

Als Elektrolyt dient 20%ige Kalilauge, deren hohe Leitfähigkeit den inneren Widerstand niedrig hält; wie die Reaktionsgleichung zeigt, bleibt die Elektrolytkonzentration konstant. Da kaum Selbstentladung auftritt und die beim Laden entstehenden Gase Wasserstoff und Sauerstoff katalytisch umgesetzt werden können, ist es möglich, gasdichte Systeme dieses Typs herzustellen, wie sie z. B. als Knopfzellen eingesetzt werden. Die Energieausbeute erreicht 60%, die Stromausbeute ca. 82%.

10.3. Schmelzflußelektrolysen

> Elektrolysen von geschmolzenen Elektrolyten werden als Schmelzflußelektrolysen bezeichnet.

Als Beispiel wird eine Natriumchlorid-Schmelze betrachtet; in ihr befinden sich die Natrium- und Chlorid-Ionen in regelloser Verteilung und führen ungeordnete Bewegungen aus. Taucht man in die Schmelze zwei Leiter 1. Klasse, die von der Schmelze chemisch nicht angegriffen werden, als Stromzuführungen (Elektroden) ein und legt an sie eine Gleichspannung an, dann wirkt auf jedes in der Schmelze befindliche Ion eine elektrostatische Kraft ein. Die positiven Ionen werden von der negativen Elektrode, die negativen von der positiven Elektrode angezogen (s. 6.3.). Dadurch bewegen sich die Ionen auf die Elektroden zu. An der negativen Elektrode herrscht Elektronenüberschuß; positive Ionen können, wenn sie die Elektrodenoberfläche erreicht haben, Elektronen aufnehmen und in Atome übergehen. Für die Natrium-Ionen ergibt sich

$$Na^+ + e^- \rightarrow Na.$$

Es entsteht metallisches Natrium, das bei der Elektrolysetemperatur geschmolzen vorliegt. Da dieser Reduktionsvorgang an der Katode stattfindet, wird er als *katodische Reduktion* bezeichnet.

Auch bei Elektrolysen sind Reduktions- und Oxydationsvorgänge stets miteinander gekoppelt. Die Oxydation findet an der positiven Elektrode statt: Dort herrscht Elektronenmangel. Chlorid-Ionen geben, wenn sie unmittelbaren Kontakt mit der Elektrodenoberfläche haben, Elektronen an die Elektrode ab:

$$Cl^- \rightarrow Cl + e^-.$$

Da die Oxydation an der Anode stattfindet, wird sie als *anodische Oxydation* bezeichnet.

Die bisher betrachteten Vorgänge sind direkt auf die Wirkung der angelegten Spannung zurückzuführen, es sind *Primärvorgänge*. Während an der Katode ein unter den herrschenden Bedingungen existenzfähiges Reaktionsprodukt entstanden ist, sind die an der Anode gebildeten Chloratome sehr reaktionsfähig und reagieren in einem *Sekundärvorgang* miteinander zu Chlormolekülen

$$2\,Cl \rightarrow Cl_2$$

> Sekundärvorgänge sind chemische Reaktionen, die sich an Elektrodenreaktionen anschließen, wenn die primär gebildeten Reaktionsprodukte bei den vorliegenden Bedingungen nicht beständig sind.

Große technische Bedeutung hat die Schmelzflußelektrolyse von Aluminiumoxid zur Gewinnung von Aluminium. Zur Erniedrigung des außerordentlich hohen Schmelzpunktes des Aluminiumoxids F = 2331 K (2058 °C) setzt man einen geschmolzenen Elektrolyten als Lösungsmittel ein; man verwendet Natriumhexafluoroaluminat (Kryolith) $Na_3[AlF_6]$. Bei geeigneter Zusammensetzung der Schmelze liegt ihr Schmelzpunkt unterhalb 1273 K. Das Aluminiumoxid dissoziiert in der Schmelze nach

$$Al_2O_3 \rightleftharpoons 2\ Al^{3+} + 3\ O^{2-}.$$

A 10.4. Geben Sie die Reaktionsgleichungen für den katodischen und den anodischen Vorgang bei der Elektrolyse von geschmolzenem Aluminiumoxid an. (Das Natriumhexafluoroaluminat beteiligt sich nicht an den Vorgängen.)
In welchem Aggregatzustand liegt das Aluminium vor?

10.4. Elektrolysen in wäßriger Lösung

Bei Elektrolysen in wäßriger Lösung sind außer den Ionen des gelösten Stoffes immer auch die aus der Autoprotolyse des Wassers stammenden Hydronium- und Hydroxid-Ionen vorhanden (s. 8.). Sie werden genau wie alle anderen Ionen von den entgegengesetzt geladenen Elektroden angezogen und bewegen sich dadurch auf die Elektroden zu. Wenn eine Kupfer(II)-chlorid-Lösung elektrolysiert wird, wandern Kupfer(II)- und Hydronium-Ionen zur Katode, Chlorid- und Hydroxid-Ionen zur Anode. Welche Teilchen an den beiden Elektroden reagieren, soll in den nächsten Abschnitten geklärt werden.

10.4.1. Abscheidungspotential

> Das Abscheidungspotential φ_A ist das Potential, bei dem eine Ionenart an einer Elektrode umgesetzt wird.

Bei einem völlig reversiblen Vorgang und einer Ionenaktivität $a = 1\ mol \cdot l^{-1}$ ist das Abscheidungspotential gleich dem Normalpotential φ°; bei abweichender Aktivität des abzuscheidenden Ions werden die Abscheidungspotentiale mit der NERNSTschen Gleichung berechnet (s. 9.6.).
Für die Entladung von Hydronium-Ionen

$$H_3O^+ + e^- \rightarrow H_2O + H$$

aus neutraler Lösung ($a_{H_3O^+} = 10^{-7}$ mol·l^{-1}) ergibt sich ein Abscheidungspotential von $\varphi_A = -0{,}413$ V.
Für die Entladung von Hydroxid-Ionen nach der Gleichung

$$2\ OH^- \rightarrow 1/2\ O_2 + H_2O + 2\ e^-$$

errechnet sich aus dem Normalpotential $\varphi^\circ = 0{,}40$ V ($a_{OH^-} = 1$ mol·l^{-1}) das Abscheidungspotential $\varphi_A = 0{,}813$ V aus neutraler Lösung ($a_{OH^-} = 10^{-7}$ mol·l^{-1}).

Alle folgenden Betrachtungen werden am Beispiel der Elektrolyse einer 1molaren Kupfer(II)-chlorid-Lösung angestellt.

Für die beteiligten Redox-Paare erhält man unter Beachtung der Aktivitäten bei reversiblem Ablauf folgende Werte für die Abscheidungspotentiale

Ion	a in mol·l^{-1}	φ_A in V
Cu^{2+}	1	0,35
H$_3$O$^+$	10^{-7}	−0,413
Cl$^-$	2 [1])	1,38
OH$^-$	10^{-7}	0,813

In Bild 10.4 sind diese Potentiale graphisch dargestellt.

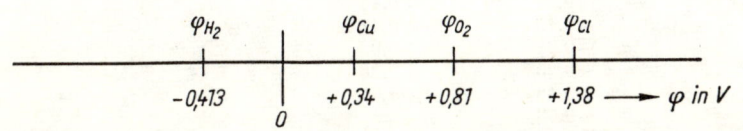

```
        φH₂           φCu    φO₂        φCl
     ────┼─────────────┼──────┼──────────┼──────────
       -0,413    0   +0,34  +0,81      +1,38    ⟶  φ in V
```

Bild 10.4. Potentiale in einer wäßrigen Kupfer(II)-chlorid-Lösung

Von den beiden für die katodische Reduktion in Frage kommenden Ionenarten sind die Kupfer(II)-Ionen das stärkere Oxydationsmittel, d. h., sie lassen sich leichter reduzieren, wie das höhere Potential zeigt (s. Tab. 9.1): deshalb werden sie entladen. Die Hydronium-Ionen werden katodisch nicht umgesetzt.

A 10.5. Berechnen Sie die Abscheidungspotentiale von Kupfer(II)-Ionen bei $a_{Cu^{2+}} = 10^{-2}$ mol·l^{-1} und von Hydroxid-Ionen bei $pH = 14$.

10.4.2. Überspannung

Als Anodenvorgang bei der Elektrolyse einer Kupfer(II)-chlorid-Lösung wird nach Bild 10.4 die Entladung von Hydroxid-Ionen erwartet, die an der Sauerstoffentwicklung erkennbar wäre. Bei Verwendung einer Platin-Anode entwickelt sich jedoch Chlor.
In diesem Falle und auch bei der Abscheidung anderer Ionenarten, vor allem aber bei der Bildung von Wasserstoff und Sauerstoff als Reaktionsprodukte, weicht das tatsächliche Abscheidungspotential vom berechneten Potential φ ab; aus

---

[1]) Bei Annahme vollständiger Dissoziation nach CuCl$_2$ → Cu^{2+} + 2 Cl$^-$ ist die Aktivität der Chlorid-Ionen doppelt so groß wie die der Kupfer-Ionen.

hier nicht näher zu untersuchenden Gründen ist die Abscheidung gehemmt. Es gilt

$\varphi_A = \varphi + \eta.$ (2)

> Die Überspannung η ist die Differenz zwischen dem tatsächlichen Abscheidungspotential φ_A und dem berechneten Potential φ. Die Überspannung hat katodisch negatives, anodisch positives Vorzeichen.

Die Wasserstoff- und die Sauerstoff-Überspannung hängen in starkem Maße vom Elektrodenmaterial und von der Stromdichte[1]) ab. In den Tabellen 10.1 und 10.2 wird das dargestellt.

Tabelle 10.1. Minimale Überspannung[1]) von Wasserstoff und Sauerstoff an Metallen

Elektrodenmetall	η_{H_2} in V	η_{O_2} in V
Platin (platiniert)	0	+0,25
Eisen	−0,08	+0,25
Platin (blank)	−0,09	+0,45
Silber	−0,15	+0,41
Nickel	−0,21	+0,06
Kupfer	−0,23	+0,25
Cadmium	−0,48	+0,43
Zinn	−0,53	
Blei	−0,64	+0,31
Zink	−0,70	
Quecksilber	−0,78	

[1]) Bei einer Stromdichte, die gerade zur Entwicklung von Gasbläschen ausreicht.

Tabelle 10.2. Wasserstoffüberspannung an Nickel in Abhängigkeit von der Stromdichte

Stromdichte in $A \cdot cm^{-2}$	η_{H_2} in V
10^{-3}	−0,33
10^{-2}	−0,49
10^{-1}	−0,51
1	−0,59

Bei Verwendung einer Kupferkatode und bei einer Stromdichte von $1 \, A \cdot dm^{-2}$ beträgt die Wasserstoff-Überspannung $-0,58$ V, für die Abscheidung des Wasserstoffs ergibt sich demnach $\varphi_A = -0,413$ V $+ (-0,58$ V$) = -0,993$ V.
Wenn bei der betrachteten Elektrolyse einer 1molaren Kupfer(II)-chlorid-Lösung Chlor abgeschieden wird, dann kann das nach Bild 10.4 nur eintreten, wenn die Überspannung des Sauerstoffs an Platin bei einer Stromdichte von $1 \, A \cdot dm^{-2}$

[1]) Stromdichte ist der Quotient aus Stromstärke und Elektrodenfläche $j = \dfrac{I}{A_{El}}$

```
|←— η_{H_2} —→|           |←——  η_{O_2}  ——→|
——|————————|————|————|————|————————|——→
-0,993   -0,413   0   +0,34  +0,81      +1,38     φ in V
```

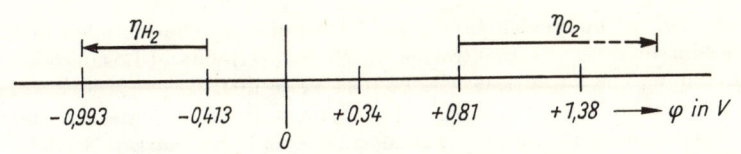

Bild 10.5. Überspannung von Wasserstoff und Sauerstoff

so groß ist, daß das Abscheidungspotential des Sauerstoffs größer als 1,38 V wird und damit die Chlorid-Ionen leichter oxydierbar sind als Hydroxid-Ionen. In Bild 10.5 ist das dargestellt; die im Vergleich zum Sauerstoff wesentlich geringere Überspannung des Chlors wurde nicht berücksichtigt.

Die Aufstellung einer Entladbarkeitsreihe von Metallen und Wasserstoff muß also die vorhandenen Ionenaktivitäten berücksichtigen und unter Einbeziehung der Überspannung des Wasserstoffs erfolgen. Nur durch die Überspannung des Wasserstoffs ist es zu erklären, daß z. B. Zink-Ionen aus neutralen und sogar sauren Lösungen entladen werden können.

Für die Entladung von Anionen in wäßrigen Lösungen gilt die Reihe

I^- Br^- Cl^- OH^-,

in der die Anionen von links nach rechts zunehmend schwerer oxydierbar sind. Eine Reaktion der komplexen Säurerest-Ionen, z. B. Sulfat-, Nitrat- oder Phosphat-Ion, tritt nicht ein.

A 10.6. In einer Zinn(II)-chlorid-Lösung sei $a_{Sn^{2+}} = 0{,}05$ mol·l^{-1}, $a_{Cl^-} = 0{,}1$ mol·l^{-1}, pH = 5.
Stellen Sie zusammen, welche Ionenarten in der Lösung vorhanden sind, und geben Sie alle denkbaren Elektrodenreaktionen an.
Berechnen Sie die Realpotentiale für Zinn und Wasserstoff.
Ermitteln Sie das Abscheidungspotential von Wasserstoff (Überspannung berücksichtigen!) an Zinn. Stellen Sie die Potentiale graphisch dar und ermitteln Sie die tatsächlich ablaufenden Reaktionen (s. Bild 10.5).

10.4.3. Zersetzungsspannung

Die Zersetzungsspannung U_Z ist die Mindestspannung, die bei einer Elektrolyse an die Elektroden angelegt werden muß, um die Elektrodenreaktionen zu erzwingen.
Sie ist gleich der Differenz der Abscheidungspotentiale für den anodischen und den katodischen Vorgang.

Da sich die Abscheidungspotentiale aus den Gleichgewichtspotentialen und den Überspannungen zusammensetzen, ergibt sich

$$U_Z = (\varphi + \eta)_{\text{Anode}} - (\varphi + \eta)_{\text{Katode}} = \varphi_A - \varphi_A', \tag{3}$$

wobei die Vorzeichen der Überspannungen zu beachten sind.

Vernachlässigt man die minimalen Werte der Überspannung von Metallen und Chlor, dann erhält man für die Elektrolyse der Kupfer(II)-chlorid-Lösung eine Zersetzungsspannung von $U_Z = 1{,}38\text{ V} - (+0{,}34\text{ V}) = 1{,}04\text{ V}$.
Katodisch wird stets das in der Lösung vorhandene stärkste Oxydationsmittel — in diesem Falle Kupfer(II)-Ionen — reduziert, anodisch das stärkste Reduktionsmittel — hier Chlorid-Ionen — oxydiert. Kriterium für die Stärke eines Oxydations- bzw. Reduktionsmittels sind die unter Berücksichtigung der Überspannungen ermittelten Abscheidungspotentiale.

A 10.7. Ermitteln Sie die Zersetzungsspannung für eine 1molare Natriumchlorid-Lösung mit pH = 7 an Platinelektroden.

10.4.4. Elektrolysespannung

Da bei Stromfluß in jedem Leiter durch seinen Widerstand ein Spannungsabfall eintritt, reicht auch die Zersetzungsspannung noch nicht aus, um einen meßbaren Stromfluß zu erhalten. Bezeichnet man den Badwiderstand mit R_{Bad}, die Stromstärke mit I und den Spannungsabfall im Bad mit ΔU, dann gilt

$$\Delta U = R_{Bad} \cdot I \tag{4}$$

Dieser Spannungsabfall muß zusätzlich zur Zersetzungsspannung aufgebracht werden, um die Elektrolyse mit der Stromstärke I durchzuführen:

$$\boxed{U_{El} = U_Z + R_{Bad} \cdot I} \tag{5}$$

Da bei technischen Elektrolysen aus ökonomischen Gründen mit möglichst niedrigen Spannungen und hohen Stromstärken gearbeitet werden soll, muß der Badwiderstand durch hohe Leitfähigkeit des Elektrolyten, geringen Elektrodenabstand und große Elektrodenflächen (Leiterquerschnitt) klein gehalten werden.

10.4.5. Sekundärvorgänge

Wie bei der Schmelzflußelektrolyse können auch bei Elektrolysen in wäßriger Lösung als Primärprodukte nicht existenzfähige Stoffe entstehen. An der Katode ist das vor allem Wasserstoff, der als Ergebnis des Primärvorgangs

$$H_3O^+ + e^- \rightarrow H_2O + H$$

zunächst in atomarer Form vorliegt. Durch den Sekundärvorgang

$$2\,H \rightarrow H_2$$

entsteht molekularer Wasserstoff, der gasförmig entweicht. Sind in der Lösung reduzierbare Substanzen, können diese vom atomaren Wasserstoff umgesetzt werden. Als Beispiel sei die technisch durchgeführte Reduktion von Nitrobenzol zu Phenylhydroxylamin angeführt:

$$C_6H_5NO_2 + 4\,H \rightarrow C_6H_5NHOH + H_2O$$

Auch an der Anode sind außer der Bildung von Molekülen aus Atomen, z. B.

$2 \text{ Cl} \rightarrow \text{Cl}_2$

noch Reaktionen mit Lösungsbestandteilen

$C_6H_6 + 2 \text{ Cl} \rightarrow C_6H_5Cl + HCl$

oder mit dem Elektrodenmaterial möglich:

$C + 2 \text{ O} \rightarrow CO_2$.

Recht kompliziert verläuft die Entladung von Hydroxid-Ionen. Die beim Primärvorgang

$4 \text{ OH}^- \rightarrow 4 \text{ OH}_{ads} + 4 \text{ e}^-$

gebildeten adsorbierten Hydroxid-Gruppen reagieren weiter zu Wasser und molekularem Sauerstoff

$4 \text{ OH}_{ads} \rightarrow 2 \text{ H}_2\text{O} + \text{O}_2$.

Der als Zwischenprodukt auftretende atomare Wasserstoff erklärt die starke Oxydationswirkung, z. B. gegenüber Graphit-Elektroden.

10.4.6. Einfluß des Elektrodenmaterials

Die bisherigen Betrachtungen galten immer unter der Voraussetzung, daß sich das Elektrodenmaterial weder chemisch (durch Reaktion mit dem Elektrolyten) noch elektrochemisch an den Vorgängen beteiligt. Ein solches Verhalten zeigen z. B. Graphit (wenn keine Sauerstoffentwicklung als Primärvorgang stattfindet) und Platin. Elektroden aus diesen Stoffen werden deshalb als unangreifbar bezeichnet.
Besteht bei der Elektrolyse einer Kupfersalz-Lösung die Anode aus Kupfer, dann ergeben sich folgende Überlegungen: Das katodische und das anodische Potential sind gleich, bei $a = 1 \text{ mol} \cdot l^{-1}$ haben beide den Wert $\varphi_{Cu}^\circ = 0{,}35 \text{ V}$.
Aus Gleichung (3) ergibt sich als Zersetzungsspannung der Wert Null, nach Gleichung (5) ist die Elektrolysespannung nur abhängig von dem durch spezifische Leitfähigkeit des Elektrolyten, Elektrodenabstand und -fläche bestimmten Badwiderstand und der gewünschten Stromstärke. Beim Anlegen einer beliebig kleinen Gleichspannung findet anodisch die Oxydation von Kupfer-Atomen nach

$Cu \rightarrow Cu^{2+} + 2 \text{ e}^-$ statt.

Das Anodenmaterial ist unter den gegebenen Bedingungen also oxydierbar; die anodisch als Kupfer(II)-Ionen in Lösung gehende Stoffmenge wird katodisch abgeschieden, die Konzentration des Elektrolyten bleibt konstant. Gleiches gilt auch für die Vernickelung, Versilberung, das Vercadmen, wobei als Anodenmaterial jeweils das katodisch abzuscheidende Metall verwendet wird.

A 10.8. Ist für die dargestellte Verkupferung die Zersetzungsspannung unabhängig von der Badkonzentration gleich Null?
Ist die Elektrolysespannung konzentrationsabhängig?

10.5. Elektrochemische Korrosion

> Unter Korrosion versteht man die unerwünschte irreversible Umsetzung eines Werkstoffs mit Bestandteilen der Nachbarphase. Ausgehend von der Oberfläche werden dabei Werkstoffe durch chemische oder elektrochemische Reaktionen zerstört. Der weitaus häufiger auftretende Typ ist die elektrochemische Korrosion.

Die große Bedeutung des *Korrosionsschutzes* wird verständlich, wenn man die außerordentlich hohen Verluste betrachtet, die durch Korrosion verursacht werden; jährlich werden sie für die DDR auf etwa 1 bis 2 Milliarden Mark geschätzt, für die ganze Welt auf mehr als 50 Milliarden Mark. Die in der DDR mit 90% der Maßnahmen häufigste Schutzart ist das Aufbringen organischer Schutzschichten (Anstriche), wobei allein 70000 bis 80000 t Lösungsmittel jährlich umweltgefährdend an die Atmosphäre abgegeben werden. Außerdem ist zu beachten, daß die vorwiegend manuelle Arbeitsweise zahlreiche Arbeitskräfte bindet, in unserer Republik sind das über 30000 Werktätige. Neben dem korrosionsschutzgerechten Konstruieren von Anlagen ist deshalb die Entwicklung und Einführung von Schutzmaßnahmen mit geringerem Arbeits- und Materialaufwand eine vordringlich zu lösende Aufgabe.

Die Korrosionsgeschwindigkeit wird angegeben in der Maßeinheit $g \cdot m^{-2} \cdot d^{-1}$ oder — bei gleichmäßiger Abtragung — in $mm \cdot a^{-1}$; sie erreicht Maximalwerte von 1 bis 2,5 $g \cdot m^{-2} \cdot d^{-1}$ (Eisen in luftgesättigtem Wasser). Tabelle 10.3 zeigt den Einfluß unterschiedlicher Bedingungen auf die Korrosionsgeschwindigkeit.

Tabelle 10.3. Korrosionsgeschwindigkeit in unterschiedlicher Umgebung

Umgebung	Korrosionsgeschwindigkeit in $g \cdot m^{-2} \cdot d^{-1}$		
	Stahl	Zink	Kupfer
Landatmosphäre	0,48	0,017	0,014
Industrieatmosphäre	1,35	0,031	0,032
Meeresatmosphäre	0,95	0,1	0,029
Meerwasser	2,5	1,0	0,8
Erdboden	0,5	0,3	0,07

10.5.1. Korrosionselemente

> Korrosionselemente sind kurzgeschlossene galvanische Elemente in metallischen Werkstoffen. Sie werden *Lokalelemente (Mikro-Korrosionselemente)* genannt, wenn die Elektroden eine sehr geringe Größe (Fläche $< 10^{-2}$ mm²) aufweisen.

Die als Elektrolyt vorliegenden Stoffe heißen *Korrosionsmittel*; es sind Lösungen von Säuren, Basen und Salzen, feuchte Luft und Schmelzen. Die als Voraussetzung für den Stromfluß erforderlichen Potentialdifferenzen können auftreten,

- wenn verschiedene Metalle in leitender Verbindung stehen *(Kontaktkorrosionselement)*; das kann z. B. der Fall sein, wenn ein Kupferrohr mit einem Eisenrohr verbunden ist, zwischen Grundmetall und Deckschicht bei verzinktem Eisenblech oder in heterogenen Legierungen (Messing) an den Korngrenzen,
- wenn das gleiche Metall mit Lösungen verschiedener Konzentration *(Konzentrationselement)* oder unterschiedlicher Belüftung *(Belüftungselement)* in Kontakt steht,
- wenn ein Metall in Lösungen gleicher Zusammensetzung, aber unterschiedlicher Temperatur taucht *(Thermogalvanisches Element)*.

Anodischer Vorgang ist stets die Oxydation (Auflösung) des Metalls nach

$Me \rightarrow Me^{n+} + n\, e^-$.

Als katodische Vorgänge kommen in Betracht

— die Reduktion von Hydronium-Ionen (Wasserstoffkorrosion)

$2\, H_3O^+ + 2\, e^- \rightarrow 2\, H_2O + H_2$

— die Reduktion von Sauerstoff (Sauerstoffkorrosion)

$1/2\, O_2 + H_2O + 2\, e^- \rightarrow 2\, OH^-$ bzw.

$1/2\, O_2 + 2\, H_3O^+ + 2\, e^- \rightarrow 3\, H_2O$.

Welcher Korrosionstyp katodisch stattfindet, hängt vorwiegend vom pH-Wert des Korrosionsmittels ab, der die Abscheidungspotentiale wesentlich beeinflußt. Vereinfachend kann festgestellt werden, daß in neutralen oder basischen Lösungen vorwiegend mit dem Sauerstoff-Typ zu rechnen ist.

Lehrbeispiel 10.1.:

Löst sich Zink bei 293 K in Wasser unter Wasserstoffentwicklung, wenn im Wasser eine Aktivität der Zink-Ionen von $a = 10^{-6}\, mol \cdot l^{-1}$ angenommen wird?

Lösungsweg:

Das Potential des Zinks wird nach der NERNSTschen Gleichung berechnet:

$$\varphi_{Zn} = \varphi°_{Zn} + \frac{0{,}059\, V}{2} \lg a_{Zn^{2+}}$$

$\varphi_{Zn} = -0{,}76\, V + 0{,}03\, V\, (-6) = -0{,}94\, V$.

Das Potential des Wasserstoffs in neutraler Lösung ist

$\varphi_{H_2} = -0{,}413\, V$.

Nach diesen Werten könnte eine Entladung von Hydronium-Ionen bei gleichzeitiger Oxydation von Zink-Atomen zu -Ionen eintreten. Wegen der Überspannung des Wasserstoffs am Zink (Tab. 10.1) verschiebt sich das Abscheidungspotential

$$\varphi_A = -0{,}413 \text{ V} - 0{,}70 \text{ V} = -1{,}113 \text{ V}$$

auf einen Wert, der kleiner ist als das Potential des Zinks, d. h., eine Wasserstoffabscheidung erfolgt unter diesen Umständen nicht.
Ist das Zink mit einem Metall leitend verbunden (Bild 10.6), an dem Wasserstoff eine geringere Überspannung hat, wie z. B. Kupfer ($\eta_{H_2} = -0{,}23$ V), dann errechnet sich aus dem Potential des Zinks und dem Abscheidungspotential des Wasserstoffs eine Potentialdifferenz von

$$\Delta\varphi = -0{,}643 \text{ V} - (-0{,}94 \text{ V}) = 0{,}297 \text{ V}.$$

Zink, als Element mit dem niedrigeren Potential, geht in Lösung (wird oxydiert), Wasserstoff wird am Kupfer abgeschieden (reduziert).

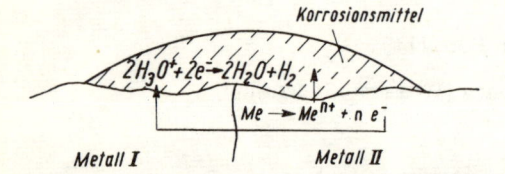

Bild 10.6. Korrosionselement (Kontaktkorrosion)

A 10.9. Berechnen Sie das Abscheidungspotential des Wasserstoffs an Eisen unter den gegebenen Bedingungen (Überspannung berücksichtigen) und ermitteln Sie die Potentialdifferenz. Wie verläuft demzufolge die Korrosion von verzinktem Eisenblech, wenn die Zinkschicht beschädigt (durchbrochen) ist?

A 10.10. Wie verläuft die Korrosion eines vernickelten Eisenblechs bei beschädigter Nickelschicht?

Das Belüftungselement soll am Beispiel des Eisens dargestellt werden (Bild 10.7). Das Potential des Redoxpaares

$$H_2O + {}^1/_1\, O_2 + 2\,e^- \rightarrow 2\,OH^-$$

hängt, wie aus der NERNSTschen Gleichung zu entnehmen ist, von der Aktivität des gelösten Sauerstoffs ab:

$$\varphi = \varphi^\circ + \frac{0{,}059 \text{ V}}{2} \lg \frac{\sqrt{a_{O_2}}}{a^2_{OH^-}}$$

Bild 10.7. Belüftungselement

Bei hoher Aktivität des Sauerstoffs, also z. B. an der Grenzfläche I Metall/Luft/Flüssigkeit, wo aus der Luft ständig Sauerstoff aufgenommen werden kann, ist das Potential positiver als an der Grenzfläche II Metall/Flüssigkeit im Inneren der Lösung. Auch bei Sauerstoffverbrauch durch den Ablauf der Reaktion ändert sich an der Grenzschicht I das Potential nicht, da immer wieder Sauerstoff aus der Luft gelöst wird: Die Potentialdifferenz zu der Grenzfläche II bleibt also erhalten. Die für die Reduktion des Sauerstoffs benötigten Elektronen liefert das Redoxpaar

$$Fe \rightarrow Fe^{2+} + 2\,e^{-}.$$

Eine Potentialverschiebung nach positiveren Werten durch die Zunahme der Aktivität der Eisen(II)-Ionen in der Lösung tritt nicht ein, da diese durch die Reaktion mit Hydroxid-Ionen als Niederschlag aus der Lösung entfernt werden:

$$Fe^{2+} + 2\,OH^{-} \rightarrow Fe(OH)_2.$$

Die weitere Oxydation des Eisens führt zum Eisen(III)-hydroxid $Fe(OH)_3$, das teilweise durch Wasserabspaltung in das Eisen(III)-oxidhydroxid $FeO(OH)$, den Hauptbestandteil des Rosts, übergeht. Im betrachteten Korrosionselement haben also Bereiche mit höherer Aktivität an gelöstem Sauerstoff (Grenzfläche I) ein positiveres Potential als solche mit geringerer Aktivität (Grenzfläche II), sie bilden deshalb die Katoden des Korrosionselements.

10.5.2. Korrosionsschutz

Zum Korrosionsschutz können zwei grundsätzliche Wege beschritten werden:

- beim *passiven Korrosionsschutz* wird der zu schützende metallische Werkstoff vom Korrosionsmittel durch Überzüge bzw. Deckschichten getrennt,

- beim *aktiven Korrosionsschutz* wird die Korrosionsgeschwindigkeit durch Entfernung stark korrodierend wirkender Bestandteile aus dem Korrosionsmittel oder durch Zusatz korrosionsverzögernder Substanzen *(Korrosionsinhibitoren)* herabgesetzt; die Korrosionsgeschwindigkeit wird für den zu schützenden Werkstoff gleich Null durch den Einsatz von Opferanoden bzw. durch Anlegen einer Gleichspannung, die der korrosionsverursachenden Potentialdifferenz entgegengerichtet ist.

Beim passiven Korrosionsschutz ergeben sich folgende Möglichkeiten:

— Aufbringen von *metallischen Deckschichten* durch elektrochemische Abscheidung, schmelzflüssiges Metallisieren, Metallspritzen und andere Verfahren; verwendet werden dazu Nickel, Chrom, Cadmium, Zink, Silber, Kupfer, Zinn, Blei, Antimon

— Aufbringen *nichtmetallischer Überzüge* wie Anstriche, Email, Plaste oder Elaste

— *Erzeugung von Deckschichten (Passivschichten)* aus dem zu schützenden Metall durch Behandlung mit Phosphorsäure (Phosphatierung), wobei schwerlösliche Phosphate und Hydrogenphosphate entstehen, elektrochemische Verstärkung natürlicher Oxidschichten (Aloxidieren des Aluminiums bis zu Schichtdicken von 30 µm).

Beispiele für den aktiven Korrosionsschutz sind

— die *Entfernung von Sauerstoff* aus Kesselspeisewasser mittels Natriumsulfits oder Hydrazins

$Na_2SO_3 + 1/2\, O_2 \rightarrow Na_2SO_4$

$N_2H_4 + O_2 \rightarrow N_2 + 2\, H_2O$

— der Zusatz von *Passivatoren* wie z. B. Nitriten oder Chromaten zum Korrosionsmittel in Mengen von etwa 10^{-3} mol·l^{-1}, die Verschiebungen des Potentials um einige Zehntel Volt nach positiveren Werten bewirken

— der Zusatz von *Inhibitoren*, die durch Adsorption an der Metalloberfläche in wahrscheinlich nur einer Molekülschicht die Entladung von Hydronium-Ionen bzw. die Bildung von Metall-Ionen verhindern

— die Anbringung einer *Opferanode* aus einem unedleren Metall; an Kesselanlagen, Badeöfen, Rohranlagen im Erdreich werden z. B. Magnesiumstäbe in leitender Verbindung mit dem zu schützenden Metall angebracht (Bild 10.8). Während der Magnesiumstab sich auflöst und ersetzt werden muß, wird das Behälter-Material nicht angegriffen, an ihm findet lediglich Entladung von Hydronium-Ionen statt

— das *Anlegen einer äußeren Gleichspannung*, die der Potentialdifferenz im Korrosionselement entgegengeschaltet ist; als lösliche Anode wird meist Eisenschrott verwendet.

A 10.11. Weisen Sie unter Verwendung der Oxydationszahlen nach, daß es sich bei beiden Vorgängen zur Entfernung von Sauerstoff aus Kesselspeisewasser um Redoxreaktionen handelt.

Außer den genannten Maßnahmen für den langzeitigen Schutz metallischer Werkstoffe ist es häufig erforderlich, einen *temporären* (zeitweiligen) *Korrosions-*

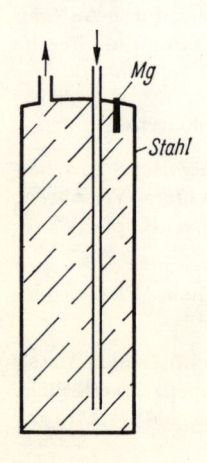

Bild 10.8. Opferanode in einem Heißwasserkessel
Reaktionen:

$Mg \rightarrow Mg^{2+} + 2\, e^-$ $\varphi^\circ_{Mg} = -2{,}4\, V$

$2\, H_3O^+ + 2\, e^- \rightarrow 2\, H_2O + H_2$ $\varphi_{H_2} = -0{,}413\, V$

schutz vorzunehmen, z. B. während des Transports oder der Lagerung. Einfache Aufbringung von Schutzschichten (z. B. durch Spritzen oder Tauchen) und möglichst vollständige Entfernbarkeit ohne großen Aufwand bei zuverlässiger Schutzwirkung sind die zu stellenden Forderungen; sie werden erfüllt durch Öle, Fette, Wachse oder abziehbare Plastfilme (Ethylcellulose, Acetylcellulose).

10.6. FARADAYsche Gesetze

In den bisherigen Abschnitten des Teils »Elektrolyse« wurde die qualitative Seite der Vorgänge betrachtet, im folgenden soll die quantitative erörtert werden. Es geht dabei um den Zusammenhang zwischen der Ladungs- bzw. Elektrizitätsmenge und der dadurch elektrolytisch umgesetzten Stoffmenge. Diese Gesetzmäßigkeit wurde erstmals von MICHAEL FARADAY (1791 bis 1867) erkannt und formuliert.

10.6.1. Einführung

Fließt durch einen Leiter 1. Klasse (Metall) ein Gleichstrom, so wandern Elektronen vom Minus- zum Pluspol. Die Anzahl der Elektronen steigt mit der Stromstärke I und der Zeit t. Das Produkt aus Stromstärke und Zeit heißt *Elektrizitätsmenge* oder *elektrische Ladung Q*.

$$Q = I \cdot t \tag{6}$$

Fließt ein Gleichstrom der Stärke $I = 1$ A für die Dauer von $t = 1$ s durch einen Leiter, so wurde die elektrische Ladung bzw. Elektrizitätsmenge von $Q = 1$ A · s (Amperesekunde) transportiert. Zu Ehren des französischen Physikers COULOMB (1736 bis 1806) setzt man für die Einheit Amperesekunde A · s auch die Bezeichnung »Coulomb C« ein. Diese sehr kleine Maßeinheit wird oft in Amperestunden A · h umgerechnet.

A 10.12. Wieviel Coulomb enthält eine Amperestunde?

Die kleinste Elektrizitätsmenge, die vom Abschnitt »Atombau« bekannt ist, heißt Elementarladung $e = 1,6 \cdot 10^{-19}$ C. Das Proton besitzt eine positive, das Elektron eine negative Elementarladung. Jede vorkommende Ladung ist ein ganzzahliges Vielfaches dieser Elementarladung.
Das Mol als Grundeinheit drückt die Anzahl von $6,023 \cdot 10^{23}$ elementaren Einheiten aus. Diese Zahl ist als AVOGADRO-Konstante N_A bekannt. Zur Entladung eines einwertigen Kations ist ein Elektron — eine negative Elementarladung — nötig. Für die katodische Reduktion von einem Mol einwertiger Kationen wird die entsprechende Elektrizitätsmenge von einem Mol Elektronen benötigt, die sich aus AVOGADRO-Konstante und Elementarladung errechnen läßt.

Gesamtladung für
ein Mol Elektronen = AVOGADRO-Konstante · Elementarladung
$= 6{,}023 \cdot 10^{23}$ mol$^{-1} \cdot 1{,}6 \cdot 10^{-19}$ C
$= 96\,487$ C mol^{-1}
$\approx 96\,500$ C mol$^{-1} = 26{,}8$ Ah · mol^{-1}

Die so erhaltene Größe heißt FARADAY-Konstante F. Diese Elektrizitätsmenge scheidet elektrolytisch 1 Mol einwertige, aber nur $1/2$ Mol zweiwertige und entsprechend $1/z$ Mol z-wertige Ionen ab.

Lehrbeispiel 10.2.:

Wieviel Gramm Aluminium bzw. wieviel Gramm Magnesium können durch die gleiche Ladungsmenge von 1 Mol Elektronen aus einer Al^{3+}- bzw. Mg^{2+}-Lösung abgeschieden werden?

Lösungsweg:

1 Mol Al $= 6{,}023 \cdot 10^{23}$ Al-Atome $\triangleq 26{,}98$ g mol^{-1} (molare Masse M)

1 Mol Mg $= 6{,}023 \cdot 10^{23}$ Mg-Atome $\triangleq 24{,}31$ g mol^{-1} (molare Masse M)

Da ein Al^{3+}-Ion zur völligen Entladung drei Elektronen und ein Mg^{2+}-Ion zwei Elektronen benötigt, können durch 1 Mol Elektronen nur entweder $\dfrac{26{,}98 \text{ g mol}^{-1}}{3}$ $= 8{,}99$ g mol^{-1} Al oder entsprechend $\dfrac{24{,}31 \text{ g mol}^{-1}}{2} = 12{,}155$ g mol^{-1} Mg entladen werden. Damit sind 12,155 g Magnesium und 8,99 g Aluminium einander gleichwertige Massen, sogenannte *Grammäquivalente Ä*.

$$\frac{\text{molare Masse } M}{\text{Wertigkeit } z} = \text{Grammäquivalent } \ddot{A} \tag{7}$$

A 10.13. Berechnen Sie die Grammäquivalente von
 a) Ag^+ b) Cu^{2+} c) S^{2-} d) Sn^{4+}

Die in A 10.13. berechneten Grammäquivalente verschiedener Elektrolyte sind also durch die gleiche Elektrizitätsmenge $96\,500$ A · s $= 26{,}8$ A · h (FARADAY-Konstante) entladbar.

Mit sich verändernder Elektrizitätsmenge ändern sich proportional auch die abgeschiedenen Stoffmengen der verschiedenen Elektrolyte, und für eine beliebige Elektrizitätsmenge besteht zur elektrolytisch abgeschiedenen Masse z-wertiger Ionen folgende Proportionalität:

$$m \sim I \cdot t \, \frac{M}{z}$$
$$m \sim Q \cdot \ddot{A} \tag{8}$$

10.6.2. Elektrochemisches Äquivalent

Bei den bisherigen Überlegungen stand stets die Elektrizitätsmenge von 1 Mol Elektronen zur Diskussion, für Berechnungen erweist es sich jedoch als zweckmäßig, die elektrolytisch umgesetzte Masse auf die Elektrizitätsmenge von 1 Coulomb zu beziehen. Die durch diese Elektrizitätsmenge abgeschiedene oder umgesetzte Masse eines Stoffes heißt *elektrochemisches Äquivalent* $\ddot{A}_e$. Damit ist das elektrochemische Äquivalent eines beliebigen Elektrolyten $\frac{1}{96\,500}$ seiner Grammäquivalentmasse gleich.

$$\ddot{A}_e = \frac{M}{z \cdot F} = \frac{\ddot{A}}{F} \tag{9}$$

Es wird in zwei Maßeinheiten angegeben. Während für Laboruntersuchungen wegen der meist kleinen aufgewendeten Elektrizitätsmenge die Grammäquivalente in Milligramm und die Elektrizitätsmenge in Amperesekunden bzw. Coulomb angegeben werden, erfolgt für technische Elektrolysen die Angabe in Gramm und Amperestunden, damit nicht große und umständlich zu berechnende Zahlenwerte entstehen.

Lehrbeispiel 10.3.:

Berechnen Sie das elektrochemische Äquivalent in Milligramm pro Amperesekunde und in Gramm pro Amperestunde für Kupfer(II)-Ionen.

Lösungsweg:

Die molare Masse des Kupfers beträgt

$M = 63{,}55$ g mol^{-1} bzw. $\qquad M = 63\,550$ mg mol^{-1}

Berechnung in mg · As^{-1} $\qquad$ Berechnung in g · Ah^{-1}

$$\ddot{A}_e = \frac{63\,550 \text{ mg mol}^{-1}}{2 \cdot 96\,500 \text{ As} \cdot \text{mol}^{-1}} \qquad \ddot{A}_e = \frac{63{,}55 \text{ g mol}^{-1}}{2 \cdot 26{,}8 \text{ Ah} \cdot \text{mol}^{-1}}$$

$\ddot{A}_e = 0{,}329$ mg · As^{-1} $\qquad \ddot{A}_e = 1{,}19$ g · Ah^{-1}

A 10.14. Berechnen Sie das elektrochemische Äquivalent für Ag$^+$ und für Al^{3+} in beiden Maßeinheiten.

Weitere Zahlenwerte für elektrochemische Äquivalente bringt Tabelle 10.1 des Wissensspeichers.

Durch Einführung des Proportionalitätsfaktors $\ddot{A}_e$ an Stelle von $\frac{M}{z}$ in (8) entsteht Gleichung (10), mit deren Hilfe die elektrolytisch umgesetzte oder abgeschiedene Masse eines beliebigen Elektrolyten errechnet werden kann.

$$m = \ddot{A}_e \, I \, t \qquad (10)$$

Lehrbeispiel 10.4.:

Berechnen Sie die Masse Kupfer in Gramm, die aus einer Kupfer(II)-chlorid-Lösung bei einer Stromstärke von $I = 10$ A in der Zeit $t = 2$ h abgeschieden werden kann.

Lösungsweg:

$m = I \, t \, \ddot{A}_e$

$m = 10 \text{ A} \cdot 2 \text{ h} \cdot 1{,}19 \text{ g} \cdot \text{Ah}^{-1}$

$m = 23{,}8 \text{ g}$

10.6.3. Stromausbeute

Mittels Gleichung (10) sind jedoch quantitative Berechnungen von Elektrolysen nur dann möglich, wenn die Elektrizitätsmenge ausschließlich zur Umsetzung der gewünschten Ionenart dient. Bei *Mischabscheidungen* werden außer der gewünschten Umsetzung noch andere Vorgänge an den Elektroden erzwungen, z. B. die Abscheidung von Wasserstoff bei Vernickelung und Verchromung an der Katode oder die Oxydation von Chlorid zu Chlorat bei der anodischen Chlorentwicklung. Der dafür aufgewendete Anteil der Elektrizitätsmenge darf natürlich zur Berechnung der umgesetzten Masse des gewünschten Stoffes nicht mit einbezogen werden. Der *Wirkungsgrad η (Stromausbeute)* berücksichtigt das, damit erhält Gleichung (10) ihre endgültige Fassung (11):

$$m = \ddot{A}_e \, I \, t \, \eta \qquad (11)$$

Der Wert für η liegt nur im Idealfall bei 1, in der Praxis ist er niedriger. So liegt er bei der Abscheidung von Nickel etwa bei 0,95, das bedeutet, daß nur 95% der verwendeten Elektrizitätsmenge Nickel-Ionen katodisch reduzieren. Für elektrolytische Chromabscheidung liegt dieser Wert je nach den Bedingungen sogar nur bei 0,12 bis 0,2. Im Sinne rationeller Energieanwendung ist in der Industrie stets durch Wahl geeigneter Reaktionsbedingungen auf eine möglichst hohe Stromausbeute hinzuarbeiten.

10.6.4. Weitere Übungsaufgaben

A 10.15. Bei der Elektrolyse einer Silbernitrat-Lösung werden in 80 Minuten 245 mg Silber bei einer Stromausbeute von $\eta = 1{,}0$ katodisch abgeschieden. Wie groß war die durchschnittliche Stromstärke?

A 10.16. Bei einer Zinkabscheidung aus einer Zink(II)-sulfat-Lösung werden je Amperestunde 1,17 g Zink abgeschieden. Berechnen Sie die Stromausbeute!

A 10.17. Im VEB Chemiekombinat Bitterfeld wird durch Alkalichloridelektrolyse Chlorgas erzeugt. In welcher Zeit werden 500 l Chlorgas (i. N.) gewonnen, wenn die Stromstärke 119,6 A beträgt? ($\eta = 1{,}0$)

A 10.18. Wie viele Kilowattstunden sind theoretisch ($\eta = 1{,}0$) erforderlich, um durch Schmelzflußelektrolyse aus Aluminiumoxid 1 kg Aluminium zu gewinnen?
(Mit Badspannung 2,5 V rechnen)

A 10.19. Die Oberfläche eines Werkstückes soll galvanisch vernickelt werden. Welche Zeit benötigt man, um die 250 cm² große Oberfläche mit einer 0,02 mm dicken Nickelschicht zu versehen, wenn mit 2,5 A gearbeitet wird?
(Dichte des Nickels: 9 g · cm^{-3}; Stromausbeute 85%)

11. Kolloiddisperse Systeme

11.1. Arten und allgemeine Merkmale disperser Systeme

Wenn verschiedenartige Stoffe miteinander vermischt werden, entsteht ein Stoffgemenge, ein *disperses*[1]) *System*. Die einzelnen Bestandteile dieses Systems sind seine *Komponenten*, dabei sind die im Überschuß vorhandenen meist das *Lösungsmittel (Dispersionsmittel)* und die darin verteilte(n) die *disperse Phase*. Ist eine optische Unterscheidung dieser Komponenten möglich, liegt ein *heterogenes*, andernfalls ein *homogenes System* vor. Wenn z. B. in ein Glas Wasser (Dispersionsmittel) etwas Kochsalz (disperse Phase) gegeben wird, so sind beide Komponenten optisch zunächst noch zu unterscheiden, da sich die größeren Salzkristalle nicht unmittelbar auflösen. Fester Kristall und Wasser sind durch eine scharfe Trennungsfläche – die sogenannte *Grenzfläche* – voneinander abgegrenzt (heterogenes System). Erst nach vollständiger Auflösung liegt ein homogenes, ein durch und durch einheitliches System vor. Die Grenzfläche verschwand, aus zwei reinen Phasen wurde eine Mischphase.

> **Eine Phase ist ein in sich homogener Zustandsbereich, der durch eine scharfe Trennungsfläche (Grenzfläche) von jeder anderen Phase abgegrenzt ist.**

So entsprechen die drei Aggregatzustände (fest, flüssig, gasförmig) der gleichen Komponente drei verschiedener Phasen, andererseits können einem Aggregatzustand auch mehrere Phasen angehören (z. B. Öl und Wasser). Während für unterschiedliche Aggregatzustände die Beweglichkeit der Einzelteilchen charakteristisch ist, sind bei verschiedenen Phasen deren chemische Struktur und deren zwischenmolekulare Kräfte anders.

A 11.1. Aus wie vielen Phasen und Komponenten sind die folgenden Systeme aufgebaut? Sind sie homogen oder heterogen?

- Wäßrige Zuckerlösung
- Eis-Wasser-Gemisch bei 273 K
- Eisen-Schwefel-Gemisch
- Stickstoff-Sauerstoff-Gemisch

Die Art des optischen Hilfsmittels bestimmt die Größe der noch zu erkennenden Teilchen (Lupe, Mikroskop, Ultramikroskop und Elektronenmikroskop). Teilchengrößen – und dadurch wesentlich bedingte Eigenschaften – dienen als Eintei-

---

[1]) dispergere (lat.) = zerstreuen

Teilchen-größe in m	10^{-3}	10^{-4}	10^{-5}	10^{-6}	10^{-7}	10^{-8}	10^{-9}	10^{-10}
optisches Hilfsmittel	Lupe ⇒		Mikroskop ⇒		Ultrami-kroskop ⇒		Elektromikroskop ⇒	
Art des dispersen Systems		grobdispers				kolloid-dispers		molekular-dispers

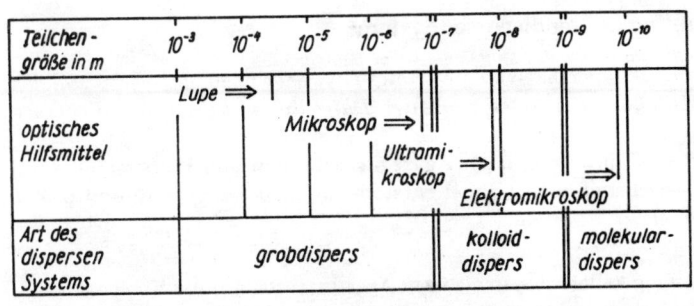

Bild 11.1. Optische Hilfsmittel zur Erkennung bestimmter Teilchengrößen in dispersen Systemen

lungsmerkmale disperser Systeme. Allgemein unterscheidet man drei Arten, das *grobdisperse System* mit Teilchengrößen über 10^{-7} m, das *kolloiddisperse*[1]) mit Teilchengrößen zwischen 10^{-7} bis 10^{-9} m und das *molekular-* bzw. *ionendisperse* mit Teilchengrößen unter 10^{-9} m. Bild 11.1 zeigt die Beziehungen zwischen Teilchengrößen, optischen Hilfsmitteln und Bezeichnung der dispersen Systeme. Mit der Verringerung der Teilchengröße verändert sich auch die Summe aller Phasengrenzflächen und damit die *Gesamtoberfläche* der feinverteilten Komponente. Tabelle 11.1 demonstriert das durch die gedankliche Zerkleinerung eines Würfels von 1 cm³. Die *große Phasengrenzfläche* ist ein charakteristisches Merkmal für kolloiddisperse Systeme und deren Eigenschaften.

Tabelle 11.1. Oberflächenvergrößerung bei Zerteilung eines Würfels in würfelförmige Teilstücke

Teilungs-schritte	Würfel-anzahl	Kantenlänge eines Würfels	Gesamtoberfläche aller Würfel	Bemerkung
0	1	1,0 cm	6 cm²	
1	8	0,5 cm	12 cm²	
2	64	0,25 cm	24 cm²	
.	.	.	.	
.	.	.	.	
17	10^{15}	10^{-7} m	60 m²	kolloide
24	10^{21}	10^{-9} m	6 000 m²	Teilchen-größe

A 11.2. Ordnen Sie die folgenden Gemenge einem der drei dispersen Systeme zu:

— Eiswürfel-Wasser-Gemisch bei 273 K
— wäßrige Seifenlösung
— Zuckerwasser
— streichfähige Lackfarbe

Von zunehmendem Interesse sind die *kolloiddispersen Systeme*.

---

[1]) colla (griech.) = Leim

11.2. Einteilung kolloiddisperser Systeme

Die Einteilung kolloiddisperser Systeme erfolgt entweder nach *Aggregatzuständen* der beteiligten Komponenten oder nach der *Darstellungsmethode* der dispersen Phase.
Tabelle 11.2 zeigt die Einteilung nach Aggregatzuständen von Dispersionsmittel und disperser Phase, benennt das dabei entstehende disperse System und bringt Anwendungsbeispiele.

Tabelle 11.2. Einteilung kolloider Systeme nach Aggregatzuständen der Komponenten

Dispersionsmittel	Disperse Phase	Bezeichnung des kolloiden Systems		Beispiele
gasförmig	gasförmig	(nicht kolloid)		Gasgemisch
	flüssig	Nebel	} Aerosole	Abdampf
	fest	Rauch, Staub		Schornsteinabgase
flüssig	gasförmig	kolloider Schaum	} Lyosole	Seifenschaum
	flüssig	Emulsion		Milch, Bohröl
	fest	Sol		Leim
fest	gasförmig	fester kolloider Schaum	} Xerosole	Gasbeton, Aktivkohle
	flüssig	Gel		Gelee, Pudding
	fest	festes Sol		gefärbte Gläser

Zur Gewinnung von Teilchen kolloider Größe gibt es zwei Möglichkeiten:

— Zerkleinerung grobdisperser Teilchen   — *Dispersion*
— Vergrößerung molekulardisperser Teilchen   — *Kondensation*

Desgleichen gibt es auch zwei Möglichkeiten, unerwünschte kolloide Teilchengrößen zu verändern:

— Zerkleinerung zu molekulardispersen Teilchen   — *Dissolution*[1])
— Vergrößerung zu grobdispersen Teilchen   — *Koagulation*[2])

Tabelle 11.3 bringt eine Zusammenstellung dieser Vorgänge.

Tabelle 11.3. Bezeichnung der möglichen Teilchengrößenveränderungen disperser Systeme

Größenordnung			Bezeichnung der Veränderung
grobdispers	kolloiddispers	molekulardispers	
←――――――――――――――→			Dispersion Koagulation
	←―――――――→		Dissolution Kondensation

---

[1]) dissolutio (lat.) = Auflösung
[2]) coagulatio (lat.) = Ausflockung, Gerinnung

In der Lack- und Farbenindustrie entstehen z. B. durch Dispersion mittels Kolloidmühlen kolloiddisperse Anstrichstoffe. Wenn Milch ‚sauer' wird, koaguliert sie. Eine Kondensation ist zu beobachten, wenn sich Luftschichten mit hoher Luftfeuchtigkeit abkühlen, es bilden sich Nebel oder Wolken. Eine Dissolution liegt schließlich vor, wenn sich Nebel oder Wolken unter Warmlufteinfluß auflösen.

Eine weitere Einteilung kolloiddisperser Systeme berücksichtigt Darstellungsmethode bzw. Ursprung der kolloiden Teilchengröße.

Dispersionskolloide bzw. *Phasenkolloide* entstehen durch Dispersion oder Kondensation einer bestimmten Phase innerhalb eines dispersen Systems.

So bildet sich z. B. kolloides Silberchlorid, wenn Chlorid-Ionen in eine stark verdünnte Lösung von Silber-Ionen einfließen. Hierbei zeigt sich nicht die übliche Fällungsreaktion zu weißem Silberchlorid, sondern nur eine milchige Trübung durch Silberchlorid-Sol. An verschiedenen Stellen der Lösung bilden sich spontan Kristallkeime aus Silberchlorid. Der weitere Aufbau von Kristallgittern ist jedoch bei starker Verdünnung nur begrenzt möglich (s. Abschnitt 6.). Die Teilchengröße der Kristalle verbleibt im kolloiden Bereich.

Molekülkolloide sind Makromoleküle von kolloider Größenordnung wie z. B. Eiweiße, Cellulose, Kautschuk, synthetische makromolekulare Stoffe. Vielfach schwanken innerhalb eines dispersen Systems die Teilchengrößen erheblich, deshalb kann oft nur eine mittlere molare Masse angegeben werden. *Assoziationskolloide*[1] *(Micellkolloide)* bilden sich aus bestimmten molekulardispersen Verbindungen bei deren Auflösung in einem geeigneten Lösungsmittel mit bestimmter Konzentration. Zu solchen molekulardispersen Verbindungen gehören z. B. die grenzflächenaktiven Stoffe (Detergenzien) Seife und Waschmittel. Derartige Verbindungen besitzen einen *hydrophoben* (wasserabweisenden) und einen *hydrophilen* (wasseranziehenden) Molekülteil. Der hydrophobe Teil besteht meist aus Kohlenwasserstoffketten, als hydrophile Gruppen kommen Carboxyl- ($-COO^-$), Sulfat- ($-OSO_3^-$) oder auch Sulfonatgruppen ($-SO_3^-$) in Frage (s. Bild 11.2).

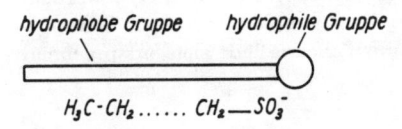

Bild 11.2. Modell für ein grenzflächenaktives Molekül

Durch Anhäufung derartiger grenzflächenaktiver Moleküle entstehen bei bestimmter Konzentration spontan Assoziationskolloide in Form kugeliger Gebilde — sogenannte *Mizellen*. Dabei bilden sich zwischen Einzelmolekülen und Assoziationskolloiden chemische Gleichgewichte aus. Bild 11.3 demonstriert die

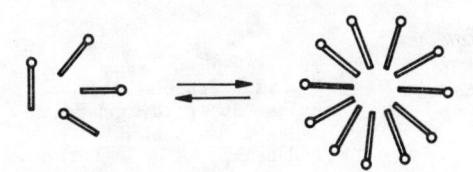

Bild 11.3. Mizellenbildung aus grenzflächenaktiven Molekülen in wäßriger Lösung

---

[1] associare (lat.) = vereinigen

Entstehung einer Mizelle in wäßriger Lösung. Die hydrophilen Gruppen sind nach außen in das die Mizelle umgebende Lösungsmittel Wasser gerichtet.

A 11.3. Skizzieren Sie den Bau einer Mizelle in einem wasserfreien organischen Lösungsmittel.

Anwendung finden Assoziationskolloide u. a. bei Waschprozessen, in der Textilfärberei, beim Flotationsprozeß und der Emulsionspolymerisation.

11.3. Aufbau und Eigenschaften kolloiddisperser Systeme

11.3.1. Hydrophobe und hydrophile Kolloide

Die Darstellung eines Silberchlorid-Sols durch Kondensation wurde bereits erörtert. Bild 11.4 zeigt den schematischen Aufbau eines solchen Teilchens.

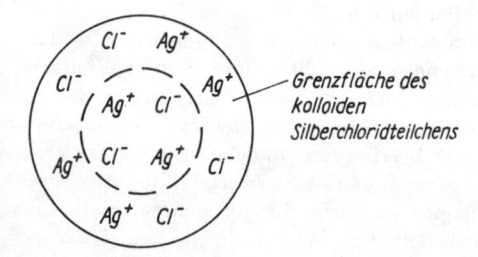

Bild 11.4. Schematischer Aufbau eines kolloiden Silberchlorid-Kristallgitters mit neutraler Grenzfläche

Durch die gleiche Anzahl von Kationen und Anionen im Kristallgitter wirkt das Teilchen nach außen hin insgesamt neutral. Die Ionen der Grenzfläche sind dabei aber nicht wie im Teilcheninneren allseitig von Gegenionen umgeben. Es können noch weitere Ionen an der Teilchenoberfläche angelagert (*adsorbiert*)[1] werden. Bei geringem Silber-Ionen-Überschuß werden diese von den negativen Ladungsstellen der Grenzfläche adsorbiert. Das kolloide Teilchen lädt sich entsprechend Bild 11.5 positiv auf.

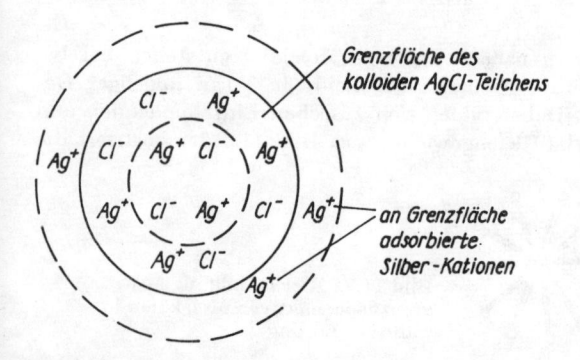

Bild 11.5. Schematischer Aufbau eines positiv geladenen kolloiden Silberchlorid-Teilchens

---

[1]) adsorbere (lat.) = anlagern

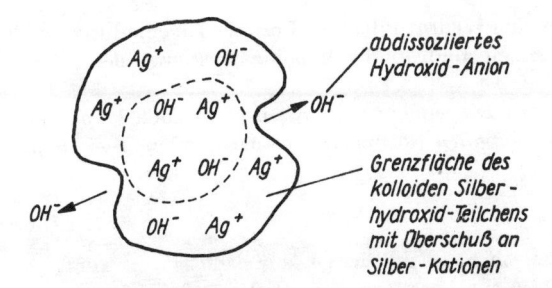

Bild 11.6. Entstehung eines positiv geladenen kolloiden Silberhydroxid-Teilchens durch teilweise Eigendissoziation (schematisch)

(Beschriftungen im Bild: Ag⁺, OH⁻, abdissoziiertes Hydroxid-Anion, Grenzfläche des kolloiden Silberhydroxid-Teilchens mit Überschuß an Silber-Kationen)

Die *gleiche* positive *Eigenladung* aller dieser Teilchen verhindert deren Annäherung und eine mögliche Koagulation.

A 11.4. Erklären Sie Entstehung und Aufbau eines negativ geladenen kolloiden Silberchlorid-Teilchens.

Zwischen der dispersen Phase Silberchlorid und dem Dispersionsmittel Wasser besteht keine chemische Verwandtschaft. Silberchlorid ist hydrophob, es bildet hydrophobe kolloide Teilchen.
Anders liegen die Verhältnisse bei Substanzen mit hydrophilen Gruppen. Durch chemische Verwandtschaft mit Wasser kann es zu Reaktionen zwischen disperser Phase und dem Lösungsmittel kommen. Als mit dem Silberchlorid leicht vergleichbare Modellsubstanzen soll ein wäßriges Silberhydroxid-Sol[1]) (AgOH) dienen. Viele disperse Phasen mit Hydroxidgruppen neigen in wäßriger Lösung dazu, einige Hydroxid-Ionen abzudissoziieren. Das zunächst neutrale Silberhydroxid-Ionengitter lädt sich dadurch an der Phasengrenzfläche positiv auf (s. Bild 11.6). Das noch immer hydrophile Teilchen lagert an der positiven Phasengrenzfläche Wasserdipolmolekül mit deren negativer Dipolseite an. Es bildet sich

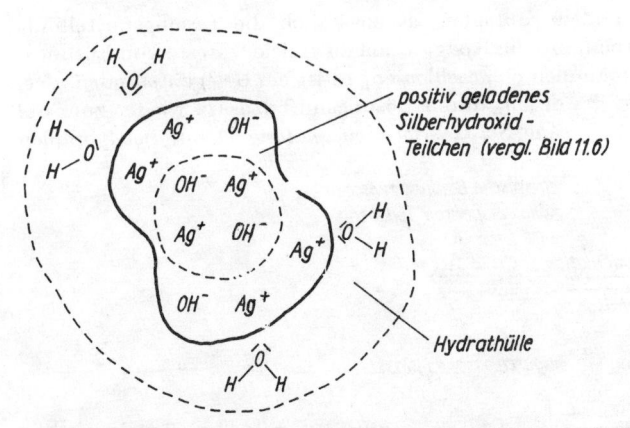

Bild 11.7. Schematischer Aufbau eines positiv geladenen kolloiden Silberhydroxid-Teilchens mit Hydrathülle

---

[1]) Silberhydroxid zerfällt leicht in Silberoxid und Wasser

um das Silberhydroxid-Teilchen eine Hydrathülle aus. Positive Eigenladung und zusätzliche *Hydrathülle* stabilisieren hydrophile kolloide Systeme besonders (s. Bild 11.7).

Verallgemeinert für alle Arten von Dispersionsmitteln wird zwischen *lyophoben* (lösungsmittelabstoßenden) und *lyophilen* (lösungsmittelanziehenden) Systemen unterschieden.

Lyophobe Kolloide	**sind chemisch nicht mit dem Lösungsmittel verwandt. Kolloide Teilchen besitzen alle gleiche Ladung.**
Lyophile Kolloide	**sind chemisch mit dem Lösungsmittel verwandt. Kolloide Teilchen besitzen außer gleicher Ladung stabilisierende Lösungsmittelhülle.**

Koagulation lyophober Kolloide

Die Möglichkeit zur Koagulation hängt von der Art des chemischen Systems ab. Positiv geladene Kolloidteilchen lassen sich durch Anionenzusatz, negativ geladene durch Kationenzusatz neutralisieren. Zunehmende Ionenladung begünstigt den Effekt. Gegenionenüberschuß führt nicht nur zur Entladung, sondern zur Umladung der kolloiden Teilchen, der Solzustand bleibt bestehen. Eine Koagulation ist bei hydrophoben Kolloiden nur möglich, wenn sich positive und negative Ladung ausgleichen, wenn sich die kolloiden Teilchen nicht mehr gegenseitig abstoßen. Diese *Neutralisationskoagulation* erfolgt beim *isoelektrischen*[1]) *Punkt*.

Koagulation lyophiler Kolloide

Bei den stabileren lyophilen Kolloiden ist zusätzlich die Lösungsmittelhülle weitestgehend zu entfernen, um die Koagulation zu erzielen. Reste von Lösungsmittel werden schwammähnlich eingeschlossen, es ist ein *Gel*[2]) entstanden, das, bereits geleeähnlich fest geworden, durch Lösungsmittelzusatz wieder zum *Sol* werden kann (s. Bild 11.8). Eine *Sol-Gel-Sol-Umwandlung* ist nur bei lyophilen

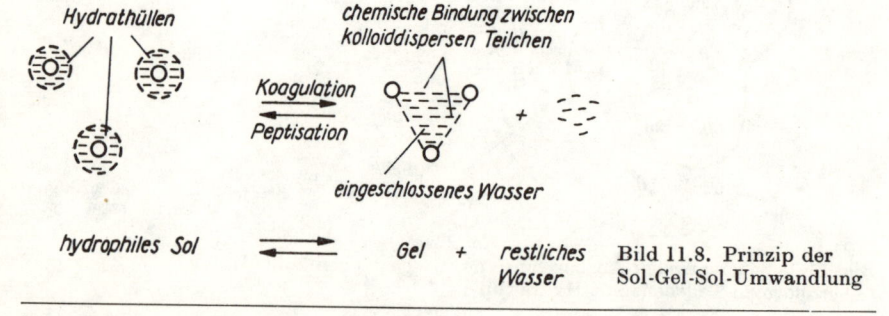

Bild 11.8. Prinzip der Sol-Gel-Sol-Umwandlung

---

[1]) isos (griech.) = gleich
[2]) geler (franz.) = zum Erstarren bringen

Kolloiden möglich. Manche Gele gehen durch einfaches Umschütteln oder Umrühren in den Solzustand über. Diese Eigenschaft findet bei Baustoffen, keramischen Werkstoffen, Anstrichstoffen, Klebstoffen und Beschichtungsmitteln Anwendung, sie heißt *Thixotropie*[1]. Auch dieser Vorgang ist umkehrbar.

A 11.5. Für den Transport von Betonmischungen zum Bauplatz werden rotierende Behälter eingesetzt. Begründen Sie das.

Gele können unter »Alterung« einen großen Anteil des eingeschlossenen Lösungsmittels abgeben, dabei verringert sich in vielen Fällen ihr Volumen. Unter »Quellung« ist dieser Vorgang umkehrbar (Cellulose, Stärke, Eiweiße, kristalline synthetische Hochpolymere), wobei er teilweise bis zum Sol führen kann (Leim, Gelatine).

Schutzkolloide

Die höhere Stabilität lyophiler Kolloide kann auf lyophobe übertragen werden. So können hydrophobe Teilchen durch geeignete hydrophile überzogen werden und erhalten nach außen hin deren Eigenschaften. Bild 11.9 zeigt in schematischer Darstellung den Aufbau eines Teilchens mit hydrophilen Schutzkolloiden, wofür sich allgemein Lösungen von Eiweißstoffen, Gelatine und Stärke eignen. Schutzkolloide zur Stabilisierung von Emulsionen heißen *Emulgatoren* (z. B. Bohrölemulsion, Schmälzöle für Spinnereien), zur Stabilisierung von Schäumen bzw. festen Schäumen entsprechend *Schaumstabilisatoren*.

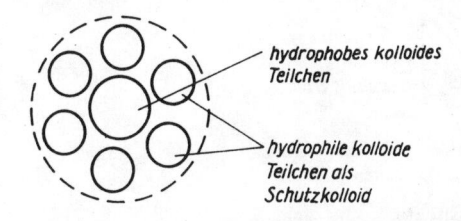

Bild 11.9. Wirkungsprinzip von Schutzkolloiden

- hydrophobes kolloides Teilchen
- hydrophile kolloide Teilchen als Schutzkolloid

A 11.6. Bei einem Waschvorgang sollen Öltropfen durch Waschmittelmoleküle so umschlossen werden, daß sie nicht wieder mit dem Textilgut in Berührung kommen. Skizzieren Sie ein derartiges Schutzkolloidsystem mit einem Öltropfen in der Mitte.

Gleichzeitig erhöht sich durch den Überzug mit hydrophilen Kolloiden die *Benetzbarkeit* einer Grenzfläche mit Wasser (Waschprozeß, Färbeprozeß, Einsatz von Schädlingsbekämpfungsmitteln), während andererseits durch Aufbringen hydrophober Stoffe eine wasserabweisende Wirkung *(Hydrophobierung)* erzielt wird.

11.3.2. Elektrisches Verhalten kolloiddisperser Systeme

Kolloiddisperse Teilchen verhalten sich im elektrischen Feld durch ihre Eigenladung ähnlich Ionen (s. Abschnitt 10.). Sie wandern zum entgegengesetzt gela-

---

[1] thixis (griech.) = Berührung, tropé (griech.) = Änderung

denen Pol *(Elektrophorese*[1]*))*, werden — soweit die Hydrathülle das nicht beeinträchtigt — entladen und können koagulieren. Elektrophorese findet z. B. bei der Abgasentstaubung, zur Gummierung komplizierter Metallteile, zur Abscheidung von Kautschuk aus Latex und zur Untersuchung von Naturstoffen in der Biochemie Anwendung.

Werden kolloide Teilchen durch eine Membran oder durch Gelstruktur an der Wanderung gehindert, wandert das Dispersionsmittel zum entgegengesetzten Pol. Durch den als *Elektroosmose* bezeichneten Vorgang werden z. B. Torf und Mauerwerk entwässert.

11.3.3. Optische Eigenschaften kolloiddisperser Systeme

Wenn sichtbares Licht durch eine kolloide Lösung strahlt, wird es gebeugt, d. h., jedes Teilchen streut einen Anteil des auftreffenden Lichtstromes in alle Richtungen des Raumes. Durch ständige Wiederholung dieses Effektes wird der durchscheinende Lichtstrom geschwächt, ein Teil davon wird abgelenkt und verwischt die Konturen der seitlichen Lichtbegrenzung (vgl. Bild 11.10). Dabei wird das kurzwellige blau-violette Licht stärker als das langwellige rote gebeugt, deshalb erscheint dem Betrachter das durchfallende Licht rötlich und das seitlich abgestrahlte bläulich (TYNDALL-Effekt[2])).

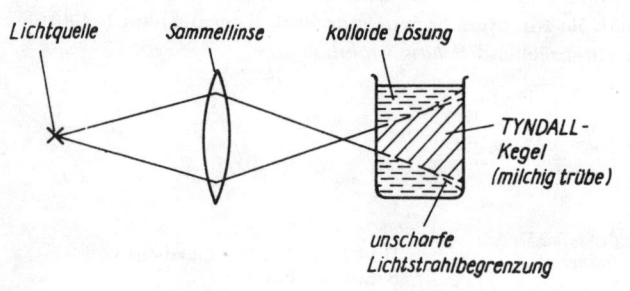

Bild 11.10. Demonstration des TYNDALL-Effekts

A 11.7. Erklären Sie die Erscheinung Morgen- und Abendrot sowie den ‚blauen Dunst', wenn Sonnenlicht auf Zigarettenrauch fällt.

11.3.4. Sedimentation

Sedimentieren[3]) heißt absetzen von Teilchen innerhalb eines dispersen Systems. Das ist besonders bei grobdispersen Teilchen der Fall. Im Gegensatz zu kolloid- und molekulardispersen Teilchen reicht hier die Wärmebewegung nicht aus, der Schwerkraft entgegenzuwirken. Durch *Zentrifugen* läßt sich die Sedimentation beschleunigen. Durch genügend hohe Drehzahl lassen sich auch kolloiddisperse Teilchen absetzen. Das ermöglichen *Ultrazentrifugen* mit Drehzahlen bis 10^6 Umdrehungen pro Minute.

---

[1]) phóros (griech.) = Träger
[2]) TYNDALL, J. (1820—1893), engl. Physiker
[3]) sedere (lat.) = setzen

A 11.8. Wie ist es möglich, mit Hilfe von Ultrazentrifugen relative Molmassen von Molekülkolloiden abzuschätzen?

11.3.5. Filtration und Diffusion

Filtration ist die Trennung fest-flüssiger Systeme durch Siebwirkung, wobei die passende Porengröße des Filters die entscheidende Rolle spielt.

A 11.9. Entscheiden Sie anhand von Bild 11.1 die Filterporengröße zur Trennung von:

a) grobdispersen Teilchen aus kolloider Lösung
b) molekulardispersen Teilchen aus kolloider Lösung

Diffusion[1]) ist eine spontane Vermischung verschiedener Teilchen innerhalb eines dispersen Systems. Sie zielt auf einen Konzentrationsausgleich ab und beruht auf der Wärmebewegung der Teilchen.
Durch eine *Membran*[2]) — halbdurchlässige Scheidewand bestimmter Porengröße — wird die Diffusion aller Teilchen eingegrenzt. Befindet sich z. B. auf einer Seite einer Membran eine kolloide Lösung, die durch enthaltene Salze (ionendispers) verunreinigt ist, und auf der anderen Seite fließendes Wasser, so diffundieren nur die Salzionen durch die Membran und werden weggeführt. Das gereinigte Kolloid bleibt zurück. Diese Trennung heißt *Dialyse*, deren Wirkprinzip zeigt Bild 11.11.

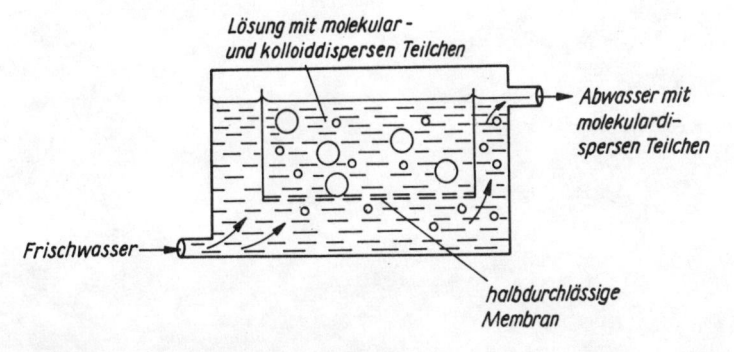

Bild 11.11. Wirkungsprinzip der Dialyse

Anwendung findet die Dialyse z. B. bei der Natronlaugerückgewinnung in der Viscosefaserstoffproduktion und bei der künstlichen Niere.

---

[1]) diffundere (lat.) = zerfließen
[2]) membrana (lat.) = Häutchen

11.4. Weitere Übungsaufgaben

A 11.10. Hydrophobe Kolloide werden durch mehrwertige Gegenionen leichter koaguliert als durch einwertige. Erklären Sie das.

A 11.11. Warum sind beim Umgang mit bestimmten Aerosolen (z. B. Lackierung) Atemschutzfilter vorgeschrieben? Welche Aufgabe hat hierbei die Aktivkohle im Filterkörper?

A 11.12. Milch enthält u. a. Milcheiweiß und Fett in kolloiddisperser Form. Versuchen Sie zu klären, weshalb sich das Fett (Rahm) erst nach Tagen oben absetzt.

12. Reaktionen organischer Verbindungen

12.1. Grundlagen organisch-chemischer Reaktionen

12.1.1. Besonderheiten der organischen Chemie

Der Begriff »organische Chemie« ist historisch entstanden. Mit der Untersuchung der chemischen Zusammensetzung von Tier- und Pflanzenteilen konnten viele Stoffe gewonnen werden, die als »organische Körper« bezeichnet wurden, gleichbedeutend mit organisierter Materie bzw. lebender Substanz.

Viele Forscher glaubten, daß diese Stoffe nur im lebenden Organismus unter Mitwirkung einer geheimnisvollen Lebenskraft entstehen. Die Erforschung der Entstehung »organisierter Materie« galt in der ersten Hälfte des 19. Jahrhunderts als eine der Hauptaufgaben der organischen Chemie. Daneben waren definierte organische Verbindungen in unserem heutigen Sinne bekannt. Der deutsche Chemiker FRIEDRICH WÖHLER stellte im Jahre 1828 das als organisch-chemische Verbindung bekannte Stoffwechselprodukt Harnstoff durch Erhitzen des anorganischen Salzes Ammoniumcyanat her. Er betrachtete das als künstliche Erzeugung eines organischen Stoffes aus anorganischen Stoffen.

In der Folgezeit wurden noch zahlreiche organisch-chemische Verbindungen synthetisch hergestellt, und es setzte sich allmählich die Einsicht durch, daß die Verbindungen der anorganischen und organischen Chemie nach den gleichen fundamentalen chemischen Gesetzen hergestellt werden können.

Die organische Chemie besteht auch weiterhin als ein selbständiges Teilgebiet der Chemie. Das hat verschiedene Gründe.

Am Aufbau aller organischen Verbindungen ist Kohlenstoff beteiligt. Die Moleküle der organischen Verbindungen besitzen ein Kohlenstoffatomgerüst.

Der Atombau des Kohlenstoffs und die daraus resultierenden chemischen Eigenschaften bedingen die Besonderheiten der organischen Chemie.

> Gegenstand der organischen Chemie sind die Stoffe, deren Moleküle ein Kohlenstoffatomgerüst besitzen, und ihre stofflichen Veränderungen.[1]

Die Besonderheiten der chemischen Bindung des Kohlenstoffs (siehe Abschn. 3.2.4. bis 3.2.6.) führen dazu, daß sich beständige ketten- und ringförmige Moleküle bilden können.

---

[1] Kohlenstoffoxide, Kohlensäure und ihre Salze sowie Carbide werden in der anorganischen Chemie untersucht

Zur Zeit sind etwa 7 Millionen verschiedene Kohlenstoffverbindungen und demgegenüber nur etwa 60 000 anorganische Verbindungen bekannt.
Diese große Anzahl organischer Verbindungen ist auch eine Folge der *Isomerie*.

> **Isomerie ist die Erscheinung, daß zwei chemisch und physikalisch voneinander verschiedene Stoffe dieselbe elementare Zusammensetzung (Bruttoformel und Molekülmasse), aber verschiedene Molekülstrukturen (Strukturformel) aufweisen.**

Beispiel:

Gesättigte, kettenförmige Kohlenwasserstoffe mit 5 Kohlenstoffatomen und 12 Wasserstoffatomen

Strukturformel	Summenformel	Name	Siedepunkt in K	Schmelzpunkt in K
H H H H H | | | | | H—C—C—C—C—C—H | | | | | H H H H H	C_5H_{12}	Pentan	309,2	143,4

H   H   H   H
| | | |
H—C—C—C—C—H
| | | |
H   H | H
        H—C—H
            |
            H
	C_5H_{12}	2-Methylbutan	301,0	113,2

H | H—C—H H | H | | | H—C—C—C—H | | | H | H H—C—H | H	C_5H_{12}	2,2-Dimethylpropan	282,6	256,5

Solche Verbindungen nennt man *Isomere*. Mit zunehmender Anzahl der Kohlenstoffatome im Kettenmolekül der Kohlenwasserstoffe wächst die Zahl der möglichen Isomeren, wie das Tabelle 12.1 für einige kurzkettige gesättigte Kohlenwasserstoffe (Alkane) zeigt.

Tabelle 12.1. Isomerenanzahl einiger Kohlenwasserstoffe

Summenformel	Isomerenanzahl
C_4H_{10}	2
C_5H_{12}	3
C_6H_{14}	5
C_7H_{16}	9
C_8H_{18}	18
$C_{10}H_{22}$	75
$C_{12}H_{26}$	355
$C_{16}H_{34}$	10359

Außer den oben verwendeten *Strukturformeln* und *Summenformeln* werden organische Verbindungen zweckmäßig durch *rationelle Formeln* gekennzeichnet. Dabei werden nicht alle Atombindungen zwischen den einzelnen Elementen durch Striche wiedergegeben. Die Elementsymbole werden zu Gruppen zusammengefaßt, die jeweils ein Kohlenstoffatom und die daran gebundenen anderen Atome umfassen.

Beispiele:

$CH_3-CH_2-CH_2-CH_2-CH_3$
  Pentan

$CH_3-CH_2-CH-CH_3$
              |
             CH_3
  2-Methylbutan

CH_3-COOH
  Ethansäure (Essigsäure)

Es wird empfohlen, bei der Formulierung organisch-chemischer Reaktionen möglichst rationelle Formeln zu verwenden.

A 12.1. Stellen Sie für die fünf isomeren Kohlenwasserstoffe der Summenformel C_6H_{14} die Strukturformeln und die rationellen Formeln auf!

In organischen Verbindungen überwiegen Atombindungen (s. 3.2.; 3.7.1.). Außer Kohlenstoff und Wasserstoff sind oft Sauerstoff, seltener Stickstoff und Schwefel in den organischen Verbindungen enthalten. Prinzipiell können auch alle anderen Elemente am Aufbau organischer Moleküle beteiligt sein. Durch die im Vergleich zu Kohlenstoff und Wasserstoff elektronegativeren Elemente Sauerstoff, Stickstoff, Schwefel, Halogene und andere kommen oft polarisierte Atombindungen zustande (s. 3.2.8.), die wiederum bestimmte Reaktionen der organischen Chemie bedingen.

Tabelle 12.2 zeigt einige typische Merkmale der organischen Kohlenstoffverbindungen.

Tabelle 12.2. Gegenüberstellung der Besonderheiten organischer und anorganischer Verbindungen

Merkmal	Anorganische Verbindungen	Organische Verbindungen
Bindungstyp	meist Ionenbindungen	meist Atombindungen
Kristallgittertyp	meist Ionengitter	meist Molekülgitter
Gitterenergie	groß	klein
Schmelz- und Siedepunkte	meist hoch	meist niedrig
Brennbarkeit	meist unbrennbar	meist leicht brennbar

12.1.2. Einteilung und Benennung organischer Verbindungen

Einteilung nach strukturellen Merkmalen

Organische Verbindungen teilt man nach der Form des Kohlenstoffatomgerüsts der Moleküle in *kettenförmige (acyclische)* und *ringförmige (cyclische)* Verbindungen ein. Am Aufbau einer Ringstruktur können außer Kohlenstoff auch andere Elemente beteiligt sein. Man unterscheidet deshalb bei cyclischen Verbindungen *isocyclische*[1]) und *heterocyclische*[2]) Verbindungen.

Beispiele:

$CH_3-CH_2-CH_2-CH_2-CH_2-CH_3$ Hexan: kettenförmig (acyclisch)

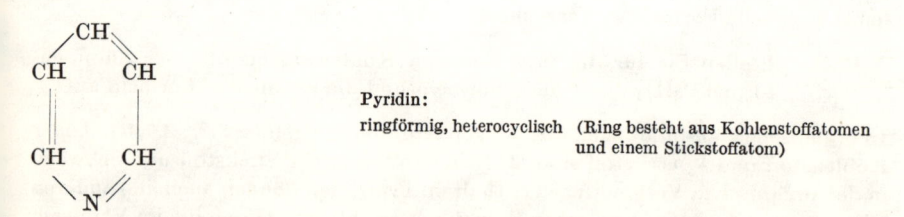

Cyclohexanol:
ringförmig, isocyclisch (Ring besteht nur aus Kohlenstoffatomen)

Pyridin:
ringförmig, heterocyclisch (Ring besteht aus Kohlenstoffatomen und einem Stickstoffatom)

Die folgende Übersicht zeigt zusammengefaßt die Einteilung der organischen Verbindungen:

---

[1]) isos (griech.) = gleich
[2]) heteros (griech.) = verschieden

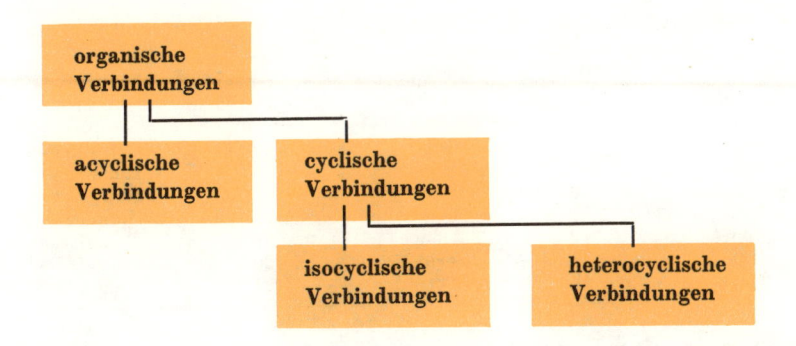

```
                    organische
                    Verbindungen
                   /            \
        acyclische              cyclische
        Verbindungen            Verbindungen
                               /            \
                     isocyclische           heterocyclische
                     Verbindungen           Verbindungen
```

Organische Verbindungen, die außer Kohlenstoff und Wasserstoff noch andere Elemente enthalten, lassen sich nach charakteristischen Gruppen, den funktionellen Gruppen, zusammenfassen. Die *funktionellen Gruppen* sind Ursache für ähnliche chemische Eigenschaften.

Funktionelle Gruppen sind Atomgruppen, die weitgehend das chemische Verhalten von Verbindungen bestimmen.

Die Einteilung nach den funktionellen Gruppen führt zu den verschiedenen Stoffklassen der organischen Chemie.

Beispiele:

$CH_3-CH_2-CH_2-CH_2-CH_2-CH_2OH$ Hexanol ist eine Verbindung der Stoffklasse Alkanole (Alkohole), deren funktionelle Gruppe die Hydroxygruppe ist.
$CH_3-CH_2-CH_2-CH_2-CH_2-COOH$ Hexansäure ist eine Verbindung der Stoffklasse Alkansäuren (Carbonsäuren), deren funktionelle Gruppe die Carboxylgruppe ist.
Das Einteilungsprinzip nach Stoffklassen hat u. a. für die wissenschaftliche Benennung organischer Stoffe Bedeutung. Auf dieser Grundlage wurden Richtsätze für die Benennung, die *Nomenklatur der Chemie*, in internationaler Zusammenarbeit entwickelt. Diese einheitliche Nomenklatur ist bei der riesigen Zahl organischer Verbindungen für die internationale Verständigung und die wissenschaftliche Zusammenarbeit besonders wichtig.

Einige Regeln zur Benennung organischer Verbindungen

Die Namen organischer Verbindungen werden aus *Namensstämmen* und *Vorsilben* bzw. *Endungen* gebildet.
Der Namensstamm einer organischen Verbindung wird von der Anzahl der Kohlenstoffatome der längsten Kette bzw. des Ringes bestimmt.
Tabelle 12.3 enthält die Namensstämme einiger kurzkettiger organischer Verbindungen.

Tabelle 12.3. Namensstämme organischer Verbindungen

Anzahl C-Atome	Namensstamm	Anzahl C-Atome	Namensstamm	Anzahl C-Atome	Namensstamm
1	Meth-	8	Oct-	15	Pentadec-
2	Eth-	9	Non-	16	Hexadec-
3	Prop-	10	Dec-	17	Heptadec-
4	But-	11	Undec-	18	Octadec-
5	Pent-	12	Dodec-	19	Nonadec-
6	Hex-	13	Tridec-	20	Eicos-
7	Hept-	14	Tetradec-	21	Heneicos-

Die Kohlenstoffatome einer Kette werden durch arabische Ziffern numeriert, und zwar so, daß kleinste Zahlen für die Stellenangabe von Seitenketten, Mehrfachbindungen bzw. funktionellen Gruppen verwendet werden. Dem Namensstamm wird die für die Stoffklasse festgelegte Endung (Suffix) angefügt (s. Tab. 12.4).

Tabelle 12.4. Vorsilben bzw. Endungen wichtiger organischer Stoffklassen

Stoffklasse	Funktionelle Gruppe		Vorsilbe (Präfix)	Endung (Suffix)
	rationelle Formel	Name		
gesättigte Kohlenwasserstoffe	—		—	an
ungesättigte Kohlenwasserstoffe mit Doppelbindungen	—		—	en
ungesättigte Kohlenwasserstoffe mit Dreifachbindungen	—		—	in
Kohlenwasserstoffseitenkette	—		—	yl
Alkohole	$-OH$	Hydroxygruppe	entweder: Hydroxy-	oder: ol
Aldehyde	$-CHO$	Aldehydgruppe	—	al
Ketone	$>CO$	Ketogruppe	—	on
Carbonsäuren	$-COOH$	Carboxylgruppe	—	säure
Amine	$-NH_2$	Aminogruppe	entweder: Amino	oder: amin
Säureamide	$-CONH_2$	Säureamidgruppe	—	amid
Nitroverbindungen	$-NO_2$	Nitrogruppe	Nitro	—
Halogenverbindungen	z. B. $-Cl$		z. B. Chlor	—

Beispiel:

4   3   2   1
$CH_3-CH_2-CH=CH_2$

Numerierung der Kohlenstoffatome der Kette so, daß die Stellenangabe, von der die Doppelbindung ausgeht, die kleinste mögliche Zahl ist; richtige Benennung: But-1-en

Nichtaromatische (s. 3.2.7.), monocyclische Verbindungen erhalten als Vorsilbe (Präfix) »cyclo«.

Die Benennung kann auch so erfolgen, daß dem Namen des zugrunde liegenden Kohlenwasserstoffes die festgelegte Vorsilbe (Präfix) vorangestellt wird. Zur Bezeichnung von Kohlenwasserstoffseitenketten werden die Namen der entsprechenden *Alkyle* verwendet.

> **Alkyle sind Atomgruppen, die ein Wasserstoffatom weniger haben als die entsprechenden Kohlenwasserstoffe.**
> **Das allgemeine Symbol für Alkyle ist —R.**

Der Name eines Alkyls entsteht aus dem Namensstamm des zugrunde liegenden Kohlenwasserstoffs und der Endung »yl«. Tabelle 12.4 enthält die wichtigsten Stoffklassen mit den ihnen entsprechenden funktionellen Gruppen und den für die Benennung zu verwendenden Vorsilben bzw. Endungen.

Beispiel:

$$\overset{6}{C}H_3-\overset{5}{C}H_2-\overset{4}{C}H_2-\overset{3}{C}H-\overset{2}{C}H_2-\overset{1}{C}H_3$$
$$\underset{CH_3}{|}$$

Die längste Kette des gesättigten Kohlenwasserstoffes hat 6 C-Atome, deshalb Namensstamm Hexan; am Kohlenstoffatom 3 der längsten Kette (Prinzip der kleinsten Zahlen) ist eine Methylgruppe; richtige Benennung: 3-Methyl-hexan.

Bei der Bezeichnung von Verbindungen mit mehreren gleichen Seitenketten oder mehreren gleichen funktionellen Gruppen wird zwischen dem Kohlenwasserstoffnamen und der Endung das entsprechende griechische Zahlwort (di, tri, tetra, penta) eingefügt. Bei der Bezeichnung von Verbindungen mit mehreren gleichen Mehrfachbindungen wird zusätzlich noch ein »a« eingefügt. Bei mehreren Seitenketten, funktionellen Gruppen bzw. Mehrfachbindungen werden die Zahlen durch Komma getrennt.

Lehrbeispiel 12.1.:

Wie lautet der Name für die organische Verbindung mit folgender rationeller Formel?

$$CH_3-CH_2-CH_2-\underset{\underset{CH_3}{|}}{\overset{\overset{CH_3}{|}}{C}}-CH_2-CH_3$$

Lösungsweg:

6 Kohlenstoffatome in der längsten Kette, deshalb Namensstamm: *Hex-*;
gesättigter Kohlenwasserstoff, deshalb Endung *an*;
2 Methylgruppen am Kohlenstoffatom 3 (Prinzip der kleinsten Zahlen), deshalb *3,3-Dimethyl*.

3,3-Dimethyl-hexan

Lehrbeispiel 12.2.:
Wie lautet der Name für die Verbindung mit folgender Formel?

$$CH_3-CH-CH_2-CH_2$$
$$\quad\;\;\;|\quad\quad\quad\;\;\;|$$
$$\quad\;\;\,OH\quad\quad OH$$

Lösungsweg:
4 Kohlenstoffatome in der Kette, deshalb Wortstamm: *But-*;
gesättigter Kohlenwasserstoff, deshalb Endung: *an*;
2 Hydroxy-Gruppen, deshalb Endung: *diol*.
Stellung der Hydroxy-Gruppen an C_1 und C_3.
(Die Numerierung der Ketten-Kohlenstoffatome von der anderen Seite aus hätte für die Stellung der funktionellen Gruppen die Zahlen 2 und 4 ergeben, also größere Zahlen.)
Butan-1,3-diol

A 12.2. Wie lautet die systematische Bezeichnung für eine gesättigte kettenförmige Verbindung mit 6 Kohlenstoffatomen und je einer Aminogruppe an den Kettenenden? Bilden Sie zuerst die rationelle Formel!

Alkyle als Seitenketten werden vor der Hauptkette genannt; die Bezeichnung des Kohlenstoffatoms, an welches die Alkyle gebunden sind, werden noch vor dem Namen der Alkyle angegeben, wobei auch hierbei die kleinsten Zahlen zu verwenden sind.

Lehrbeispiel 12.3.:
Ermittlung der systematischen Bezeichnung für die organische Verbindung mit folgender rationeller Formel:

$$CH_3-CH_2-CH-CH_3 \quad\quad \text{identisch mit}\quad CH_3-CH_2-CH-CH_2-CH_3$$
$$\quad\quad\quad\quad\;\;\;|\quad\quad\quad\quad\quad\quad\quad\quad\quad\quad\quad\quad\quad\quad\quad\quad\;|$$
$$\quad\quad\quad\quad\;CH_2\quad\quad\quad\quad\quad\quad\quad\quad\quad\quad\quad\quad\quad\quad\quad CH_3$$
$$\quad\quad\quad\quad\;\;\;|$$
$$\quad\quad\quad\quad\;CH_3$$

Lösungsweg:
Längste Kette hat fünf Kohlenstoffatome: *Pent-*;
gesättigter Kohlenwasserstoff, Endung: *an*;
Alkyl als Seitenkette, 1 Kohlenstoffatom: *Methyl*;
Stellung der Seitenkette: an C_3
3-Methylpentan

Lehrbeispiel 12.4.:
Aufstellung der rationellen Formel aus dem Namen
Buta-1,3-dien

Lösungsweg:
Wortstamm But-: 4 Kohlenstoffatome in der Kette
Endung dien: zwei Doppelbindungen

Ziffern 1, 3: Doppelbindung zwischen 1. und 2. sowie 3. und 4. Kohlenstoffatom
Formelgerüst: $C=C-C=C$
Die Wasserstoffatome sind so zu ergänzen, daß alle Kohlenstoffatome vierbindig sind.
$CH_2 = CH-CH=CH_2$

Die Gruppe $CH_2=CH-$ heißt *Vinylgruppe*. Es sind viele technisch wichtige Stoffe mit dieser Vinylgruppe bekannt. Sie stellen bedeutungsvolle Zwischenprodukte für die Synthese hochmolekularer Stoffe dar:

Vinylacetat	$CH_2=CH-OOCCH_3$
Vinylbenzen, Styren	$CH_2=CH-C_6H_5$
Vinylether	$CH_2=CH-OR$ R : CH_3-, C_4H_9-
Vinylcyanid, Acrylnitril	$CH_2=CH-CN$

Für *aromatische Verbindungen*, die sich vom Benzen ableiten, sind *Trivialnamen* zulässig. Das sind Bezeichnungen, aus denen sich die Molekülstruktur nicht durch Anwenden bekannter Regeln eindeutig ableiten läßt.
Die Kohlenstoffatome aromatischer Verbindungen werden auch mit arabischen Ziffern numeriert.

Rationelle Formeln für Aromaten

Benzen   Hydroxybenzen (Phenol)   Methylbenzen (Toluen)   Vinylbenzen (Styren)

Phenyl-   Phenoxy-   Benzyl-   4-Hydroxyphenyl-

Lehrbeispiel 12.5.:
Ermittlung der systematischen Bezeichnung einer organischen Verbindung mit aromatischen Resten

CH_3-C-CH_3

Lösungsweg:

3 Kohlenstoffatome in der Kette, Wortstamm: *Prop-*;
gesättigter Kohlenwasserstoff, Endung: *an*;
am 2. C-Atom sind 2 Phenylreste, Vorsilbe: *2,2-Diphenyl*
2,2-Diphenylpropan

A 12.3. Stellen Sie die rationellen Formeln für folgende organische Verbindungen auf:
But-2-in-1,4-diol, Hexandisäure

A 12.4. Wie lauten die Namen der organischen Stoffe mit folgenden rationellen Formeln:

$$CH_2-OH$$
$$|$$
$$CH-OH$$
$$|$$
$$CH_2-OH$$

$$CH_3-CH-CH_2-CH-CH_3$$
$$\qquad|\qquad\qquad|$$
$$\qquad CH_2\qquad\quad CH_3$$
$$\qquad|$$
$$\qquad CH_3$$

$$\begin{array}{c}CH_3\\|\\O_2N-\bigcirc-NO_2\\|\\NO_2\end{array}$$

12.2. Arten der chemischen Reaktionen organischer Stoffe

12.2.1. Substrat und Reagens

Die bei organischen Reaktionen aufeinander wirkenden Stoffe werden in *Substrat* und *Reagens* unterschieden. Dabei versteht man unter Substrat den komplizierter gebauten Reaktionspartner. Das Reagens ist der einfacher gebaute reagierende Stoff.

Beispiel:

$$H-C\equiv C-H + HCl \rightarrow \begin{array}{c}H\qquad\qquad H\\ \diagdown\qquad\diagup\\ C=C\\ \diagup\qquad\diagdown\\ H\qquad\qquad Cl\end{array}$$

Substrat Reagens Reaktionsprodukt

In der Regel werden bei organisch-chemischen Reaktionen Atombindungen aufgespalten und neu gebildet. Für den wesentlichen Schritt einer organischen Reaktion, die Aufspaltung der Atombindung, gibt es zwei Möglichkeiten: die *symmetrische* und die *unsymmetrische Spaltung*. Das Reagens leitet diesen Vorgang ein, deshalb soll im folgenden das Reagens und seine Wirkungsweise allgemein betrachtet werden.

1. Möglichkeit

Bei der symmetrischen Spaltung einer Atombindung verbleibt vom bindenden Elektronenpaar bei jedem Partner ein Elektron. Die entstehenden Teilchen mit einem ungepaarten Elektron werden Radikale genannt.

$$A-B \rightarrow A\cdot \ \cdot B$$

Radikale sind auf Grund des einzelnen Elektrons unbeständig; sie reagieren schnell weiter. Geschieht dies mit dem Ausgangsstoff oder einem Reagens unter Bildung eines neuen Radikals, dann läuft die Reaktion als *Kettenreaktion* weiter. Entstehen mehrere Radikale bei einer solchen Umsetzung, dann ergibt sich eine *verzweigte Kettenreaktion*. Für die Schaffung der Theorie der verzweigten Kettenreaktion erhielt der sowjetische Wissenschaftler N. N. SEMJONOW im Jahre 1956 den Nobelpreis.

2. Möglichkeit

Bei der unsymmetrischen Spaltung einer — meist polarisierten — Atombindung geht das bindende Elektronenpaar zu einem Partner über. Es entstehen ein negatives und ein positives Ion.

$A - B \rightarrow A^- B^+$

Nach der Reaktionsweise des Reagens wird eine organische Reaktion als *radikalisch* oder *ionisch* bezeichnet.

12.2.2. Einteilung organisch-chemischer Reaktionen

Man kann die Reaktionen organischer Verbindungen nach verschiedenen Prinzipien unterteilen. Bei der Unterteilung nach dem Reaktionsweg gelangt man zu einer Unterscheidung in

- Additionsreaktionen (Anlagerungen)
- Eliminierungsreaktionen (Abspaltungen)
- Substitutionsreaktionen (Austausch)

Unabhängig von dieser Einteilung kann man bestimmte Reaktionen der organischen Chemie als Redoxreaktionen betrachten. Auch die anderen besprochenen Reaktionstypen kommen in der organischen Chemie vor.
Für organische Redoxreaktionen lassen sich ebenfalls Oxydationszahlen einsetzen.

Beispiel:

Oxydation von Methan

Die Oxydationszahlen von Wasserstoff ($+1$) und Sauerstoff (-2) werden aus Gründen der Übersichtlichkeit nicht eingetragen. Für die Kohlenstoffatome ergeben sich die folgenden Werte:

-4	-2	± 0	$+2$	$+4$
CH_4	$\rightarrow CH_3OH$	$\rightarrow HCHO$	$\rightarrow HCOOH$	$\rightarrow CO_2$
Methan	Methanol	Methanal	Methansäure	Kohlendioxid

Unerwünschte Redoxreaktionen organischer Verbindungen spielen in der Volkswirtschaft eine bedeutende Rolle. Sie sollen in einem gesonderten Abschnitt (12.6.) betrachtet werden.

12.3. Ausgewählte Additionsreaktionen

12.3.1. Begriffe und Grundlagen

Vielen Verfahren zur großtechnischen Herstellung wichtiger chemischer Produkte für die Volkswirtschaft der DDR, z. B. von Ethanol, Chlorethan, Monochlorethen (Vinylchlorid), Acrylnitril, Ethanal (Acetaldehyd), Dichlorethen, Tetrachlorethan, Ethandiol, Cyclohexanol, liegen Additionsreaktionen zugrunde.

> Die Addition ist eine organisch-chemische Reaktion ungesättigter Verbindungen, bei der π-Elektronen von Mehrfachbindungen mit dem Reaktionspartner σ-Bindungen bilden. Bei der Entstehung von makromolekularen Stoffen läuft die Addition als Polyaddition oder Polymerisation ab.
> Die Polyaddition ist eine organisch-chemische Reaktion verschiedenartiger niedermolekularer Verbindungen, die mehrere funktionelle Gruppen enthalten, zu makromolekularen Stoffen ohne Bildung von Nebenprodukten.
> Die Polymerisation ist eine organisch-chemische Reaktion gleicher oder verschiedener niedermolekularer ungesättigter Verbindungen oder unbeständiger ringförmiger Verbindungen zu makromolekularen Stoffen ohne Bildung von Nebenprodukten.

12.3.2. Reaktionsablauf ausgewählter Additionen

Am Beispiel der Anlagerung von Chlorwasserstoff an Ethin soll das Prinzip einer Addition erläutert werden. Im Verlauf der Reaktion entsteht Monochlorethen, ein wichtiger Ausgangsstoff für die Gewinnung des Plasts Polyvinylchlorid. Bedingt durch die niedrige Bindungsenergie der Dreifachbindung im Ethin ist eine Aufspaltung der Dreifachbindung bzw. eine Verschiebung von π-Elektronen leicht möglich. Das Reagens, im betrachteten Fall HCl, hat einen entscheidenden Einfluß auf die Verschiebung der π-Elektronen.

In der organischen Chemie ist es üblich, Ladungen, Partialladungen polarisierter Atombindungen und formale Ladungen durch Plus- und Minuszeichen, in einem Kreis stehend, anzugeben. Diese Schreibweise wird in den folgenden Abschnitten verwendet. Sie weicht von der Schreibweise im Abschn. 3.2.8. ab.

Auf Grund der polarisierten Atombindung im Chlorwasserstoff trägt der Wasserstoff eine positive Partialladung, $\overset{\oplus}{H} - \overset{\ominus}{Cl}$. Chlorwasserstoff neigt zur unsymmetrischen Aufspaltung. Das abgespaltene Wasserstoff-Ion kann an freie Elektronenpaare bzw. an Stellen im organischen Molekül mit »Elektronenüberschuß« oder leicht beweglichen π-Elektronen (C—C-Mehrfachbindungen) angelagert werden.

Reaktionsablauf der Addition des Chlorwasserstoffes (HCl) an Ethin (C_2H_2)

Der Ablauf der Addition wird in drei Stufen unterteilt.

1. Stufe

Das abgespaltene Wasserstoff-Kation des Chlorwasserstoffs lagert sich als Elektronenakzeptor (vgl. Abschn. 9.1.) in der ersten Reaktionsstufe an das π-Elektronensystem des Ethinmoleküls. Dabei wirkt dieses π-Elektronensystem als Elektronendonator. Es entsteht ein wenig beständiger »Elektronen-Donator-Akzeptor-Komplex« (EDA-Komplex).

$$H-C\equiv C-H \ + \ ^{\ominus}Cl \ \rightarrow \ H-C=C-H$$
$$\qquad\qquad\quad\ \ |\qquad\qquad\ \ |$$
$$\qquad\qquad\quad\ \ ^{\oplus}H\qquad\qquad\ ^{\oplus}H\quad Cl^{\ominus}$$

2. Stufe

Das Wasserstoff-Kation im EDA-Komplex wird durch Atombindung fest an eines der beiden Kohlenstoffatome des Ethins gebunden. Dadurch entsteht am anderen Kohlenstoffatom des Ethins eine Elektronenlücke, damit eine positive Ladung.

$$H-C=C-H \ \rightleftarrows \ H-C=C^{\oplus}-H \ + \ Cl^{\ominus}$$
$$\quad\ \ |\qquad\qquad\qquad\ \ |$$
$$\quad\ \ H^{\oplus}\qquad\qquad\qquad H$$

3. Stufe

Das Chlorid-Anion des Chlorwasserstoffs lagert sich an den Kohlenstoff mit Elektronenlücke. Die Ladungen gleichen sich aus, es entsteht Chlorethen.

$$\qquad\qquad\qquad\qquad\qquad\qquad Cl$$
$$\qquad\qquad\qquad\qquad\qquad\qquad |$$
$$H-C=C^{\oplus}-H \ + \ Cl^{\ominus} \ \rightarrow \ H-C=C-H$$
$$\ \ |\qquad\qquad\qquad\qquad\qquad\ \ |$$
$$\ \ H\qquad\qquad\qquad\qquad\qquad\ H$$
$$\qquad\qquad\qquad\qquad\qquad\ \ \text{Chlorethen}$$

Bruttogleichung der Addition:
$CH\equiv CH \ + \ HCl \ \rightarrow \ CH_2=CHCl$
Ethin + Chlor- → Chlorethen
   wasser- (Vinylchlorid)
   stoff

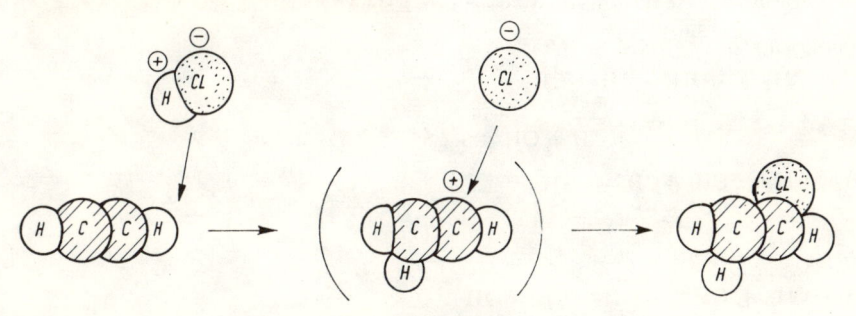

Bild 12.1. Addition von Chlorwasserstoff an Ethin

Für Additionen von Säuren an organische Verbindungen mit Mehrfachbindungen ist die von dem russischen Chemiker MARKOWNIKOW aufgestellte Regel zu beachten:

> **Bei der Addition von Säuren an Alkene wird das Wasserstoffion der Säure an das wasserstoffreichste Kohlenstoffatom der Doppelbindung gebunden.**

An zwei weiteren Beispielen wird der Ablauf von Additionsreaktionen verdeutlicht.

Lehrbeispiel 12.6.:
Welche Verbindung entsteht bei der Addition von Bromwasserstoff an Propen?
Lösungsweg:
— Formulierung der rationellen Formel von Propen.
— Formulierung der ersten Reaktionsstufe der Anlagerung eines Protons an das π-Elektronensystem des Propens.

$$CH_2=CH-CH_3 + {}^{\ominus}Br \rightarrow CH_2-CH-CH_3$$
$$\phantom{CH_2=CH-CH_3 + {}^{\ominus}Br \rightarrow} {}^{\oplus}H \quad H^{\oplus} \quad Br^{\ominus}$$

— Formulierung der zweiten Reaktionsstufe, der festen Bindung des angelagerten Wasserstoffs.

$$CH_2-CH-CH_3 \rightleftarrows CH_3-CH^{\oplus}-CH_3 + Br^{\ominus}$$
$$H^{\oplus} \quad Br^{\ominus}$$

— Formulierung der dritten Reaktionsstufe, der Anlagerung des Bromid-Anions an das positiv geladene Kohlenstoffatom.

$$CH_3-CH^{\oplus}-CH_3 + Br^{\ominus} \rightarrow CH_3-CHBr-CH_3$$

Es entsteht 2-Brompropan.

Lehrbeispiel 12.7.:
Wie verläuft die Reaktion von Wasser mit Ethen?
Lösungsweg:

$$CH_2=CH_2 + {}^{\ominus}OH \rightarrow CH_2-CH_2$$
$$\phantom{CH_2=CH_2 + {}^{\ominus}OH \rightarrow} {}^{\oplus}H \quad H^{\oplus} \quad OH^{\ominus}$$

$$CH_2-CH_2 \rightleftarrows CH_3-\overset{\oplus}{C}H_2 + OH^{\ominus}$$
$$H^{\oplus} \quad OH^{\ominus}$$

$$CH_3-\overset{\oplus}{C}H_2 + OH^{\ominus} \rightarrow CH_3-CH_2-OH$$

Bei der Addition entsteht Ethanol.

Im Wissensspeicher sind wichtige Additionsreaktionen zusammengestellt.

A. 12.5. Entwickeln Sie die Gleichungen für die drei Teilreaktionen der Addition, bei der Vinylcyanid entsteht. Das Reagens ist Cyanwasserstoff H−CN, das Substrat ist Ethin.

A 12.6. Wie verlaufen die drei Teilreaktionen der Addition von Chlor und Ethen?
Als Reagens wirken mittels Lösungsmittel oder Katalysatoren ionisch gespaltene Chlormoleküle:

$$\overline{|Cl-Cl|} \rightarrow \overline{|Cl|}^{\oplus} + \overline{|Cl|}^{\ominus}$$

Das unbeständige Chlor-Kation reagiert sofort mit π-Elektronenpaaren von Mehrfachbindungen.

12.4. Ausgewählte Eliminierungsreaktionen

Vergaserkraftstoffe werden in ständig steigenden Mengen und hoher Qualität benötigt. Durch thermisches Spalten von langkettigen gesättigten Kohlenwasserstoffen aus dem Erdöl können Alkene und Aromaten erzeugt werden, die die Qualität von Benzin verbessern. Diese wichtigen Reaktionen sind Eliminierungen.

> **Eliminierung ist die Abspaltung von Atomen oder Atomgruppen aus einem Molekül.**

Aus einem Stoff entstehen im Verlaufe einer Eliminierungsreaktion zwei neue Stoffe, von denen einer häufig Wasserstoff, Chlorwasserstoff oder Wasser ist. Der neu entstehende organische Stoff hat infolge der Eliminierungsreaktion meist eine Mehrfachbindung. Die Eliminierung kann somit als Umkehrung der Addition angesehen werden.

Eliminierung von Wasserstoff aus Hexan

$$CH_3-CH_2-CH_2-CH_2-CH_2-CH_3 \xrightarrow{400\cdots600\,°C}$$
Hexan

$$\rightarrow CH_3-CH_2-CH=CH-CH_2-CH_3 + H_2$$
Hex-3-en

Meistens entsteht bei den thermischen Eliminierungen von Wasserstoff aus Alkanen ein Gemisch aus verschiedenen Alkenen. Die Reaktion kann auch mit spezifischen Katalysatoren so gesteuert werden, daß als Hauptanteil Benzen entsteht.

$$CH_3-CH_2-CH_2-CH_2-CH_2-CH_3 \rightarrow \bigcirc + 4\,H_2$$
Hexan Benzen

Eine weitere wichtige Eliminierungsreaktion ist die Wasserabspaltung (Dehydratisierung) aus Alkanolen. Dabei wirken oft Säuren (vereinfacht H_3O^+) als Katalysator.

Reaktionsablauf der Eliminierung von Wasser aus Ethanol

Für das Verständnis des Reaktionsablaufes sollen 3 Stufen formuliert werden.

1. Stufe

Im Ethanol ist durch die polarisierte Atombindung die Bindung zwischen dem Kohlenstoffatom und dem Sauerstoffatom der Hydroxygruppe gelockert. Das Wasserstoffkation des Katalysators (Säure) lagert sich an ein freies Elektronenpaar des Sauerstoffs der Ethanol-Hydroxygruppe.

$$\begin{array}{c} H\ H\ H \\ |\ \ |\ \ | \\ H-C-C-O| \\ |\ \ | \\ H\ H \end{array} + H^\oplus \xrightleftharpoons{\text{große Reaktionsgeschwindigkeit}} \begin{array}{c} H\ H\ H \\ |\ \ |\ \ | \\ H-C-C-O^\oplus-H \\ |\ \ | \\ H\ H \end{array}$$

Aus einem freien Elektronenpaar des Sauerstoffs wird ein bindendes Elektronenpaar zwischen Sauerstoff und dem Proton der Säure. Dadurch trägt Sauerstoff eine positive Ladung.

Diese Anlagerung erfolgt mit großer Reaktionsgeschwindigkeit. (Für den Gesamtablauf einer chemischen Reaktion ist die Teilreaktion maßgebend, die mit der kleinsten Reaktionsgeschwindigkeit abläuft.)

2. Stufe

Die positive Ladung des Sauerstoffs bewirkt eine völlige Verschiebung des Elektronenpaares zwischen Kohlenstoff in Richtung zum Sauerstoff. Wasser wird abgespalten, das Kohlenstoffatom trägt eine positive Ladung (Elektronenmangel). Diese Teilreaktion ist die eigentliche Eliminierung. Sie erfolgt mit kleiner Reaktionsgeschwindigkeit.

$$\begin{array}{c} H\ H\ H \\ |\ \ |\ \ | \\ H-C-C-O^\oplus-H \\ |\ \ | \\ H\ H \end{array} \xrightleftharpoons{\text{kleine Reaktionsgeschwindigkeit}} \begin{array}{c} H\ H \\ |\ \ | \\ H-C-C^\oplus \\ |\ \ | \\ H\ H \end{array} + \begin{array}{c} H \\ | \\ |O-H \end{array}$$

3. Stufe

Als letzte Reaktionsstufe tritt Stabilisierung unter gleichzeitiger Rückbildung des Katalysators ein. Mit der Abspaltung eines Wasserstoffkations ist die Ausbildung einer Doppelbindung zwischen den beiden Kohlenstoffatomen verbunden. Es entsteht Ethen.

$$\begin{array}{c} H\ H \\ |\ \ | \\ H-C-C^\oplus \\ |\ \ | \\ H\ H \end{array} \xrightleftharpoons{\text{große Reaktionsgeschwindigkeit}} \begin{array}{c} H\ H \\ |\ \ | \\ H-C=C \\ \ \ \ \ \ \ | \\ \ \ \ \ \ \ H \end{array} + H^\oplus$$

Bruttogleichung der Eliminierung:

$CH_3\text{---}CH_2\text{---}OH \xrightarrow{(H^\oplus)} CH_2=CH_2 + H_2O$

Ethanol ⟶ Ethen + Wasser

Lehrbeispiel 12.8.:

Zur Herstellung des Synthesekautschuks »Buna« wird Buta-1,3-dien verwendet. Formulieren Sie den Ablauf der Darstellung des Butadiens aus Butan-1,4-diol!

Lösungsweg:
— Formulieren der rationellen Formel von Butan-1,4-diol. Anlagerung von 2 Protonen, weil 2 Hydroxygruppen vorhanden sind.

$$CH_2-CH_2-CH_2-CH_2 + 2\,H^{\oplus} \rightarrow CH_2-CH_2-CH_2-CH_2$$
$$\quad|\qquad\qquad\quad\;|\qquad\qquad\qquad\qquad|\qquad\qquad\qquad\;\;|$$
$$\;\underline{OH}\qquad\quad\;\;\underline{OH}\qquad\qquad\qquad\underline{HOH}\qquad\quad\;\;\underline{HOH}$$
$$\qquad\qquad\qquad\qquad\qquad\qquad\qquad\;\oplus\qquad\qquad\qquad\;\oplus$$

— Abspaltung von 2 Molekülen Wasser

$$CH_2-CH_2-CH_2-CH_2 \rightarrow CH_2-CH_2-CH_2-CH_2 + 2\,H_2O$$
$$\quad|\qquad\qquad\quad\;|\qquad\qquad\qquad\;\oplus\qquad\qquad\qquad\;\oplus$$
$$\underline{HOH}\qquad\quad\underline{HOH}$$
$$\;\oplus\qquad\qquad\;\oplus$$

— Abspaltung von 2 Protonen, Ausbildung von 2 Doppelbindungen

$$CH_2-CH_2-CH_2-CH_2 \rightarrow CH_2=CH-CH=CH_2 + 2\,H^{\oplus}$$
$$\oplus\qquad\qquad\qquad\qquad\oplus\qquad\quad\text{Buta-1,3-dien}$$

A 12.7. Weisen Sie nach, daß die Herstellung des Lösungsmittels Trichlorethen aus Tetrachlorethan eine Eliminierungsreaktion ist!

12.5. Ausgewählte Substitutionsreaktionen

12.5.1. Begriffe und Grundlagen

> **Substitution ist der Austausch eines Atoms oder einer Atomgruppe in einer organischen Verbindung durch ein anderes Atom oder eine andere Atomgruppe.**

Tritt bei Substitutionen als abgespaltenes Nebenprodukt Wasser, Alkanol oder Halogenwasserstoff auf, bezeichnet man die Reaktion als *Kondensation*.

> **Polykondensation ist eine chemische Reaktion, bei der sich niedermolekulare Ausgangsstoffe unter Abspaltung niedermolekularer Nebenprodukte (meist Wasser, Alkohol, Halogenwasserstoff) zu Makromolekülen verbinden.**

Während Additionsreaktionen organische Stoffe mit Mehrfachbindungen voraussetzen und bei Eliminierungsreaktionen meist organische Stoffe mit Mehrfachbindungen entstehen, können Substitutionen sowohl mit gesättigten als auch mit ungesättigten Verbindungen ablaufen.

Viele der wichtigsten Substitutionsreaktionen lassen sich in *drei Gruppen* einordnen.

1. Gruppe

In gesättigten Kohlenwasserstoffen, die eine funktionelle Gruppe mit polarisierter Atombindung enthalten (das Kohlenstoffatom trägt eine positive Partialladung), wird diese funktionelle Gruppe durch ein Reagens ausgetauscht, das ein Anion ist oder ein freies Elektronenpaar hat.

Beispiel:

$$CH_3-CH_2-Cl + OH^\ominus \rightarrow CH_3-CH_2-OH + Cl^\ominus$$

Chlorethan — Hydroxid-Anion — Ethanol — Chlorid-Ion

2. Gruppe

In Carbonylverbindungen, das sind organische Verbindungen mit der Carbonylgruppe $>C^\oplus=O^\ominus$, ist die Bindung zwischen dem Kohlenstoff- und dem Sauerstoffatom ebenfalls polarisiert. Dem Kohlenstoff kommt dabei wiederum eine positive, dem Sauerstoff eine negative Partialladung zu.

Elektronegative Gruppen, die an diesem Carbonylkohlenstoff gebunden sind, können durch ein Reagens ausgetauscht werden, das ein Anion ist oder ein freies Elektronenpaar hat.

Beispiel:

$$H-C\begin{smallmatrix}\nearrow O\\ \searrow OCH_3\end{smallmatrix} + |NH_3 \rightleftarrows H-C\begin{smallmatrix}\nearrow O\\ \searrow NH_2\end{smallmatrix} + CH_3OH$$

Ameisensäuremethylester — Formamid — Methanol

3. Gruppe

In aromatischen Verbindungen wird ein direkt am aromatischen Ring gebundenes Wasserstoffatom durch ein Reagens ausgetauscht, das ein Kation ist oder ein Elektronenpaar binden kann.

Beispiel:

$$C_6H_6 + Br^\oplus + Br^\ominus \rightarrow C_6H_5Br + H^\oplus - Br^\ominus$$

Benzen — Brom — Monobrombenzen — Bromwasserstoff

Im nächsten Abschnitt wird auf die Substitution mit Carbonylverbindungen näher eingegangen.

12.5.2. Reaktionsablauf der Substitution am Carbonyl-Kohlenstoffatom

Geeignete Ausgangsstoffe (Substrate) aus der Gruppe der Carbonylverbindungen sind:

Carbonsäurechloride $\quad R-C\begin{smallmatrix}\diagup O\\\diagdown Cl\end{smallmatrix}$

Aldehyde $\quad R-C\begin{smallmatrix}\diagup O\\\diagdown H\end{smallmatrix}$

Ketone $\quad R-C\begin{smallmatrix}\diagup O\\\diagdown R'\end{smallmatrix}$

Carbonsäureester $\quad R-C\begin{smallmatrix}\diagup O\\\diagdown OR'\end{smallmatrix}$

Carbonsäureamide $\quad R-C\begin{smallmatrix}\diagup O\\\diagdown NH_2\end{smallmatrix}$

Carbonsäuren $\quad R-C\begin{smallmatrix}\diagup O\\\diagdown OH\end{smallmatrix}$

In der angeführten Reihenfolge nimmt die Polarität der Bindung zwischen dem Carbonylkohlenstoff und dem Sauerstoff ab und damit auch die Reaktionsfähigkeit des Substrats.

In der Technik haben Substitutionen mit Carbonsäureestern eine große Bedeutung. Eine gezielt durchgeführte Reaktion dieser Art ist zum Beispiel die alkalische Hydrolyse von Fetten (Ester langkettiger Carbonsäuren mit Glycerol), die zu Alkaliseifen führen. Die Substitutionsreaktionen von Carbonsäureestern mit Wasser und Hydroxidionen werden deshalb auch als Verseifungen bezeichnet.

Als unerwünschte Reaktion tritt die Substitution z. B. bei der langzeitigen Verwendung von Fetten, Lösungsmitteln und Polyestern auf.

Als Beispiel einer Substitution am Carbonyl-Kohlenstoffatom soll die Verseifung der Carbonsäureester betrachtet werden.

Es sind zu unterscheiden säurekatalysierte Verseifungen, wobei Wasser als Reagens wirkt, und alkalische Verseifungen, wobei Hydroxidionen als Reagens wirken. Letztere verlaufen schneller, weil Hydroxidionen eine größere Reaktionsfähigkeit gegenüber dem Carbonylkohlenstoff haben als Wassermoleküle. Außerdem entstehen bei der alkalischen Verseifung Alkalisalze der Carbonsäure, die aus dem Reaktionsgemisch als schwerlösliche Verbindungen ausfallen, wodurch das chemische Gleichgewicht in Richtung der Endprodukte verschoben wird.

Reaktionsablauf der Verseifung von Polyestern mit Hydroxidionen

Polyester werden z. B. aus den Ausgangsstoffen Terephthalsäure und Ethandiol (Ethylenglycol) hergestellt (siehe Abschn. 12.7.3.). Die sich in diesen Polymermolekülen wiederholende Struktureinheit ist ein Carbonsäureester mit folgender rationeller Formel:

$$\left[\underset{O}{\overset{\|}{C}} - \bigcirc - \underset{O}{\overset{\|}{C}}O - CH_2 - CH_2 - O \right]$$

Für den Reaktionsablauf können 3 Stufen formuliert werden.

1. Stufe

In der betrachteten Terephthalatstruktureinheit ist das Kohlenstoffatom durch die polarisierte Atombindung zum Sauerstoffatom partiell positiv geladen. Daran lagert sich ein Hydroxidion. Die Doppelbindung C=O wird gespalten.

$$\left[R - \overset{\oplus}{C} \overset{\overline{O}|^{\ominus}}{\diagup} - O - CH_2 - CH_2 - O - \right]_n + OH^{\ominus} \rightarrow \left[R - \underset{OH}{\overset{\overline{O}|^{\ominus}}{C}} - O - CH_2 - CH_2 - O - \right]_n$$

$(R = -CO - \bigcirc\,)$

2. Stufe

Die Doppelbindung zwischen Kohlenstoff und Sauerstoff der Carbonylgruppe bildet sich zurück. Gleichzeitig tritt eine Abspaltung der Alkoholkomponente des Esters ein.

$$\left[R - \underset{OH}{\overset{\overline{O}|^{\ominus}}{C}} - O - CH_2 - CH_2 - O - \right]_n \rightarrow \left[R - \underset{OH}{\overset{\overline{O}}{C}} + -O - CH_2 - CH_2 - \overline{O}|^{\ominus} \right]_n$$

3. Stufe

In einer Gleichgewichtsreaktion bilden sich bevorzugt das Anion der Säure und Alkohol.
Aus zwei Mol Hydroxidionen und einem Mol Polyesterstruktureinheiten entstehen ein Mol Terephthalat und ein Mol Ethylenglycol.

$$\left[R - \underset{OH}{\overset{\overline{O}}{C}} + -O - CH_2 - CH_2 - \overline{O}|^{\ominus} \right]_n \rightleftarrows \left[R - \underset{|O|^{\ominus}}{\overset{\overline{O}}{C}} + -O - CH_2 - CH_2 - OH \right]_n$$

> **Bruttogleichung der Substitution:**
>
> $[-CO-\bigcirc-COO-CH_2-CH_2-O-]_n + 2n\ OH^\ominus \rightarrow$
> Polyester $\qquad\qquad\qquad\qquad\qquad$ Hydroxidionen
>
> $n\ ^\ominus OOC-\bigcirc-COO^\ominus + n\ HO-CH_2-CH_2-OH$
> Terephthalationen $\quad$ Ethylenglycol

A 12.8. Begründen Sie durch Formulierung der Reaktionsgleichungen, warum Polyamide, die bei der Lagerung an der Luft ca. 5% Wasser aufnehmen können, vor der thermoplastischen Weiterverarbeitung sorgfältig getrocknet werden müssen!

12.6. Unerwünschte Oxydationsreaktionen

Oxydationsreaktionen organischer Verbindungen haben zweierlei Bedeutung. Einmal dienen sie zur technischen Herstellung wichtiger organischer Verbindungen. Zum anderen laufen unerwünschte Oxydationen organischer Produkte, z. B. der Plaste, Schmieröle, Treibstoffe, fetthaltigen Lebensmittel ab; sie tragen zu einer Veränderung der Gebrauchseigenschaften bei, die als *Alterung* bezeichnet wird.

Durch Luftsauerstoff, Wärme und Licht tritt eine allmähliche Veränderung des Aussehens, der Oberflächengüte, der mechanischen und elektrischen Eigenschaften der Plaste ein.

Diese unerwünschten Reaktionen sind kompliziert ablaufende Radikalkettenreaktionen. Der als Reaktionspartner auftretende Luftsauerstoff bildet Biradikale und erweist sich in dieser Form als sehr reaktionsfähig. Dadurch können C-H-Bindungen des Kohlenwasserstoffgerüstes der organischen Verbindungen aufgebrochen und die Reaktionen gestartet werden.

Die Spaltung einer Atombindung unter Bildung von Radikalen erfordert Energie. Sie muß dem System zugeführt werden als

- Wärmeenergie
- Licht oder andere elektromagnetische Strahlung
- Mechanische Energie (z. B. Ultraschallschwingungen).

Am Beispiel der Alterung der Plaste sollen einige Grundlagen des dabei ablaufenden Radikalkettenmechanismus mit *Startreaktion*, *Kettenfortpflanzung* und *Abbruchreaktion* formuliert werden.

Startreaktionen

1. Radikalbildung durch direkten Angriff von Luftsauerstoff auf Kohlenstoff-Wasserstoff-Bindungen

$$R-\underset{H}{\overset{H}{\underset{|}{\overset{|}{C}}}}-H + \cdot\overline{O}-\overline{O}\cdot \rightarrow R-\underset{H}{\overset{H}{\underset{|}{\overset{|}{C}}}}\cdot + \cdot\overline{O}-\overline{O}-H$$

$\qquad\qquad$ Sauerstoffbiradikal

2. Radikalbildung durch homolytische Spaltung von Kohlenstoff-Kohlenstoff-Bindungen mittels Wärmeenergie

$$-CH_2-\underset{R}{\underset{|}{C}}(CH_3)- \underset{H}{\underset{|}{C}}-C=CH_2 \xrightarrow{\text{Wärme}} -CH_2-\underset{R}{\underset{|}{C}}(CH_3)\cdot + \cdot \underset{H}{\underset{|}{C}}-C=CH_2$$

3. Radikalbildung bei Anwesenheit von Carbonylgruppen durch Licht

$$R-\underset{O}{\underset{\|}{C}}-\underset{H}{\underset{|}{C}}-R \xrightarrow{\text{Licht}} R-\underset{O}{\underset{\|}{C}}\cdot + \cdot \underset{H}{\underset{|}{C}}-R$$

Kettenfortpflanzung

Die gebildeten Polymerradikale reagieren in vielfältiger Weise weiter, z. B. mit molekularem Luftsauerstoff.

$$R-\underset{H}{\underset{|}{\overset{H}{\overset{|}{C}}}}\cdot + \overline{O}=\overline{O} \rightarrow R-\underset{H}{\underset{|}{\overset{H}{\overset{|}{C}}}}-\overline{O}-\overline{O}\cdot$$

Sauerstoffmolekül

Die bei diesen Kettenfortpflanzungsreaktionen gebildeten Peroxy-Radikale reagieren bevorzugt mit Wasserstoff, der an tertiären[1]) Kohlenstoffatomen gebunden ist.

$$R-CH_2-\overline{O}-\overline{O}\cdot + \sim CH_2-\underset{R}{\underset{|}{CH}}-CH_2- \rightarrow$$

$$R-CH_2-\overline{O}-\overline{O}-H + \sim CH_2-\underset{R}{\underset{|}{\overset{\cdot}{C}}}-CH_2-$$

Die gebildeten Peroxide und Hydroperoxide zerfallen und reagieren weiter, wobei es zu verzweigten Kettenreaktionen kommt, die eine Selbstbeschleunigung der Oxydation bedeuten (siehe auch 12.2.1.). Oxydationsreaktionen dieser Art, die bei gewöhnlicher oder wenig erhöhter Temperatur ablaufen, werden *Autoxydation* genannt.

---

[1]) Tertiäre Kohlenstoffatome sind solche, die mit drei anderen Kohlenstoffatomen verknüpft sind.

Es kommt dabei zu Kettenspaltungen und Vernetzungen. Schwermetallionen beschleunigen diese Reaktionen. Deshalb sind in Polymeren Verunreinigungen, z. B. durch Eisenionen, zu vermeiden.

Abbruchreaktion

Die wichtigste Reaktion, die diese Kettenreaktionen beenden, ist die Kombination zweier Peroxy-Radikale.

$$2\ R-CH_2-\overline{O}-\overline{O}\cdot \rightarrow R-CH_2-\overline{O}-\overline{O}-CH_2-R + O_2$$

Von besonderem Interesse sind für den Anwender von Plasten die Möglichkeiten, die unerwünschten Abbaureaktionen zu verhindern oder zumindest zu verzögern. Als wichtigste Stoffklasse sind *Radikalinhibitoren* zu nennen, die aufgrund ihres π-Elektronensystems Radikalelektronen aufnehmen können und so die Kettenreaktion abbrechen. Als Inhibitoren werden tertiäre aromatische Amine und substituierte Phenole eingesetzt.
Schwermetallspuren können mit organischen Phosphinen durch Komplexbildung gebunden werden.
Um die Wirkung der den Abbau begünstigenden UV-Strahlen des Lichtes aufzuheben, werden den Polymeren z. B. Derivate der Salicylsäure zugesetzt. Diese Stoffe absorbieren UV-Strahlen und wandeln sie in langwelligere Strahlung um.

12.7. Bildung der Makromoleküle

12.7.1. Begriffe, Einteilung

Die in diesem Abschnitt behandelten organischen Reaktionen unterscheiden sich nicht grundsätzlich von den Grundreaktionen der organischen Chemie. Das Charakteristische ist, daß sehr große Moleküle entstehen, die durch kettenförmige Anordnung von mehr als 1 500 Atomen gebildet werden. Aus diesen Makromolekülen bestehen die hochmolekularen Verbindungen, die Polymere.

Das Polymer[1]) **ist eine Verbindung, die aus Makromolekülen zusammengesetzt ist, die durch die vielfache Wiederholung einer oder mehrerer Arten miteinander verbundener Atome oder Atomgruppen (Grundbausteine) charakterisiert sind.**
Das Monomer[2]) **ist eine Verbindung, die zur Bildung von Makromolekülen geeignet ist.**

Die chemischen Reaktionen, die zur Bildung von Makromolekülen führen, teilt man ein in *Polymerisation*, *Polykondensation* und *Polyaddition*.

---
[1]) polys (griech.) = viel; meros (griech.) = der Teil
[2]) mono (griech.) = ein..., allein

Beispiele:

Monomer	Grundbaustein
$CH_2=CH_2$	$-CH_2-CH_2-$
Ethen	
$CH_2=CH$ $\quad\ \ |$ $\quad\ \ Cl$	$-CH_2-CH-$ $\qquad\quad |$ $\qquad\quad Cl$
Vinylchlorid	

Die Zahl der Grundbausteine in einem Makromolekül heißt *Polymerisationsgrad*. Man kann nur den *mittleren Polymerisationsgrad* (auch: *durchschnittlicher Polymerisationsgrad, DP-Grad*) angeben, weil die einzelnen Makromoleküle eines Polymers keine einheitliche Größe besitzen.

Zur vereinfachten Schreibweise gibt man die Formel des Grundbausteins eines Polymers in Klammern an und setzt den Index n für den Polymerisationsgrad:

Polyethen $\qquad\qquad -[CH_2-CH_2]_n-$

Polyvinylchlorid $\qquad -[CH_2-CH]_n-$
$\qquad\qquad\qquad\qquad\qquad |$
$\qquad\qquad\qquad\qquad\ \ Cl$

Der mittlere Polymerisationsgrad n̄ errechnet sich aus dem Verhältnis der mittleren molaren Masse des Polymeren Mp zu der des Grundbausteins Mo:

$$\bar{n} = \frac{Mp}{Mo}$$

Mit zunehmendem Polymerisationsgrad verändern sich viele Eigenschaften des makromolekularen Stoffes, z. B. die Viskosität, Löslichkeit, Biegefestigkeit.

A 12.9. Berechnen Sie den mittleren Polymerisationsgrad einer linearen Polyethensorte, deren mittlere molare Masse 100 000 g·mol^{-1} beträgt!

Die Bildung von Polymeren setzt voraus, daß die Moleküle der Ausgangsstoffe mindestens zwei reaktionsfähige Atomgruppierungen oder eine Mehrfachbindung haben. Die sich daraus bildenden Makromoleküle sind linear oder verzweigt aufgebaut. Monomere mit drei reaktionsfähigen Stellen im Molekül bilden vernetzte Makromoleküle. Lineare Polymere, verzweigte und unverzweigte, sind im allgemeinen in spezifischen Lösungsmitteln löslich und weisen einen Fließpunkt auf. Sie werden als *Thermoplaste* bezeichnet.

Stark vernetzte Polymere sind nicht unzersetzt thermisch formbar und werden als *Duroplaste* bezeichnet. Bei ihnen erfolgt bei der industriellen Verarbeitung die Vernetzung gleichzeitig mit der Formgebung.

12.7.2. Polymerisation

Für Polymerisationen werden oft Ethen oder Verbindungen eingesetzt, die sich vom Ethen ableiten (Vinylverbindungen).

Wichtige Ausgangsstoffe für Polymerisationen

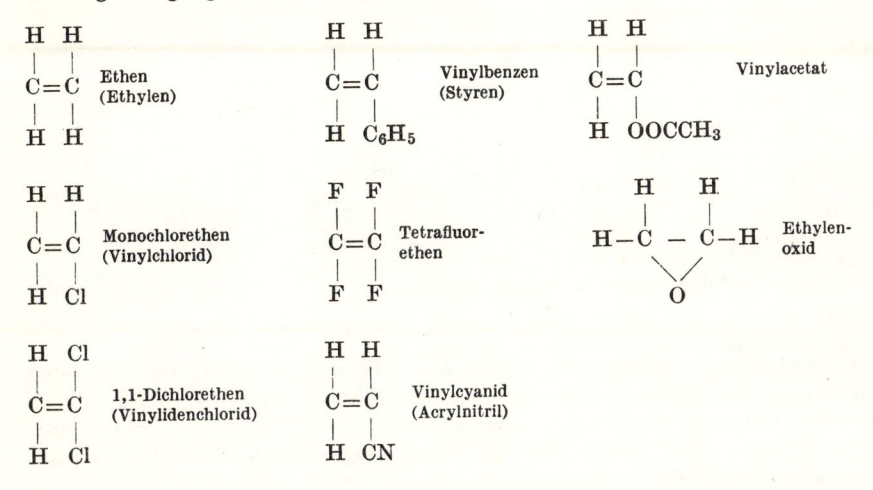

$\begin{array}{c} H \quad H \\ \mid \quad \mid \\ C=C \\ \mid \quad \mid \\ H \quad H \end{array}$ Ethen (Ethylen)	$\begin{array}{c} H \quad H \\ \mid \quad \mid \\ C=C \\ \mid \quad \mid \\ H \quad C_6H_5 \end{array}$ Vinylbenzen (Styren)	$\begin{array}{c} H \quad H \\ \mid \quad \mid \\ C=C \\ \mid \quad \mid \\ H \quad OOCCH_3 \end{array}$ Vinylacetat
$\begin{array}{c} H \quad H \\ \mid \quad \mid \\ C=C \\ \mid \quad \mid \\ H \quad Cl \end{array}$ Monochlorethen (Vinylchlorid)	$\begin{array}{c} F \quad F \\ \mid \quad \mid \\ C=C \\ \mid \quad \mid \\ F \quad F \end{array}$ Tetrafluorethen	$\begin{array}{c} H \quad H \\ \mid \quad \mid \\ H-C - C-H \\ \diagdown\;\diagup \\ O \end{array}$ Ethylenoxid
$\begin{array}{c} H \quad Cl \\ \mid \quad \mid \\ C=C \\ \mid \quad \mid \\ H \quad Cl \end{array}$ 1,1-Dichlorethen (Vinylidenchlorid)	$\begin{array}{c} H \quad H \\ \mid \quad \mid \\ C=C \\ \mid \quad \mid \\ H \quad CN \end{array}$ Vinylcyanid (Acrylnitril)	

Polymerisationen können auch als *Kopolymerisation* durchgeführt werden.

> Unter einer Kopolymerisation versteht man eine Polymerisation von mindestens zwei verschiedenen Monomeren, wobei Makromoleküle entstehen, die die unterschiedlichen Monomerenmoleküle als miteinander verknüpfte Grundbausteine enthalten.

Durch Kopolymerisation entstehen makromolekulare Stoffe, deren Eigenschaften weitgehend speziellen Einsatzgebieten angepaßt werden können. Tabelle 12.5 zeigt einige unterschiedliche Eigenschaften ausgewählter Kopolymerisate. Das zuerst angeführte Monomer stellt die Hauptkomponente dar.

Tabelle 12.5. Eigenschaften ausgewählter Kopolymerisate

Monomere	erzielte Eigenschaften gegenüber denen der Einzelpolymerisate
Styren–Acrylnitril	größere Härte
Styren–Butadien	größere Elastizität
Styren–Acrylnitril–Butadien	größere Schlagfestigkeit
Butadien–Styren	größere Elastizität
Butadien–Acrylnitril	größere Elastizität

Polymerisationen können *ionisch* und *radikalisch* verlaufen. Vielen technisch wichtigen Polymerisationen liegt ein Radikalkettenmechanismus zugrunde. Die Polymerisationen sind Kettenreaktionen (vgl. Abschn. 12.2.1.). Man unterteilt den Ablauf von Kettenreaktionen in *Kettenstart*, *Kettenwachstum* und *Kettenabbruch* (vgl. Abschn. 12.6.).

Durch Energiezufuhr wird die Polymerisation gestartet. Einzelne Monomermoleküle werden aktiviert.

$$\begin{array}{c} H\ H \\ |\ \ | \\ C=C \\ |\ \ | \\ H\ H \end{array} \xrightarrow{\text{Startreaktion zur Radikalpolymerisation}} \begin{array}{c} H\ H \\ |\ \ | \\ \cdot C-C\cdot \\ |\ \ | \\ H\ H \end{array}$$

$$\begin{array}{c} H\ H \\ |\ \ | \\ C=C \\ |\ \ | \\ H\ H \end{array} \xrightarrow{\text{Startreaktion zur Ionenpolymerisation}} \begin{array}{c} H\ H \\ |\ \ | \\ \ominus C-C\oplus \\ |\ \ | \\ H\ H \end{array}$$

Das kann mittels Wärme- oder Lichtenergie erfolgen, oft wird auch chemische Energie genutzt. Spezielle Katalysatoren (Borfluorid, Aluminiumchlorid, Alkalimetalle) starten Ionenpolymerisationen. Organische Peroxide (Cumenhydroperoxid, Benzoylperoxid) und andere Verbindungen leiten Radikalpolymerisationen ein. Sie bilden *Initiatorradikale*, von denen die Polymerisation ausgeht. An die wenigen beim Kettenstart entstandenen aktivierten Monomermoleküle lagern sich Monomermoleküle unter Aufspaltung der π-Bindungen und unter Ausbildung von σ-Bindungen (exotherme Reaktion) an. Polymerisationen verlaufen immer exotherm. Es entstehen Ketten, deren Länge von den äußeren Bedingungen (Temperatur, Druck, Durchmischung, Art und Menge des zugesetzten Katalysators) und auch von der Art der Monomeren abhängt.
Kettenabbruch tritt ein, wenn die aktiven makromolekularen Radikale in inaktive Makromoleküle mit stabilem Zustand übergehen. Der Kettenabbruch erfolgt durch verschiedene Reaktionen:

- Reaktion der Makroradikale mit Oxydationsmitteln (z. B. Luftsauerstoff)
- Inaktivierung der Makroradikale durch Energieabgabe an die Wand des Reaktionsgefäßes oder an das Lösungs- oder Dispergiermittel
- Umspringen eines Wasserstoffatoms von einer Kette zur anderen durch Zusammenstoß zweier wachsender Ketten

$$\begin{array}{c} H\ H \\ |\ \ | \\ R-C-C\cdot \\ |\ \ | \\ H\ H \end{array} + \begin{array}{c} H\ H \\ |\ \ | \\ \cdot C-C-R' \\ |\ \ | \\ H\ H \end{array} \rightarrow \begin{array}{c} H\ H \\ |\ \ | \\ R-C-C-H \\ |\ \ | \\ H\ H \end{array} + \begin{array}{c} H\ H \\ |\ \ | \\ C=C-R' \\ |\ \ \\ H \end{array}$$

- Reaktionen der Kettenradikale mit Inhibitoren.
  Inhibitoren sind Stoffe, die Radikalreaktionen hemmen bzw. unterbinden. Sie reagieren mit freien Radikalen. Solche Stoffe sind z. B. Hydrochinon, aromatische Amine, Iod.
- Reaktion zwischen zwei Kettenradikalen und zwischen Kettenradikal und Initiatorradikal.

Mit den gesteuerten und freiwillig eintretenden Abbruchreaktionen ist die Polymerisation beendet.

A 12.10. Begründen Sie das Freiwerden von Energie bei der Polymerisation!

Reaktionsablauf der radikalischen Polymerisation von Monochlorethen (Vinylchlorid) zu Polyvinylchlorid

Die für den Start der Polymerisation erforderlichen Initiatorradikale (im folgenden abgekürzt R·) werden meistens in einer Redoxreaktion aus einem Peroxid erzeugt.

Kettenstart

Ein Initiatorradikal reagiert mit einem Molekül Vinylchlorid. Die Doppelbindung des Vinylchlorids wird aufgespalten. Ein π-Elektron der Doppelbindung trägt zur Bildung einer σ-Bindung zwischen Initiatorradikal und Kohlenstoff bei. Das andere π-Elektron verbleibt als einsames Elektron am anderen Kohlenstoffatom. So entsteht ein neues Radikal.

$$R\cdot \; + \; CH_2=CH \;\rightarrow\; R-CH_2-\dot{C}H$$
$$\quad\quad\quad\quad\quad\; | \quad\quad\quad\quad\quad\; |$$
$$\quad\quad\quad\quad\quad Cl \quad\quad\quad\quad\quad Cl$$

Initiator-　　Monomermolekül　　Monomerradikal
radikal　　　(Vinylchlorid)

Kettenwachstum

Bei der Wachstumsreaktion reagiert ein nichtaktiviertes Vinylchloridmolekül mit einem Monomerradikal. Dabei entsteht wiederum ein Radikal. In weiteren Wachstumsreaktionen werden zahlreiche Monomermoleküle angelagert, wobei Makroradikale, auch Kettenradikale genannt, entstehen.

$$R-CH_2-\dot{C}H + CH_2=CH \rightarrow R-CH_2-CH-CH_2-\dot{C}H$$
$$\quad\quad\quad\quad | \quad\quad\quad\quad\quad | \quad\quad\quad\quad\quad\quad | \quad\quad\quad\quad\quad |$$
$$\quad\quad\quad\quad Cl \quad\quad\quad\quad\; Cl \quad\quad\quad\quad\quad\quad Cl \quad\quad\quad\quad\; Cl$$

Kettenabbruch

Als Beispiel einer Kettenabbruchreaktion wird die Reaktion zwischen zwei Kettenradikalen betrachtet. Aus den beiden Einzelelektronen der Kettenradikale entsteht eine beständige σ-Bindung.

$$R-[CH_2-CH]_n-CH_2-\dot{C}H + \dot{C}H-CH_2-[CH-CH_2]_n-R \rightarrow$$
$$\quad\quad\;\; | \quad\quad\quad\; | \quad\quad\; | \quad\quad\quad\quad | \quad\quad\quad\;\; |$$
$$\quad\quad\;\; Cl \quad\quad\; Cl \quad\; Cl \quad\quad\quad\quad Cl$$

$$\rightarrow R-[CH_2-CH]_n-CH_2-CH-CH-CH_2-[CH-CH_2]_n-R$$
$$\quad\quad\quad\quad | \quad\quad\quad\;\; | \quad\; | \quad\quad\quad\quad\quad |$$
$$\quad\quad\quad\quad Cl \quad\quad\; Cl \; Cl \quad\quad\quad\quad\; Cl$$

Im Wissensspeicher sind wichtige Plaste und Elaste zusammengestellt, die durch Polymerisationsverfahren hergestellt werden.

12.7.3. Polykondensation

Als Ausgangsstoffe für Polykondensationen werden Verbindungen eingesetzt, die mindestens zwei reaktionsfähige funktionelle Gruppen oder zwei reaktionsfähige Stellen im Molekül haben.

Im Gegensatz zur Polymerisation verläuft die Polykondensation nicht als Kettenreaktion, sondern als *Stufenreaktion*. Jede Substitutionsreaktion der funktionellen Gruppen verläuft einzeln, unabhängig vom vorangegangenen Reaktionsschritt. So kann die Reaktion durch Abkühlen verlangsamt bzw. unterbrochen werden. Durch Zuführen von Aktivierungsenergie (Erwärmen) kann eine Polykondensation fortgesetzt werden.

Wichtige Ausgangsstoffe für Polykondensationen

$HO-CH_2-CH_2-OH$	Ethan-1,2-diol (Ethylenglycol)
$H_2N-\underset{\underset{O}{\|}}{C}-NH_2$	Harnstoff
$H_2N-(CH_2)_6-NH_2$	Hexan-1,6-diamin
$HOOC-(CH_2)_4-COOH$	Hexandisäure (Adipinsäure)
$H_2N-(CH_2)_5-COOH$	6-Aminohexansäure (ε-Amino-Capronsäure)
CH_2O	Methanal (Formaldehyd)
C_6H_5-OH	Hydroxybenzen (Phenol)
$HOOC-C_6H_4-COOH$	Benzen-1,4-di-carbonsäure (Terephthalsäure)

Im Verlauf der Polykondensationsreaktionen können außer fadenförmigen Polymeren auch dreidimensionale, netzartige Gebilde entstehen. Voraussetzung dazu sind drei reaktionsfähige Gruppen oder Stellen im Molekül eines Ausgangsstoffes. Derartige Polykondensationen führen zu Duroplasten.

Im Verlauf von Polykondensationen entstehen Nebenprodukte, meist Wasser oder Alkanole. Sie müssen möglichst vollständig aus dem Reaktionsgemisch entfernt werden, da die ablaufende Gleichgewichtsreaktion durch Konzentrationsverringerung eines Endproduktes weiter zur Seite der Endprodukte verschoben wird. Außerdem mindern die Nebenprodukte die Qualität des Endproduktes. Wasser wird meist durch Verdampfung entfernt.

Im Unterschied zu den Polymerisationsprodukten, deren Monomere durch C-C-Bindungen verknüpft sind, treten bei kettenförmigen Polykondensations- und Polyadditionsprodukten charakteristische Bindungen über Heteroatome auf.

Beispiele:

$-\underset{\underset{H}{\|}}{N}-\overset{\overset{O}{\|}}{C}-$	Säureamidbindung (Peptidbindung)
$-O-\overset{\overset{O}{\|}}{C}-$	Esterbindung
$-O-$	Etherbindung

Auf Grund der Bindungen über Heteroatome sind solche Polymeren gegenüber chemischen Einwirkungen relativ unbeständig.

Reaktionsablauf der Polykondensation von Terephthalsäure mit Ethandiol zum Polyester Polyethylenterephthalat

Durch die Reaktion von Benzendicarbonsäure (Terephthalsäure) oder deren Methylester und Ethandiol entsteht unter Abspaltung von Wasser Bishydroxyethyl-Terephthalat.

$$HOOC-\langle O \rangle-COOH + 2\ HO-CH_2-CH_2-OH \rightleftarrows$$

Terephthalsäure   Ethylenglycol (Ethandiol)

$$HO-CH_2-CH_2-OOC-\langle O \rangle-COO-CH_2-CH_2-OH + 2\ H_2O$$

Bishydroxyethyl-Terephthalat

Das Kettenwachstum ist gekennzeichnet durch die Polykondensation des Bishydroxyethyl-Terephthalats zu Makromolekülen unter Abspaltung von Ethandiol.

$$n\ HO-CH_2-CH_2-OOC-\langle O \rangle-COO-CH_2-CH_2-OH \rightleftarrows$$

$$HO-CH_2-CH_2-[OOC-\langle O \rangle-COO-CH_2-CH_2]_n-OH + (n-1)\ \underset{\underset{OH}{|}}{CH_2}-\underset{\underset{OH}{|}}{CH_2}$$

Polyethenterephthalat

Möglichkeiten der Beendigung von Polykondensationsreaktionen sind:

- zunehmende Zähigkeit des Reaktionsgemisches
- Erschöpfung des Ausgangsmonomeren
- Erreichen des Gleichgewichtszustandes

Nach ähnlichem Reaktionsmechanismus verlaufen Polykondensationen zu Polyamiden, Aminoplasten und Phenoplasten.
Die Polykondensation von Phenol und Methanal (Formaldehyd) führt zu Phenoplasten.

Weitere Reaktionen führen zu den *räumlich vernetzten Phenoplasten*.

[Reaktionsschema: Zwei Phenolringe verbunden durch CH$_2$, mit OH-Gruppen, + CH$_2$O → Produkt mit zusätzlicher CH$_2$OH-Gruppe]

[Reaktionsschema: Addition zweier methylolsubstituierter Phenolderivate → vernetztes Produkt + H$_2$O]

Im Wissensspeicher sind wichtige Plaste zusammengestellt, die durch Polykondensationsverfahren hergestellt werden.

A 12.11. Die Polykondensation zur Herstellung des Polyesters Polyethenterephthalat wird oft so gelenkt, daß ein durchschnittlicher Polymerisationsgrad $\bar{n} = 100$ erreicht wird. Berechnen Sie daraus die molare Masse!

12.7.4. Polyaddition

Polyadditionen laufen in vieler Hinsicht analog den Polykondensationen ab. So sind auch für Polyadditionen Ausgangsstoffe mit mindestens zwei reaktionsfähigen funktionellen Gruppen erforderlich. Polyadditionen laufen ebenfalls als Stufenreaktionen ab. Oft ist eine scharfe Trennung zwischen Polyaddition und Polykondensation nicht möglich. Die Polyaddition zeigt auch zur Polymerisation gewisse Analogien.

Die chemische Bindung zwischen den Monomeren der durch Polyaddition entstehenden *Polyaddukte* erfolgt über Heteroatome (Sauerstoff, Stickstoff). Die Polyaddition verläuft ohne Bildung von Nebenprodukten.

Durch Polyaddition lassen sich sowohl kettenförmige als auch netzartige Makromoleküle herstellen. Polyadditionsreaktionen werden wie die Polykondensationen *Schrittwachstumsreaktionen* genannt. Auf den Reaktionsmechanismus der Polyaddition soll hier nicht näher eingegangen werden, lediglich die Bindungsverhältnisse der Polyaddition werden angedeutet.

Wichtige Ausgangsstoffe für Polyadditionen

$HO-(CH_2)_x-OH$ Diole

$H_2N-(CH_2)_x-NH_2$ Diamine

OCN–(CH$_2$)$_y$–NCO Diisocyanat[1])

CH$_2$–CH–CH$_2$–Cl 1-Chlor-2,3-epoxypropan
  \O/ (Epichlorhydrin)

HO–⟨○⟩–C(CH$_3$)(CH$_3$)–⟨○⟩–OH 2-Bishydroxyphenylpropan
  (Bisphenol A)

Die Polyaddition der Diole an Diisocyanate führt zu *Polyurethanen* (PUR), die Polyaddition der Diamine an Diisocyanate führt zu *Polyharnstoffen*.
Die Polyaddition von Epichlorhydrin an Bisphenol A führt zu *Epoxidharzen*.

Polyurethan

$$\left[-O-(CH_2)_x-O-\underset{\underset{H}{|}}{\overset{\overset{O}{\|}}{C}}-N-(CH_2)_y-\underset{\underset{\|}{O}}{\overset{H}{|}}{N}-C- \right]_n$$

Diolanteil   Diisocyanatanteil

Polyharnstoff

$$\left[-NH-(CH_2)_x-NH-\overset{O}{\overset{\|}{C}}-\underset{H}{\overset{}{N}}-(CH_2)_y-\overset{H}{\underset{\|O}{N}}-C- \right]_n$$

Diaminanteil   Diisocyanatanteil

Epoxidharz

$$\left[-CH_2-\underset{OH}{CH}-CH_2-O-⟨○⟩-\underset{CH_3}{\overset{CH_3}{C}}-⟨○⟩-O- \right]_n$$

Epichlorhydrin-Anteil   Bisphenol A-Anteil

12.8. Weitere Übungsaufgaben

A 12.12. Das als Lösungs-, Reinigungs- und Löschmittel vielfältig verwendete Tetrachlormethan (Tetrachlorkohlenstoff) wird durch Chloreinwirkung auf Methan hergestellt.
Formulieren Sie die 4 Substitutionsreaktionen als Bruttogleichungen!

A 12.13. Formulieren Sie die Substitutionsreaktionen, die zum wichtigen Sprengstoff Glyceroltrinitrat (Propantrioltrinitrat) führen!

A 12.14. Warum wird Polyvinylchlorid (PVC) durch Natronlauge chemisch angegriffen? Formulieren Sie die Bruttogleichung der Substitution! (Grundbaustein des PVC ist ein Chloralkan.)

---

[1]) Diisocyanate leiten sich von Diisocyansäuren ab, die zweimal die funktionelle Gruppe –N=C=O enthalten. Die Darstellung der Diisocyansäuren kann durch Einwirkung von Phosgen auf Diamine erfolgen:
$COCl_2 + H_2N-R-NH_2 + COCl_2 \rightarrow O=C=N-R-N=C=O + 4\,HCl$
Phosgen   Diamin   Phosgen   Diisocyanat

Lösungen zu den Aufgaben

A 2.2. $^2_1$D bzw. $^2_1$H; $^3_1$T bzw. $^3_1$H.

A 2.3. Atomkern bei Vergrößerung auf das 10^{11}fache: 10^{-3} m $\triangleq$ 1 mm Durchmesser

A 2.4. a) Ti : C = 47,9 : 12,01
b) 48 : 12 = 4 : 1

A 2.5. a) Quecksilber, weil mehr Elektronen vorhanden sind als bei Aluminium und folglich eine größere Anzahl Elektronen zur Lichtaussendung angeregt werden können.
b) Violettes, kurzwelliges Licht ist energiereicher als rotes, langwelliges.

A 2.9. Bei Stickstoff sind alle drei 2p-Orbitale mit je einem Elektron belegt. Die weitere Auffüllung zu je einem Elektronenpaar bei Sauerstoff, Fluor und Neon verändert die Zahl der mit Elektronen belegten Orbitale nicht mehr und damit auch die Gestalt der Atome nicht.

A 2.13. Der Elektronendonator steht in der folgenden Aufzählung zuerst.
K—Cl, Mg—P, Al—S, P—Cl, Ca—F, H—I.

A 2.14. $^{59}_{27}$Co (Cobalt, 27 p, 32 n, 27 e$^-$)
$^{137}_{56}$Ba (Barium, 56 p, 81 n, 56 e$^-$)
$^{207}_{82}$Pb (Blei, 82 p, 125 n, 82 e$^-$)

A 2.16. a) Es tritt Ionisation ein.
b) Es erfolgt Anregung oder Lichtaussendung.

A 2.17. a) Yttrium, Grundzustand
b) Aluminium, angeregter Zustand
c) Zinn, angeregter Zustand

A 2.21. Element 106:
Nebengruppe (6 b)
$6s^2$, $6p^6$, $6d^4$, $7s^2$
Ähnlichkeit mit Wolfram, Molybdän, Chrom; Metall

A 3.1. I_2, F_2, Br_2, Cl_2; HI, HBr, HCl, HF.

A 3.2. -185 kJ : 2 mol = $-92,5$ kJ · mol^{-1}

A 3.3. Br: $1s^2$, $2s^2$, $2p^6$, $3s^2$ $3p^6$ $3d^{10}$, $4s^2$ $4p^5$
I: $1s^2$, $2s^2$ $2p^6$, $3s^2$ $3p^6$ $3d^{10}$, $4s^2$ $4p^6$ $4d^{10}$, $5s^2$ $5p^5$;
Br_2 u. I_2: p—p—σ; HBr u. HI: s—p—σ.

A 3.4. C—C: sp^3—sp^3—σ; 6 C—H: s—sp^3—σ.

A 3.5. je 4 Atombindungen

A 3.6. C=C → C—C 266 kJ · mol^{-1}; C≡C → C=C 225 kJ · mol^{-1};
C≡C → C—C 491 kJ · mol^{-1}.

A 3.7. H—C 0,4; H—I 0,4; H—Br 0,7; H—Cl 0,9; H—O 1,4; H—F 1,9.

A 3.8.   Cl—S 0,5; Cl—P 0,9; Cl—Si 1,2; Cl—Al 1,5; Cl—Mg 1,8; Cl—Na 2,1.
Mit zunehmendem Metallcharakter (abnehmendem Nichtmetallcharakter) des Partners nimmt die EN-Differenz zu.

A 3.9.   Cl—S 7; Cl—P 18; Cl—Si 30; Cl—Al 43; Cl—Mg 55; Cl—Na 67%.

A 3.10. SO_3^{2-} u. NO_3^- drei; PO_4^{3-} vier; NO_2^- zwei.

A 3.11. Es ist die Elektronenbesetzung des Edelgases Krypton.

A 3.12. Das Kupferatom hat die Elektronenbesetzung
Cu $3s^2\ 3p^6\ 3d^{10}\ 4s^1$
Durch Abgabe von zwei Elektronen entsteht das Kupfer(II)-Ion mit der Besetzung
$Cu^{2+}\ 3s^2\ 3p^6\ 3d^9$
Das 4s-Orbital und die drei 4p-Orbitale sind unbesetzt, so daß es zur Überlappung mit je einem voll besetzten Orbital (freien Elektronenpaar) von vier Ammoniakmolekülen kommen kann. Der so entstehende Komplex $[Cu(NH_3)_4]^{2+}$ ist weniger stabil als der Komplex $[Fe(CN)_6]^{2+}$, da zur Besetzung des Edelgases Krypton ein Elektron fehlt (nur $3d^9$, statt $3d^{10}$).

A 3.13. K· + ·Ī| → K⁺ + [|Ī|]⁻   ·Ca· + ·S̄· → Ca^{2+} + [|S̄|]²⁻
K $3s^2\ 3p^6\ 4s^1$ Ī $5s^2\ 5p^5$ Ca $3s^2\ 3p^6\ 4s^2$ S $3s^2\ 3p^4$
$K^+\ 3s^2\ 3p^6$ $I^-\ 5s^2\ 5p^6$ $Ca^{2+}\ 3s^2\ 3p^6$ $S^{2-}\ 3s^2\ 3p^6$

K^+ 19 Protonen I^- 53 Protonen Ca^{2+} 20 Protonen S^{2-} 16 Protonen
18 Elektronen   54 Elektronen   18 Elektronen   18 Elektronen
1 pos. Ladung   1 neg. Ladung   2 pos. Ladungen   2 neg. Ladungen

A 3.14. In der 3., 4. und 5. Hauptgruppe, also in der Mitte zwischen elektropositiven und elektronegativen Elementen.

A 3.15. Gemeinsam: Atombindung (gemeinsames Elektronenpaar, Überlappung von Atomorbitalen, Bildung von Molekülorbitalen). Flüchtige Stoffe: feste Bindung der Atome in den Molekülen, lockere Bindung der Moleküle in den Molekülgittern, niedrige Schmelz- und Siedepunkte; diamantartige Stoffe: feste Bindung der Atome in den Atomgittern, hohe Schmelz- und Siedepunkte.

A 3.16. LiCl, NaCl, KCl, RbCl, CsCl, (FrCl), $MgCl_2$, $CaCl_2$, $SrCl_2$, $BaCl_2$

A 3.17. HBr: −103 kJ : 2 mol = −51,5 kJ · mol^{-1}
HI: −11 kJ : 2 mol = −5,5 kJ · mol^{-1}

A 3.18. a) I_2: 5p-Orbitale, p-p-σ-Bindungen (Molekülorbitale)
b) HI: 1s-Orbital u. 5p-Orbitale, s-p-σ-Bindung (Molekülorbital)

A 3.19. Bindende Molekülorbitale haben ein niedrigeres Energieniveau als die Atomorbitale, aus denen sie hervorgehen. Durch die Atombindungen wird daher ein energieärmerer (stabilerer) Zustand erreicht.

A 3.20. 2 sp^3-sp^3-σ-Bindungen, 8 s-sp^3-σ-Bindungen

A 3.21. Propen 1 π-Bindung, Propin und Butadien je 2 π-Bindungen

A 3.22. O—Cl (0,5) 7; O—S (1) 22; O—P (1,4) 39; O—Si (1,7) 51;
O—Al (2,0) 63; O—Mg (2,3) 73; O—Na (2,6) 82%. (In Klammern die EN-Differenzen.)

A 3.23. Nur Butanol bildet (mittels seiner OH-Gruppen) Wasserstoffbrückenbindungen [Siedepunkte: Butanol 390 K (117 °C), Diethylether 308 K (35 °C)].

A 3.24. Von den genannten Elementpaaren besitzt jeweils das erste nur ein Elektron, das zweite dagegen zwei Elektronen im s-Orbital des höchsten Energieniveaus. Bei Cu, Ag und Au ist daher das Valenzband nur halb besetzt, so daß sich bereits ohne Übergang von Elektronen ins Leitungsband Leitfähigkeit ergibt.

A 4.1. Bei endothermen Reaktionen besitzt der Ausgangsstoff eine niedrigere innere Energie als das Reaktionsprodukt. Die fehlende innere Energie wird aus der Umgebung aufgenommen, das chemische System hat einen Energiegewinn – deshalb positives Vorzeichen ($\Delta U = + \ldots$ kJ · mol^{-1}).

A 4.2. 1 Mol SO$_2$ entspr. $\approx$ 64 g; $\Delta H_B = -297{,}0$ kJ · mol^{-1}
64 g : 250 g = $-297{,}0$: x
x = $-1160{,}16$
$\Delta h = -1160{,}16$ kJ (nichtmolare Größe!)

A 4.3. 1 Mol Kohlenstoff (12 g); $\Delta H_V = -393{,}0$ kJ · mol^{-1}
$^1/_{12}$ Mol (1 g); $\Delta h_V = -32{,}75$ kJ

A 4.4. 4 FeO + O$_2$ → 2 Fe$_2$O$_3$ $\Delta H_V = -568{,}0$ kJ · mol^{-1}

A 4.5. Beide Zahlenwerte sind gleich groß. Betrachtung nur einmal vom Standpunkt des Elements und zum anderen von dem des Oxids.

A 4.6. 2 Al + 3 S → Al$_2$S$_3$ $\Delta H_B = -499{,}0$ kJ · mol^{-1}

A 4.7. $\Delta H_R = -40{,}0$ kJ · mol^{-1}

A 4.8. $\Delta H_{\text{H}_2\text{O (fl, g)}} = \Delta H_{B\ \text{H}_2\text{O (g)}} - \Delta H_{B\ \text{H}_2\text{O (fl)}}$
$= +43$ kJ · mol^{-1}
1 Mol H$_2$O $\triangleq$ 18,0 g; x Mol H$_2$O $\triangleq$ 1000 g; x = 55,5 mol/1000 g
$\Delta h_{\text{H}_2\text{O (fl, g)}} = \Delta H_{\text{H}_2\text{O (fl, g)}} \cdot 55{,}5$ mol · kg^{-1}
$= +2386{,}5$ kJ · kg^{-1}

A 4.9. $\Delta H_R = +2$ kJ · mol^{-1}

A 4.10. $\Delta H_R = -101{,}0$ kJ · mol^{-1}

A 4.11. $\Delta H_R = +68$ kJ · mol^{-1}

A 4.12. $\Delta H_R = -198$ kJ · mol^{-1} (Kühlung der exothermen Reaktion!)

A 4.13. a) $\Delta H_R = -59{,}0$ kJ · mol^{-1}
b) $\Delta H_R = -52{,}0$ kJ · mol^{-1}

A 4.14. 3 FeO + 2 Al → 3 Fe + Al$_2$O$_3$ $\Delta H_R = -866$ kJ · mol^{-1}

A 4.15. (s. Tabellenwerte des Wissensspeichers)

A 4.16. (s. Tabellenwerte des Wissensspeichers)

A 5.1. Die Geschwindigkeit von Wasserstoffmolekülen ist bei vergleichbaren Bedingungen größer als die von Sauerstoffmolekülen, weil Sauerstoffmoleküle die größere Masse haben (Massenverhältnis H$_2$: O$_2$ = 1 : 16) und sich die Geschwindigkeit ergibt aus $v = \sqrt{\dfrac{2\, W_{\text{kin}}}{m}}$.

A 5.2. Die Geschwindigkeit wächst um das 2^8fache, wird also 256mal so groß!

A 5.3. Bei exothermen Reaktionen liegt der Energieinhalt der Endprodukte niedriger als der der Ausgangsstoffe. Bei endothermen Reaktionen liegen die Energieinhalte der Reaktionsprodukte höher als die der Ausgangsstoffe, der Kurvenverlauf ist prinzipiell entgegengesetzt von niedrig nach hoch.

A 5.4. Der Reaktionsablauf kann, je nach Art der Reaktion, von Konzentration, Temperatur, Druck, Katalysatoren und anderen Parametern beeinflußt werden.

A 5.5. Neben einer Erhöhung der Reaktionsgeschwindigkeit wird durch Temperaturerhöhung die Gleichgewichtslage zum Stickstoffmonoxid hin verschoben.

A 5.6. Druckerhöhung verschiebt die Gleichgewichtslage in Richtung Distickstoffpentoxid (a) und bewirkt beim Wassergasgleichgewicht (b) keine Verschiebung.

A 5.7. Wird die Wasserdampfkonzentration (Lehrbeispiel 1) verdoppelt, so vergrößert sich der Wert des Nenners im MWG-Ansatz. Die Reaktion läuft von links nach rechts — Bildung von Kohlendioxid und Wasserstoff und Verbrauch von Kohlenmonoxid und Wasserdampf — bis der Quotient der Konzentrationen wieder den Wert 4 hat. Die Störung des Gleichgewichts ist damit beseitigt.

A 5.8.

Einschätzung der Reaktion	Hohe Ausbeute durch
a) Reaktionsenthalpie ist negativ → Wärme wird frei	Kühlung
$\Delta n = -1$ → Volumenabnahme	Druckanwendung
O_2 (Luft) steht genügend zur Verfügung	Sauerstoffüberschuß
b) Reaktionsenthalpie ist positiv → Wärme wird verbraucht	hohe Reaktionstemperatur
$\Delta n = 0$ → Druckänderung ist wirkungslos	
Luft als billigstes Ausgangsgemisch enthält $N_2 : O_2$ im Verhältnis 4 : 1	Stickstoffüberschuß
c) Reaktionsenthalpie ist negativ → Wärme wird frei	Kühlung
$\Delta n = -2$ → Volumenabnahme	Druckanwendung
Beide Ausgangsstoffe müssen hergestellt werden. Überschuß bringt keinen ökonomischen Gewinn	

A 5.9. Das Gleichgewicht ist gestört, Kohlendioxid reagiert in solchem Umfang mit Kohlenstoff weiter (Hinreaktion), bis der Quotient $\frac{[CO]^2}{[CO_2]}$ wieder den Wert der Gleichgewichtskonstanten K_c erreicht hat.

A 5.10. Kalkbrennen erfordert wegen des endothermen Prozesses hohe Temperatur und für einen vollständigen Reaktionsablauf das Entweichen (Absaugen) des Kohlendioxids.

A 6.1. In der ersten Reihe nimmt — bei konstantem Kation — der Radius der Anionen zu, in der zweiten Reihe bei gleichem Anion der Radius der Kationen.

A 6.2. Symmetrische Moleküle ohne Dipolcharakter; gerichtete Anlagerung an Ionen (Solvatation) nicht möglich, energieliefernder Vorgang zur Überwindung der Gitterenthalpie fehlt.

A 6.3. — Die Löslichkeit der Halogenide nimmt in der Reihenfolge Chlorid, Bromid, Iodid zu
— Die Carbonate sind besser löslich als die Hydrogencarbonate
— Eine Gesetzmäßigkeit ist nicht erkennbar

A 6.4. 7,86 molar; 48,10 Masse-%

A 6.5. Der Lösungsvorgang verläuft schneller

A 6.6. $c_m = 0{,}0944$ mol·l^{-1}

A 6.7. $Fe^{3+} + 3\,OH^- \rightleftharpoons Fe(OH)_3$
$Ca^{2+} + CO_3^{2-} \rightleftharpoons CaCO_3$
$Cu^{2+} + 2\,OH^- \rightleftharpoons Cu(OH)_2$
$Zn^{2+} + S^{2-} \rightleftharpoons ZnS$

A 6.8. a_{Ag^+} in mol·l^{-1} a_{Cl^-} in mol·l^{-1}
  $1,1 \cdot 10^{-2}$ 10^{-8}
  $1,1 \cdot 10^{-3}$ 10^{-7}
  .   .
  .   .
  .   .
  $1,1 \cdot 10^{-10}$ 10^{0}

A 6.9. $\Delta H_L = -185$ kJ·mol^{-1} : exothermer Vorgang
Tabelle 6.2 enthält nur Verbindungen einwertiger Elemente, deren Gitterenthalpien und Hydratationsenthalpien kleiner sind als bei Verbindungen zweiwertiger Elemente (vgl. auch Tab. 6.1).

A 6.10. Löslichkeit des Kaliumnitrats: 31,5 g in 100 g Wasser.
Zum Lösen von 1000 g werden 3175 g Wasser benötigt.

A 6.11. Gelöst sind 35,14 g in 100 g Wasser, die Löslichkeit (Sättigungskonzentration) beträgt 35,85 g in 100 g Wasser: Die Lösung ist nicht gesättigt.

A 6.12. Die Löslichkeit der Sulfate und Carbonate nimmt bei den Elementen der 2. Hauptgruppe des PSE von oben nach unten ab.

A 6.13. $\Delta H_{Hydr} = -2510$ kJ·mol^{-1}
Der größere Ionenradius des Iodid-Ions im Vergleich zum Bromid-Ion führt zu einem größeren Abstand der Schwerpunkte der Ionen und damit zu einer geringeren Gitterenergie, aus dem gleichen Grund liefert auch die Hydratation eine geringere Energie.

A 7.1. [Co(NH$_3$)$_6$]Cl$_2$; Na[Ag(CN)$_2$]
Tetramminkupfer(II)-hydroxid; Natriumdithiosulfatoargentat

A 7.2. a) Diamminsilber-Ion $K_B = 1,3 \cdot 10^7$ l^2·mol^{-2}
  b) Tetramminzink-Ion $K_B = 4,0 \cdot 10^9$ l^4·mol^{-4}
  c) Tetrahydroxoaluminat-Ion $K_B = 8,0 \cdot 10^{32}$ l^4·mol^{-4}
  d) Hexacyanoferrat(III)-Ion $K_B = 1,0 \cdot 10^{35}$ l^6·mol^{-6}

A 7.3. $1,4 \cdot 10^{-10}$ mol^2·l^{-2} · $2,17 \cdot 10^3$ l^4·mol^{-4} = K
$K = 3,04 \cdot 10^{-7}$ l^2·mol^{-2} (keine Komplexbildung)

A 7.4. CuS + 4 NH$_3$ ⇌ [Cu(NH$_3$)$_4$]$^{2+}$ + S^{2-}
$K_B \cdot K_L \approx 10^{-41}$
Gleichgewicht stark nach links verschoben – keine CuS-Auflösung möglich.

A 7.5. $K = 8 \cdot 10^9$
Gleichgewicht nach rechts verschoben – Bildung des Cyanid-Komplexes.

A 7.6. a) AgCl + 2 NH$_3$ ⇌ [Ag(NH$_3$)$_2$]$^+$ + Cl$^-$
  b) $K = 1,43 \cdot 10^{-3}$
  c) Ammoniaküberschuß erforderlich, da $K < 1$ ist.

A 7.7. In diesem Fall sollen entsprechend der angenommenen Reaktionsgleichung der Komplex zerfallen $\left(\dfrac{1}{K_B}\right)$ und das Hydroxid entstehen $\left(\dfrac{1}{K_L}\right)$:
[Co(NH$_3$)$_6$]$^{2+}$ + 2 OH$^-$ ⇌ Co(OH)$_2$ + 6 NH$_3$
$K \approx 10^{-19}$
Keine Fällung zu Kobalthydroxid

A 7.8. a) Gleichgewicht nach links – Fällungsreaktion
  b) Gleichgewicht nach links – Fällungsreaktion
  c) Gleichgewicht nach rechts – Komplexbildung
  d) Gleichgewicht nach links – Fällungsreaktion
    (überschüssiges Thiosulfat bringt jedoch Silberiodid unter Komplexbildung zur Auflösung)
  e) Gleichgewicht nach links – Fällungsreaktion

A 8.1.   Protonendonatoren: HCl, H_3O^+, H_2O, NH_4^+
         Protonenakzeptoren: Cl^-, H_2O, OH^-, NH_3

A 8.2.   a) als Säure in (2); b) als Base in (1).

A 8.3.   1. Halbsystem jeweils: Säure $\rightleftarrows$ Base + Proton
         2. Halbsystem jeweils: Base + Proton $\rightleftarrows$ Säure

A 8.4.   Das 2. Halbsystem ist jeweils umzukehren.

A 8.5.   Molekülsäuren: HCl, H_2O, H_2SO_4, NH_3
         Kationsäuren: H_3O^+, NH_4^+, $N_2H_6^+$
         Anionsäuren: HSO_4^-
         Molekülbasen: H_2O, NH_3
         Kationbasen: $N_2H_5^+$
         Anionbasen: Cl^-, OH^-, HSO_4^-, SO_4^{2-}, NH_2^-

A 8.6. H_2O, NH_3, HSO_4^-

A 8.7. $H_2O + NH_3 \rightleftarrows OH^- + NH_4^+$
         Säure 1   Base 2   Base 1   Säure 2

A 8.8. $H_2SO_4 \rightleftarrows HSO_4^- + H^+$
         $H_2O + H^+ \rightleftarrows H_3O^+$
         $\overline{H_2SO_4 + H_2O \rightleftarrows HSO_4^- + H_3O^+}$

A 8.9. a_{OH^-} in $mol \cdot l^{-1}$; 10^{-10}; $5 \cdot 10^{-8}$; $4 \cdot 10^{-5}$; $2,5 \cdot 10^{-12}$;
         $a_{H_3O^+}$ in $mol \cdot l^{-1}$; 10^{-9}; $2 \cdot 10^{-7}$; $8 \cdot 10^{-11}$; $5 \cdot 10^{-2}$

A 8.10. $pH = 4$ (s); 6,7 (s); 9,6 (b); 2,4 (s); 9 (b); 6,7 (s); 10,1 (b); 1,3 (s).

A 8.11. Lackmus a) rot, b) blau; Phenolphthalein a) farblos, b) rot; Methylorange a) rot, b) gelb; Methylrot a) rot, b) gelb; Thymolblau a) gelb, b) blau; Bromthymolblau a) gelb, b) blau.

A 8.12. $H_2O \rightleftarrows OH^- + H^+$ in Tab. 8.1 unten
         $NH_3 + H^+ \rightleftarrows NH_4^+$ oben
         $\overline{H_2O + NH_3 \rightleftarrows OH^- + NH_4^+}$ Gleichgewicht links

A 8.13. $\dfrac{a_{NH_3} \cdot a_{H_3O^+}}{a_{NH_4^+}} = K_S$; $\dfrac{a_{OH^-} \cdot a_{NH_4^+}}{a_{NH_3}} = K_B$

A 8.14. $H_2CO_3 + NH_3 \rightleftarrows HCO_3^- + NH_4^+$
         $6,52 - 9,25 = -2,73$; $pK = -2,73$; Gleichgewicht liegt rechts
         $HCO_3^- + NH_3 \rightleftarrows CO_3^{2-} + NH_4^+$
         $10,4 - 9,25 = 1,15$; $pK = 1,15$; Gleichgewicht liegt links. Demnach setzt sich nur ein sehr geringer Anteil der HCO_3^--Ionen weiter zu CO_3^{2-}-Ionen um.

A 8.15. $Al(CH_3COO)_3 \rightleftarrows Al^{3+} + 3\, CH_3COO^-$
         $pK_S[Al(H_2O)_6]^{3+} = 4,85$; $pK_B\,(CH_3COO)^- = 9,25$;
         $pK_S < pK_B$; Lösung reagiert sauer.

A 8.16. $H_3PO_4 + NH_3 \rightleftarrows H_2PO_4^- + NH_4^+$
         $1,96 - 9,25 = -7,29$; $pK = -7,29$; Gleichgewicht liegt rechts
         $H_2PO_4^- + NH_3 \rightleftarrows HPO_4^{2-} + NH_4^+$
         $7,12 - 9,25 = -2,13$; $pK = -2,13$; Gleichgewicht liegt rechts
         $HPO_4^{2-} + NH_3 \rightleftarrows PO_4^{3-} + NH_4^+$
         $12,32 - 9,25 = 3,07$; $pK = 3,07$; Gleichgewicht liegt links; es laufen also nur die beiden ersten protolytischen Reaktionen ab.

A 8.17. a) $NH_4(CH_3COO) \rightleftarrows NH_4^+ + CH_3COO^-$
            $pK_S = 9,25$; $pK_B = 9,25$; $pK_S = pK_B$; Lösung reagiert neutral.
         b) $NH_4HSO_4 \rightleftarrows NH_4^+ + HSO_4^-$
            $pK_S = 9,25$; $pK_B = 17$; $pK_S < pK_B$; Lösung reagiert sauer.

A 8.18. $[Al(OH)_3(H_2O)_3] + H_2O \rightleftharpoons [Al(OH)_4(H_2O)_2]^- + H_3O^+$
Säure 1 　　　　 Base 2 　　　　 Base 1 　　　　 Säure 2

$H_2O + [Al(OH)_3(H_2O)_3] \rightleftharpoons OH^- + [Al(OH)_2(H_2O)_4]^+$
Säure 1 　　　　 Base 2 　　　　 Base 1 　　　　 Säure 2

A 9.1. Kalium ist das Reduktionsmittel, weil es Elektronen abgibt.
Brom ist das Oxydationsmittel, weil es Elektronen aufnimmt.

A 9.2. a) $Zn \rightleftharpoons Zn^{2+} + 2\,e^-$.
b) $Fe \rightleftharpoons Fe^{2+} + 2\,e^-$ oder $Fe \rightleftharpoons Fe^{3+} + 3\,e^-$.
c) $2\,O^{2-} \rightleftharpoons O_2 + 4\,e^-$.
d) $H_2 \rightleftharpoons 2\,H^+ + 2\,e^-$.

A 9.3. $NH_3: -3;\ NH_2OH: -1;\ N_2O: +1;\ NO: +2;\ HNO_2: +3;\ NO_2: +4$.

A 9.4. $2\,I^- \rightarrow I_2 + 2\,e^-$
$Cl_2 + 2\,e^- \rightarrow 2\,Cl^-$
$\overline{2\,I^- + Cl_2 \rightarrow I_2 + 2\,Cl^-}$

A 9.5. 1. Nickel　　2. Kupfer　　3. Quecksilber　　4. Bromid-Ionen.

A 9.6. $\varphi = -0{,}41$ Volt

A 9.7. $Al \rightarrow Al^{3+} + 3\,e^- /\cdot 2$
　　　　　$\overset{+5}{}\overset{-1}{}$
$BrO_3^- + 6\,H_3O^+ + 6\,e^- \rightarrow Br^- + 9\,H_2O$
$\overline{2\,Al + BrO_3^- + 6\,H_3O^+ \rightarrow 2\,Al^{3+} + Br^- + 9\,H_2O}$

A 9.8. $Fe \rightarrow Fe^{2+} + 2\,e^- /\cdot 2$
$O_2 + 2\,H_2O + 4\,e^- \rightarrow 4\,OH^-$
$\overline{2\,Fe + O_2 + 2\,H_2O \rightarrow \underline{2\,Fe^{2+} + 4\,OH^-}}$
　　　　　　　　　　　　　$2\,Fe(OH_2)$

A 9.9. Das Standardpotential der in Frage kommenden Oxydationsmittel muß größer sein als $+1{,}36$ Volt.
Es können z. B. verwendet werden:
BrO_3^-, PbO_2, MnO_4^-.

A 9.10. $\varphi = +1{,}36$ Volt; das Oxydationsvermögen von H_2O_2 ist in neutraler Lösung geringer als in saurer Lösung.

A 9.11. $H_2PO_2^- + 3\,H_2O \rightarrow H_2PO_3^- + 2\,e^- + 2\,H_3O^+$
$Ni^{2+} + 2\,e^- \rightarrow Ni$

Ionengleichung:
$H_2PO_2^- + 3\,H_2O + Ni^{2+} \rightarrow H_2PO_3^- + 2\,H_3O^+ + Ni$

Stoffgleichung:
$NaH_2PO_2 + H_2O + NiCl_2 \rightarrow NaH_2PO_3 + 2\,HCl + Ni$

A 10.1. $\Delta\varphi = 1{,}10$ V
Mit abnehmender Aktivität der Zink-Ionen wird das Potential des Zinks kleiner, die Potentialdifferenz größer. Mit abnehmender Aktivität der Kupfer-Ionen wird das Potential des Kupfers kleiner, die Potentialdifferenz wird ebenfalls kleiner. Bei Zu- bzw. Abnahme beider Ionenaktivitäten um gleiche Beträge bleibt die Potentialdifferenz konstant.

A 10.2. Je geringer die Aktivität der Zink-Ionen, desto negativer das Potential des Zinks und desto größer die Urspannung.
Der Vorgang ist eine Redox-Reaktion.

A 10.3. $-\text{Pb}/\text{H}_2\text{SO}_4/\text{PbO}_2+$

Entladung: Blei-Elektrode negativer Pol, Anode
Blei(IV)-oxid-Elektrode positiver Pol, Katode

Ladung: Blei-Elektrode negativer Pol, Katode
Blei(IV)-oxid-Elektrode positiver Pol, Anode

Die Konzentration der Schwefelsäure nimmt ab. Da die Dichte eine eindeutige Funktion der Konzentration ist, kann der Ladungszustand durch Dichtebestimmung mittels Aräometer überprüft werden.

A 10.4. $2\,\text{Al}^{3+} + 6\,\text{e}^- \to 2\,\text{Al}$ (Katodenvorgang)
$3\,\text{O}^{2-} \to 3\,\text{O} + 6\,\text{e}^-$ (Primärvorgang an Anode)
$3\,\text{O} + 3\,\text{C} \to 3\,\text{CO}$ (Sekundärvorgang an Anode)
Das Aluminium ist flüssig (F = 658 °C)

A 10.5. $\varphi_{\text{Cu}} = 0{,}28\,\text{V}$
$\varphi_{\text{OH}^-} = \varphi^0_{\text{OH}^-} = 0{,}40\,\text{V}$

A 10.6. Vorhandene Ionen: Sn^{2+}, H_3O^+; Cl^-, OH^-
$\text{Sn}^{2+} + 2\,\text{e}^- \to \text{Sn}$
$\text{H}_3\text{O}^+ + \text{e}^- \to \text{H}_2\text{O} + \text{H}$
$\text{Cl}^- \to \text{Cl} + \text{e}^-$
$2\,\text{OH}^- \to \text{H}_2\text{O} + \text{O} + 2\,\text{e}^-$
Zinn: $\varphi = -0{,}18\,\text{V}$
Wasserstoff: $\varphi = -0{,}295\,\text{V}$ $\varphi_\text{A} = -0{,}825\,\text{V}$

A 10.7. Wasserstoff: $\varphi_\text{A} = -0{,}413\,\text{V} + (-0{,}09\,\text{V}) = -0{,}503\,\text{V}$
Chlor: $\varphi_\text{A} = 1{,}36\,\text{V}$
$U_\text{Z} = 1{,}36\,\text{V} - (-0{,}503\,\text{V}) = 1{,}863\,\text{V}$

A 10.8. Die Zersetzungsspannung ist bei allen Konzentrationen gleich Null, da stets Katoden- und Anodenpotential gleich sind.
Die Elektrolysespannung hängt vom Badwiderstand ab, dieser wiederum von der Badkonzentration.

A 10.9. Wasserstoff: $\varphi = -0{,}413\,\text{V}$ (pH = 7)
$\eta = -0{,}08\,\text{V}$ (Tab. 10.1)
$\varphi_\text{A} = -0{,}493\,\text{V}$
Zink: $\varphi = -0{,}94\,\text{V}$ ($a_{\text{Zn}^{2+}} = 10^{-6}\,\text{mol}\cdot\text{l}^{-1}$)
$\Delta\varphi = -0{,}493\,\text{V} - (-0{,}94\,\text{V}) = 0{,}447\,\text{V}$
Zink wird oxydiert, am Eisen wird Wasserstoff abgeschieden.

A 10.10. Eisen als unedleres Metall geht in Lösung, am Nickel wird Wasserstoff abgeschieden.

A 10.11. $\overset{+4}{\text{Na}_2\text{S}}\overset{}{\text{O}_3} + \overset{\pm 0}{{}^1/_2\,\text{O}_2} \to \text{Na}_2\overset{+6}{\text{S}}\overset{-2}{\text{O}_4}$

$\overset{-2}{\text{N}_2}\overset{\pm 0}{\text{H}_4} + \overset{\pm 0}{\text{O}_2} \to \text{N}_2 + 2\,\overset{-2}{\text{H}_2}\text{O}$

A 10.12. $1\,\text{A}\cdot\text{h} = 3600\,\text{A}\cdot\text{s} = 3600\,\text{C}$

A 10.13. a) $\tilde{A}_{\text{Ag}^+} = \dfrac{107{,}9\,\text{g}\cdot\text{mol}^{-1}}{1} = 107{,}9\,\text{g}\cdot\text{mol}^{-1}$

b) $\tilde{A}_{\text{Cu}^{2+}} = \dfrac{63{,}55\,\text{g}\cdot\text{mol}^{-1}}{2} = 31{,}775\,\text{g}\cdot\text{mol}^{-1}$

c) $\tilde{A}_{\text{S}^{2-}} = \dfrac{32{,}06\,\text{g}\cdot\text{mol}^{-1}}{2} = 16{,}03\,\text{g}\cdot\text{mol}^{-1}$

d) $\tilde{A}_{\text{Sn}^{4+}} = \dfrac{118{,}7\,\text{g}\cdot\text{mol}^{-1}}{4} = 29{,}675\,\text{g}\cdot\text{mol}^{-1}$

A 10.14. $\bar{A}_{eAg^+}: \dfrac{107\,900 \text{ mg} \cdot \text{mol}^{-1}}{96\,500 \text{ As} \cdot \text{mol}^{-1}} = 1{,}118 \text{ mg} \cdot \text{As}^{-1}$

$\dfrac{107{,}9 \text{ g} \cdot \text{mol}^{-1}}{26{,}8 \text{ Ah} \cdot \text{mol}^{-1}} = 4{,}025 \text{ g} \cdot \text{Ah}^{-1}$

(weitere Werte im Wissensspeicher)

A 10.15. $I = 0{,}0457 \text{ A}$

A 10.16. $\eta = 0{,}959$

A 10.17. $t = 10 \text{ h}$

A 10.18. $w = I\,U\,t$
$w = 7{,}4 \text{ kW} \cdot \text{h}$

A 10.19. $m_{\text{Nickel}} = 250 \text{ cm}^2 \cdot 0{,}002 \text{ cm} \cdot 9 \text{ g} \cdot \text{cm}^{-3}$
$= 4{,}5 \text{ g}$
$t = 1{,}94 \text{ h (1 Stunde und 56 Minuten)}$

A 11.1.
— wäßrige Zuckerlösung: 1 Phase, 2 Komponenten, homogen
— Eis-Wasser-Gemisch: 2 Phasen, 1 Komponente, heterogen
— Eisen-Schwefel-Gemisch: 2 Phasen, 2 Komponenten, heterogen
— Sauerstoff-Stickstoff-Gemisch: 1 Phase, 2 Komponenten, homogen

A 11.2.
— Eis-Wasser-Gemisch: grobdisperses System
— wäßrige Seifenlösung: molekular- bis kolloiddispers
— Zuckerwasser: molekulardispers
— streichfähige Latexfarbe: grob- bis kolloiddispers

A 11.3. Die hydrophoben Gruppen sind nach außen gerichtet.

A 11.4. Die Phasengrenzfläche hat überschüssige Chlorid-Anionen adsorbiert.

A 11.5. Thixotropieanwendung. Ohne Rotation wird der Beton zum Gel und läßt sich schwerer entladen.

A 11.6. Die hydrophoben Teile des Waschmittelmoleküls sind am Fett angelagert, die hydrophilen ragen ins Wasser.

A 11.7. Direkte Sonnenbetrachtung ist ohne entsprechende Hilfsmittel nur bei weniger intensiver Einstrahlung morgens und abends möglich. Die kolloide Aerosolschicht der Erdatmosphäre beugt das Licht.
»Blauer Dunst« entsteht durch seitliche Betrachtung eines Aerosols.

A 11.8. Schwerere Moleküle sedimentieren schneller.

A 11.9. a) 10^{-7} m   b) 10^{-9} m

A 11.10. Schnellerer Ladungsausgleich durch mehrwertige Ionen.

A 11.11. Aktivkohle adsorbiert durch große Oberfläche schädliche Aerosole und schützt dadurch die Lunge.

A 11.12. Milcheiweiß wirkt als Schutzkolloid für Milchfett und verzögert so dessen Koagulation.

A 12.1. rationelle Formeln:

$CH_3-CH_2-CH_2-CH_2-CH_2-CH_3;$

$CH_3-CH_2-CH_2-CH-CH_3;$
$\qquad\qquad\qquad\qquad |$
$\qquad\qquad\qquad\quad CH_3$

$CH_3-CH_2-CH-CH_2-CH_3;$
$\qquad\qquad\quad |$
$\qquad\qquad CH_3$

$\qquad\qquad\qquad\qquad\qquad CH_3$
$\qquad\qquad\qquad\qquad\qquad |$
$CH_3-CH_2-C-CH_3$
$\qquad\qquad\qquad\qquad\qquad |$
$\qquad\qquad\qquad\qquad\qquad CH_3$

$CH_3-CH-CH-CH_3$
$\qquad\quad |\qquad |$
$\qquad CH_3\; CH_3$

A 12.2. $H_2N-CH_2-CH_2-CH_2-CH_2-CH_2-CH_2-NH_2$
Hexan-1,6-diamin

A 12.3. $CH_2-C\equiv C-CH_2$
           $\ \ |\ \ \ \ \ \ \ \ \ \ \ \ |$
           $\ \ OH\ \ \ \ \ \ \ OH$

$HOOC-CH_2-CH_2-CH_2-CH_2-COOH$

A 12.4. Propan-1,2,3-triol;   2,4-Dimethylhexan;   2,4,6-Trinitrotoluen

A 12.5. $H-C\equiv C-H + \overset{\oplus}{H}-\overset{\ominus}{CN} \rightarrow H-C = C-H + CN^-$
$\qquad\qquad\qquad\qquad\qquad\qquad\qquad\quad \diagdown_{\overset{\oplus}{H}}\diagup$

$H-C = C-H \rightleftharpoons H-\overset{\oplus}{C}=C-H\ \ CN^-$
$\diagdown_{\overset{\oplus}{H}}\diagup \qquad\qquad\quad\ |$
$\qquad\qquad\qquad\qquad H$

$\qquad\qquad\qquad\qquad\qquad\qquad\quad CN$
$\qquad\qquad\qquad\qquad\qquad\qquad\quad\ |$
$H-\overset{\oplus}{C}=C-H + CN^- \rightarrow H-C=C-H$
$\quad\ |\qquad\qquad\qquad\qquad\qquad\quad\ |$
$\quad H\qquad\qquad\qquad\qquad\qquad\quad H$
$\qquad\qquad\qquad\qquad\qquad$ Vinylcyanid

A 12.6. $CH_2=CH_2 + Cl^\oplus \rightarrow CH_2 - CH_2$
$\qquad\qquad\qquad\qquad\qquad\qquad \diagdown_{\overset{\oplus}{Cl}}\diagup$

$CH_2 - CH_2 \rightleftharpoons CH_2-\overset{\oplus}{CH_2}$
$\diagdown_{\overset{\oplus}{Cl}}\diagup \qquad\qquad |$
$\qquad\qquad\qquad\quad Cl$

$\qquad\qquad\qquad\qquad\qquad\ Cl$
$\qquad\qquad\qquad\qquad\qquad\ |$
$CH_2-\overset{\oplus}{CH_2} + Cl^\ominus \rightarrow CH_2-CH_2$
$\ \ |\qquad\qquad\qquad\qquad\qquad |$
$\ \ Cl\qquad\qquad\qquad\qquad\ Cl$
$\qquad\qquad\qquad\qquad$ 1,2-Dichlorethan

A 12.7. $\quad\ Cl\ Cl\qquad\ \ Cl\ Cl$
$\qquad\quad |\ \ |\qquad\qquad |\ \ |$
$\quad H-C-C-Cl \rightarrow H-C=C-Cl + H-Cl$
$\qquad\quad |\ \ |$
$\quad\ Cl\ H\qquad$ Eliminierung von Chlorwasserstoff

A 12.8. Die Carbonylgruppen der Polyamide reagieren bei den erhöhten Temperaturen mit Wasser in Form einer Verseifung:

$\qquad\qquad\qquad\qquad\qquad\qquad\qquad\qquad\qquad OH$
$\qquad\qquad\qquad\qquad\qquad\qquad\qquad\qquad\quad\ \diagup$
$-R-CO-NH-R'- + H^\oplus \rightarrow -R-C-NH-R'-$
$\qquad\qquad\qquad\qquad\qquad\qquad\qquad\qquad\quad\ \overset{\oplus}{}$

$\quad\ OH\qquad\qquad\qquad\qquad\qquad\qquad OH$
$\quad\diagup\qquad\qquad\qquad\qquad\qquad\qquad\diagup$
$-R-C-NH-R'- + OH^\ominus \rightarrow -R-C-NH-R'-$
$\quad\ \overset{\oplus}{}\qquad\qquad\qquad\qquad\qquad\qquad\diagdown OH$

$\quad\ OH\qquad\qquad\qquad\qquad\ O$
$\quad\diagup\qquad\qquad\qquad\qquad\ \diagup\!\!\diagup$
$-R-C-NH-R'- \rightarrow -R-C + HN-R'-$
$\quad\ \diagdown OH\qquad\qquad\qquad\ \ \overset{2}{\diagdown OH}$

Es entstehen Spaltstücke mit Säuregruppen und mit Aminogruppen.

A 12.9. $\bar{n} = \dfrac{\text{molare Masse des Polymers}}{\text{molare Masse des Monomers}} \approx \dfrac{100\,000 \text{ g mol}}{28 \text{ g mol}} \approx \underline{3\,600}$

A 12.10. Die Umwandlung einer π-Bindung des Monomers in zwei σ-Bindungen im Polymer ist ein exothermer Prozeß (siehe Abschn. 3).

A 12.11. molare Masse des Polymers $= \bar{n} \cdot$ molare Masse des Monomers
$M_p = 100 \cdot 192 \text{ g} \cdot \text{mol}^{-1} = 19\,200 \text{ g} \cdot \text{mol}^{-1}$

A 12.12.
$CH_4 + Cl_2 \rightarrow CH_3Cl + HCl;$
$CH_3Cl + Cl_2 \rightarrow CH_2Cl_2 + HCl;$
$CH_2Cl_2 + Cl_2 \rightarrow CHCl_3 + HCl;$
$CHCl_3 + Cl_2 \rightarrow CCl_4 + HCl$

A 12.13. Erste der drei Substitutionsreaktionen:

$$\begin{array}{c}CH_2-CH-CH_2 + HNO_3 \rightarrow CH_2-CH-CH_2 + H_2O \\ \ \ |\ \ \ \ \ \ \ |\ \ \ \ \ \ \ |\ |\ \ \ \ \ \ \ |\ \ \ \ \ \ \ |\ \\ OH\ \ OH\ \ OH\ \ \ \ \ \ \ \ \ \ \ \ \ \ \ \ \ O\ \ \ OH\ \ OH\\ |\\ NO_2\end{array}$$

A 12.14. $-R-CH_2-Cl + OH^{\ominus} \rightarrow -R-CH_2-OH + Cl^{\ominus}$

Literaturverzeichnis

Autorenkollektiv: Anorganikum 9. Auflage, Berlin: VEB Deutscher Verlag der Wissenschaften 1981
Autorenkollektiv: Analytikum — Methoden der analytischen Chemie und ihre Grundlagen 5. Auflage, Leipzig: VEB Deutscher Verlag für Grundstoffindustrie 1981
Autorenkollektiv: Organikum 15. Auflage, Berlin: VEB Deutscher Verlag der Wissenschaften 1976
Autorenkollektiv: chimica — ein Wissensspeicher 2. Auflage, Leipzig: VEB Deutscher Verlag für Grundstoffindustrie 1981
BAUMGÄRTEL/LEHMANN/LICHTNER: Grundlagen der allgemeinen Chemie für Hochschulingenieure und Pädagogen 2. Auflage, Leipzig: Akademische Verlagsgesellschaft Geest & Portig KG 1976
BECKE/GOEHRING/FLUCK: Einführung in die Theorie der quantitativen Analyse, Dresden und Leipzig: Verlag Theodor Steinkopff 1965
BRDICKA: Grundlagen der physikalischen Chemie 15. Auflage, Berlin: VEB Deutscher Verlag der Wissenschaften 1982
Brockhaus ABC Chemie in zwei Bänden, Leipzig: VEB F. A. Brockhaus Verlag 1965
CHRISTEN: Grundlagen der allgemeinen und anorganischen Chemie, Aarau: Verlag Sauerländer 1969
COTTON/WILKINSON: Anorganische Chemie 3. Auflage, Berlin: VEB Deutscher Verlag der Wissenschaften 1974
DÖHRING: Grundlagen der organischen Chemie 2. Auflage, Leipzig: VEB Deutscher Verlag für Grundstoffindustrie 1976
ECKHARDT: Aufbau und Struktur der Atomhülle, Periodensystem und Bindung, Berlin: VEB Verlag Volk und Wissen 1968
EDELMANN: Lehrbuch der Kolloidchemie Bd. 1, Berlin: VEB Deutscher Verlag der Wissenschaften 1962
EVANS: Einführung in die Kristallchemie, Leipzig: Johann Ambrosius Barth Verlag 1954
FITZ: Reaktionstypen in der anorganischen Chemie 2. Auflage, Berlin: Akademie-Verlag 1981
FORKER: Elektrochemische Kinetik, Berlin: Akademie-Verlag 1966
HAUPTMANN: Über den Ablauf organisch-chemischer Reaktionen 4. Auflage, Berlin: Akademie-Verlag 1973
Kleine Enzyklopädie Atom, Struktur der Materie, Leipzig: VEB Bibliographisches Institut 1970
Kleine Enzyklopädie Natur 19. Auflage, Leipzig: VEB Bibliographisches Institut 1975
KUHN: Kolloidchemisches Taschenbuch, Leipzig: Akademische Verlagsgesellschaft Geest & Portig KG 1960
LIEBSCHER: Handbuch zur Anwendung der Nomenklatur organisch-chemischer Verbindungen, Berlin: Akademie-Verlag 1979
MÜLLER: Grundlagen der Stöchiometrie 5. Auflage, Leipzig: S. Hirzel Verlag 1966
NÄSER: Physikalische Chemie für Techniker und Ingenieure 16. Auflage, Leipzig: VEB Deutscher Verlag für Grundstoffindustrie 1983
NÄSER: Physikalisch-chemische Rechenaufgaben 8. Auflage, Leipzig: VEB Deutscher Verlag für Grundstoffindustrie 1982
PAULING: Die Natur der chemischen Bindung 3. Auflage, Weinheim: Verlag Chemie 1968
POLLER: Chemie auf dem Wege ins dritte Jahrtausend, Leipzig · Jena · Berlin: Urania-Verlag 1979
RAUSCHER/VOIGT/WILKE/WILKE: Chemische Tabellen und Rechentafeln für die analytische Praxis 7. Auflage, Leipzig: VEB Deutscher Verlag für Grundstoffindustrie 1982

RICHTER: Atombau (Lernprogramm) 5. Auflage, Leipzig: VEB Deutscher Verlag für Grundstoffindustrie 1983
RICHTER: Periodensystem (Lernprogramm) 6. Auflage, Leipzig: VEB Deutscher Verlag für Grundstoffindustrie 1983
Säuren und Basen — Chemie, Lehrprogrammbücher Hochschulstudium, Leipzig: Akademische Verlagsgesellschaft Geest & Portig KG 1971
SCHWABE: Physikalische Chemie Bd. 2 — Elektrochemie 2. Auflage, Berlin: Akademie-Verlag 1975
SEEL: Grundlagen der analytischen Chemie 7. Auflage, Weinheim: Verlag Chemie 1979
SONNTAG: Lehrbuch der Kolloidwissenschaft, Berlin: VEB Deutscher Verlag der Wissenschaften 1977
SPICE: Chemische Bindung und Struktur, Leipzig: Akademische Verlagsgesellschaft Geest & Portig KG 1971
SUTTON: Chemische Bindung und Molekülstruktur, Berlin—Göttingen—Heidelberg: Springer-Verlag 1961
UHLIG: Korrosion und Korrosionsschutz 2. Auflage, Berlin: Akademie-Verlag 1975
ULBRICHT: Grundlagen der Synthese von Polymeren, Berlin: Akademie-Verlag 1979
WESTERMANN/NÄSER/BRANDES: Anorganische Chemie 12. Auflage, Leipzig: VEB Deutscher Verlag für Grundstoffindustrie 1983

Sachwörterverzeichnis

Abbruchreaktion 215
Abscheidungspotential 166f.
Actinoide 37ff.
Additionsreaktion 204ff.
Adhäsion 44
Akkumulator 162
Aktivierungsenergie 97
Aktivität 107, 131f.
Aktivitätskoeffizient 107
Alkyl 199
α-Teilchen 17
Alterung 213
Ammoniaksynthese 101f.
Ampholyt 129
Anionbase 129
Anionsäure 129
Anode 161
Anregungsenergie 23, 34
Äquivalent, elektrochemisches 179f.
Aquokomplex 123
ARRHENIUS 127, 140
Assoziationskolloid 185
Atombindigkeit 54
Atombindung 44ff., 54, 77ff.
Atombindung, polarisierte 59ff., 204
Atomdurchmesser 21
Atomkern 17, 19f.
Atommasse, relative 22
Atommodell BOHRS 18f., 22, 45, 54
Atommodell RUTHERFORDS 18f.
Atommodell, wellenmechanisches 26ff., 45
Atomorbital 27, 40, 45ff.
Atomradius 39
Atomrumpf 71
Atomspektrum 17f.
Außenelektronen 29, 34, 41, 80
Autoprotolyse des Wassers 130ff.
Autoxydation 214
AVOGADRO-Konstante 177

Badwiderstand 170
Band, verbotenes 72f.
Base, schwache 134ff.
Base, starke 134ff.
Basekonstante 137ff.
Belüftungselement 173
Bildungsenthalpie, molare 87ff.
Bindigkeit 54f.
Bindung, chemische 44
Bindung, dative 65

Bindung, elektrovalente 71
Bindung, heteropolare 71
Bindung, homöopolare 45
Bindung, koordinative 65
Bindung, kovalente 45
Bindung, zwischenmolekulare 74f.
π-Bindung 55ff.
σ-Bindung 48ff.
Bindungsenergie, molare 47
Bindungslänge 50
Bindungszustand, aromatischer 58f.
Blei-Akkumulator 161ff.
BOHR 18
Bombenkalorimeter 85f.
BOUDOUARD-Gleichgewicht 105f.
BRÖNSTED 126f., 140

Carbonylverbindungen 211
Chemiewerkstoffe 14
Chemisierung der Volkswirtschaft 13
COULOMB 177
COULOMBsches Gesetz 119

DALTON 17
DANIELL-Element 160f.
Defektelektronen 73
Depolarisator 162
Dialyse 191
Diamantgitter 50
Dielektrizitätskonstante 111
Diffusion 191
Dipolmolekül 62f., 69, 74f., 110f.
Dispersion 184
Dispersionsenergie 74
Dispersionskolloid 185
Dispersionsmittel 182
Dissolution 182
Dissoziation, elektrolytische 111, 127
Dissoziationskonstante 115
Doppelbindung 57
Dreifachbindung 57
Duroplast 216

Einkristall 79
Elektrizitätsmenge 177
Elektrochemie 159
Elektrode 160
Elektrodenmaterial 171
Elektrolyse 159
Elektrolysespannung 170

Elektron 22ff.
Elektronegativität 60ff., 147
Elektronenaffinität 40
Elektronenakzeptor 41f., 145, 204
Elektronendichte 27, 46, 60
Elektronendonator 41f., 145, 205
Elektronen-Donator-Akzeptor-Komplex 205
Elektronenformel 34
Elektronengas 71
Elektronenhülle 17
Elektronenpaar, einsames 64
Elektronenpaar, freies 64
π-Elektronen-Sextett 58f.
Elektronenspin 31
Elektroosmose 190
Elektrophorese 190
Element 36
Element, galvanisches 160ff.
Eliminierungsreaktion 207ff.
Emulgator 189
Energie, innere 82f.
Energie, kinetische 93
Energieband 72f.
Energieniveau 25f.
Energieniveauschema 26, 33
Enthalpie 83ff.
Enthalpieänderung, molare 84
Entladbarkeit von Anionen 169

Fällungsreaktion 106f., 117f., 124
FARADAY 177
FARADAY-Konstante 155, 178
FARADAYsche Gesetze 177
Filtration 191
Formel, rationelle 195

Galvanismus 159
Gel 188
Geschwindigkeitskonstante 102
Gitterenthalpie, molare 119
Gleichgewicht, chemisches 92ff, 137ff..
Gleichgewichtskonstante 103, 123
Grammäquivalent 178
Grenzstrukturen 58
Grundzustand 23, 34, 51
Gruppen, funktionelle 197

Halbelement 151f.
Halbleiter 73f.
Halbsystem, protolytisches 128ff.
Hauptgruppe 37
Hauptgruppenelement 31, 37f.
Hauptquantenzahl 25f.
Heber, elektrolytischer 160
Herbizide 15
HESS, Satz von 86ff.
HUNDsche Regel 31
Hybridisierung 50ff., 68
Hybridorbital 52ff.

Hybridzustand 51ff., 64
Hydratation 110f., 119
Hydratationsenthalpie, molare 119
Hydrolyse 141
Hydronium-Ion 62

Impfen 112
Indikator 133f.
Inhibitor 175f.
Initiatorradikal 218
Ionenbindung 44, 70f., 79f.
Ionengitter 109ff.
Ionenladung 44f.
Ionenprodukt des Wassers 131, 138
Ionenumladung 150
Ionenwertigkeit 42f., 70
Ionisierung 34
Ionisierungsenergie 35, 39f.
Isolator 72
Isomere 195
Isomerie 194
Isotop 20f.

Katalysator 97f.
Kationbase 129
Kationsäure 129
Katode 161
KEKULÉ 58
Kernladungszahl 19f., 36f.
Kettenabbruch 218
Kettenfortpflanzung 214f.
Kettenreaktion 203, 217ff.
Klemmenspannung 161
Koagulation 184, 188f.
Kohäsion 74
Kohlechemie 14
Kolloide 185
Kolloide, hydrophile 186ff.
Kolloide, hydrophobe 186ff.
Kolloide, lyophile 188
Kolloide, lyophobe 188
Komplex, schwacher 122
Komplex, starker 122
Komplexbildung 122
Komplexbildungskonstante 122
Komplex-Ion 66ff., 121
Komplexreaktion 121
Komplexreaktion, gekoppelte 124f.
Komplexsalze 67ff.
Komplexzerfall 122, 124
Komponente 182
Kondensation 184
Kontaktkorrosionselement 173
Konzentrationselement 173
Koordinationszahl 66f.
Kopolymerisation 217
Korrosion 172
Korrosionselement 172
Korrosionsgeschwindigkeit 172
Korrosionsinhibitor 175

Korrosionsmittel 173
Korrosionsschutz 175ff.
KOSSEL 44
Kristallkeim 111ff.
Kurzperiodensystem 37f.

Ladespannung 163f.
Ladungswolke 27f., 47
Langperiodensystem 37f.
Lanthanoide 37ff.
LAVOISIER 144
LECLANCHÉ-Element 161f.
Leitfähigkeit 72ff.
Leitungsband 72f.
LEWIS 45
Lichtquant 23
Ligand 68f.
Linienspektrum 24
Lokalelement 172f.
Lösen 110f.
Löslichkeit 112f.
Löslichkeitskonstante 115ff, 123f..
Lösung, gesättigte 112ff.
Lösung, ideale 107
Lösung, reale 107
Lösung, übersättigte 112
Lösung, verdünnte 112
Lösungsenthalpie 119f.
Lösungsvorgang 110f.

Magnetquantenzahl 25
Makromolekül 215
MARKOWNIKOW, Regel von 206
Massenzahl 19ff.
Masseprozent 113
Membran 191
MENDELEJEW 36
Metall 36, 42
Metallbindung 45, 71ff.
MEYER 36
Micellkolloid 185
Mischabscheidung 180
Mischelement 21
Modell 23
Molarität 113
Molekülbase 129
Molekülkolloid 185
Molekülorbital 27, 45, 54ff., 64, 74
Molekülsäure 129
Monomer 215
MWG 102ff., 115ff., 122

Nebengruppe 39
Nebengruppenelement 31, 37f.
Nebenquantenzahl 25
Nebenvalenzbindung 75, 97
NERNSTsche Gleichung 155, 166, 174
Neutralbase 129
Neutralisation 140f.
Neutralsäure 129

Neutron 19
Nichtmetall 42
Nickel/Cadmium-Akkumulator 164f.
Niederschlag 117
Nucleonen 19

Opferanode 176
Orbital 27ff.
Orbitalleerung 66
Orbitalschema 33
Ordnungszahl 20
Organische Verbindungen 193
Organische Verbindungen, Nomenklatur 197ff.
Oxosäure 66f.
Oxydation 144, 149
Oxydation, anodische 165
Oxydationsmittel 145, 152
Oxydationszahl 147ff., 203

Partialladung 60, 75f.
Passivschicht 175f.
PAULING 60
PAULI-Verbot 72
Periode 37
Periodizität 37
Petrolchemie 13
Phase 182
Phasenkolloid 185
Photon 23
pH-Wert 132ff.
pK_B-Wert 138f.
pK_S-Wert 138f.
PLANCK 23
Plaste 14f.
Polyaddition 204, 222f.
Polykondensation 209, 219ff.
Polymer 215
Polymerisation 204, 216ff.
Polymerisation, ionische 217
Polymerisation, radikalische 217ff.
Polymerisationsgrad 216
Polymerisationsgrad, mittlerer 216
Polyurethan 15
Potentialdifferenz 161
Primärelement 162
Primärvorgang 165
Protolyse 126, 128ff.
Protolysekonstante des Wassers 131
Protolyte, schwache 134ff.
Protolyte, starke 134ff.
Proton 19
Protonenakzeptor 126
Protonendonator 126
Protonenübergang 126
Prozeß, isobarer 84
PSE 30f., 36ff., 41

Quant 23
Quantenzahlen 25f.

Radikalinhibitor 215
Radioaktivität 18
Reagens 202f.
Reaktion 82
Reaktion, homogene 93, 103ff.
Reaktion, protolytische 126, 128ff.
Reaktionsenthalpie, molare 85, 89f.
Reaktionsgeschwindigkeit 93ff.
Reaktionstypen 109
Realpotential 155
Redoxpaar, korrespondierendes 145f., 160
Redoxpotential 151ff.
Redoxreaktion 144
Reduktion 144, 149
Reduktion, katodische 165
Reduktionsmittel 145, 152
Reinelement 21
RUTHERFORD 17f.

Sammler 162
Sättigungskonzentration 112
Sauerstoffkorrosion 173
Säure, schwache 134ff.
Säure, starke 134ff.
Säure-Base-Paar 128, 146
Säure-Base-Paar, korrespondierendes 128
Säuredefinition nach ARRHENIUS 127
Säuredefinition nach BRÖNSTED 126
Säurekonstante 137ff.
Schmelze, unterkühlte 112
Schmelzen 110
Schmelzflußelektrolyse 165f.
Schmelztemperatur 110
Schmelzvorgang 109f.
Schutzkolloid 189
Sedimentation 190
Sekundärelement 162
Sekundärvorgang 165f., 170f.
SEMJONOW 203
Sol 186f.
Spannungsabfall, innerer 161
Spektralanalyse 17
Spin 31
Spinkopplung 31, 66
Spinquantenzahl 25
Standardpotential 152
Startreaktion 213f.
Stoffe, diamantartige 78
Stoffe, flüchtige 77
Stoffe, makromolekulare 78
Stoffmenge 113
Stromausbeute 164, 180
Stromdichte 168
Stromschlüssel 160
Strukturformel 194f.
Stufenreaktion 220
Substitution 209

Substrat 202f.
Sulfatierung 164
System, abgeschlossenes 83
System, chemisches 82f.
System, disperses 182
System, heterogenes 182
System, homogenes 182
System, ionendisperses 183
System, kolloiddisperses 183
System, molekulardisperses 183
System, offenes 82

Tetraeder 50f.
Thermochemie 82
Thermoplast 216
Thixotropie 189
Trockenelement 162
TYNDALL-Effekt 190

Überlappung von Atomorbitalen 45ff.
Überspannung 167f.
Umkehrbarkeit chemischer Reaktionen 92f.
Urspannung 161

Valenzband 72f.
Valenzelektron 34, 80
VAN-DER-WAALSsche Kräfte 74, 78
Verbindungen, acyclische 196f.
Verbindungen, aromatische 201f.
Verbindungen, cyclische 196f.
Verbindungen, heterocyclische 196f.
Verbindungen, isocyclische 196f.
Verbrennungsenthalpie, molare 85ff.
Verseifung 211ff.
Vinylgruppe 201
Volumenprozent 113
Vorgang, endothermer 82
Vorgang, exothermer 82

Wassergasgleichgewicht 93, 99, 104
Wasserstoffbrückenbindung 75f.
Wasserstoffisotope 21
Wasserstoffkorrosion 173
Wasserstoffnormalelektrode 152
WERNER 121
Wirkungsgrad 180
Wirkungsquantum 23
WÖHLER 193

Zellspannung 161
Zentralion 68f.
Zersetzungsspannung 169f.
Zusatz, gleichioniger 117f.
Zustand, angeregter 23, 34, 51
Zwang, Prinzip vom kleinsten 99ff.